주기율표

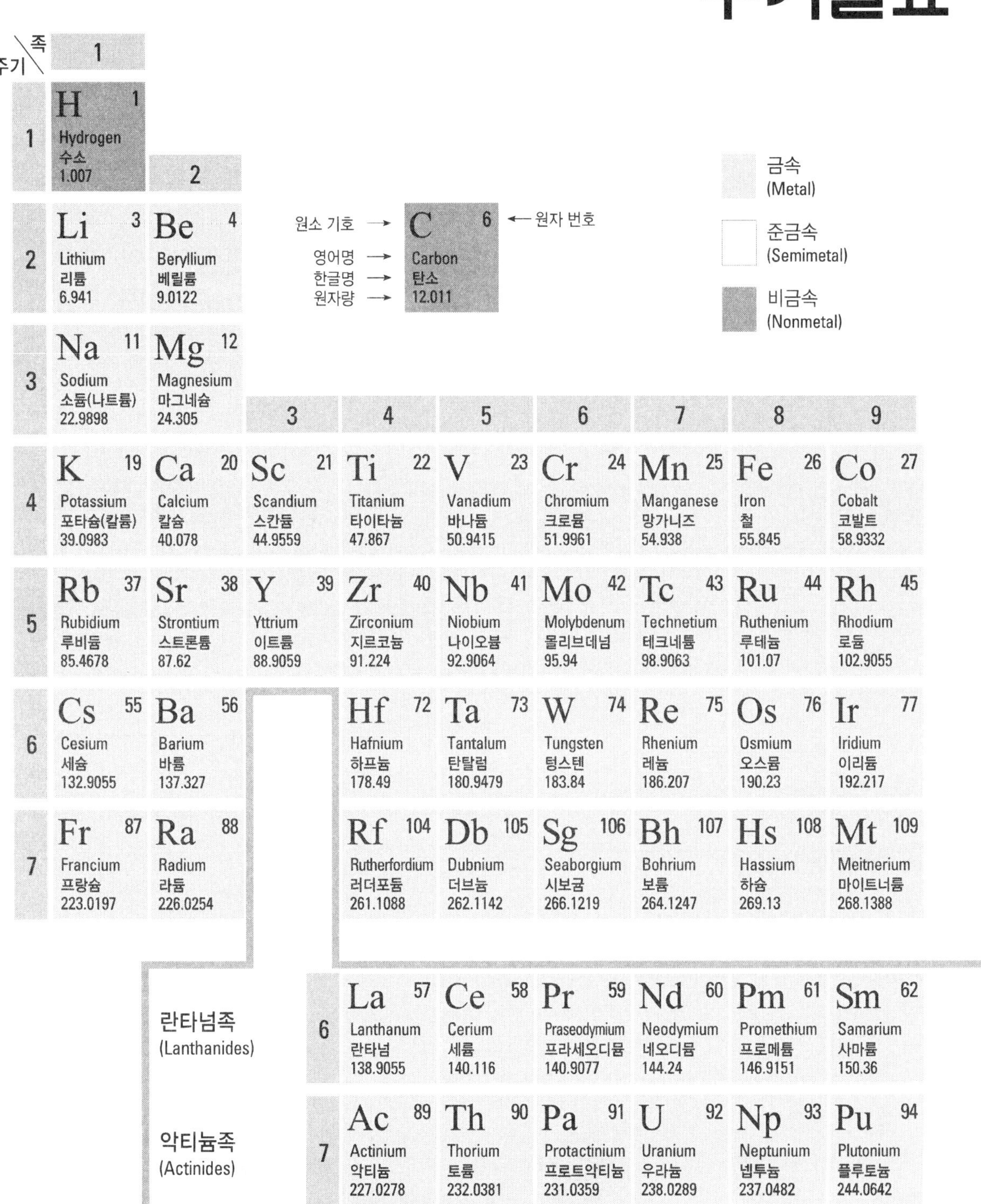

주기 \ 족	1	2	3	4	5	6	7	8	9
1	H 1 Hydrogen 수소 1.007								
2	Li 3 Lithium 리튬 6.941	Be 4 Beryllium 베릴륨 9.0122							
3	Na 11 Sodium 소듐(나트륨) 22.9898	Mg 12 Magnesium 마그네슘 24.305							
4	K 19 Potassium 포타슘(칼륨) 39.0983	Ca 20 Calcium 칼슘 40.078	Sc 21 Scandium 스칸듐 44.9559	Ti 22 Titanium 타이타늄 47.867	V 23 Vanadium 바나듐 50.9415	Cr 24 Chromium 크로뮴 51.9961	Mn 25 Manganese 망가니즈 54.938	Fe 26 Iron 철 55.845	Co 27 Cobalt 코발트 58.9332
5	Rb 37 Rubidium 루비듐 85.4678	Sr 38 Strontium 스트론튬 87.62	Y 39 Yttrium 이트륨 88.9059	Zr 40 Zirconium 지르코늄 91.224	Nb 41 Niobium 나이오븀 92.9064	Mo 42 Molybdenum 몰리브데넘 95.94	Tc 43 Technetium 테크네튬 98.9063	Ru 44 Ruthenium 루테늄 101.07	Rh 45 Rhodium 로듐 102.9055
6	Cs 55 Cesium 세슘 132.9055	Ba 56 Barium 바륨 137.327		Hf 72 Hafnium 하프늄 178.49	Ta 73 Tantalum 탄탈럼 180.9479	W 74 Tungsten 텅스텐 183.84	Re 75 Rhenium 레늄 186.207	Os 76 Osmium 오스뮴 190.23	Ir 77 Iridium 이리듐 192.217
7	Fr 87 Francium 프랑슘 223.0197	Ra 88 Radium 라듐 226.0254		Rf 104 Rutherfordium 러더포듐 261.1088	Db 105 Dubnium 더브늄 262.1142	Sg 106 Seaborgium 시보귬 266.1219	Bh 107 Bohrium 보륨 264.1247	Hs 108 Hassium 하슘 269.13	Mt 109 Meitnerium 마이트너륨 268.1388

	주기						
란타넘족 (Lanthanides)	6	La 57 Lanthanum 란타넘 138.9055	Ce 58 Cerium 세륨 140.116	Pr 59 Praseodymium 프라세오디뮴 140.9077	Nd 60 Neodymium 네오디뮴 144.24	Pm 61 Promethium 프로메튬 146.9151	Sm 62 Samarium 사마륨 150.36
악티늄족 (Actinides)	7	Ac 89 Actinium 악티늄 227.0278	Th 90 Thorium 토륨 232.0381	Pa 91 Protactinium 프로트악티늄 231.0359	U 92 Uranium 우라늄 238.0289	Np 93 Neptunium 넵투늄 237.0482	Pu 94 Plutonium 플루토늄 244.0642

Periodic Table of the Elements

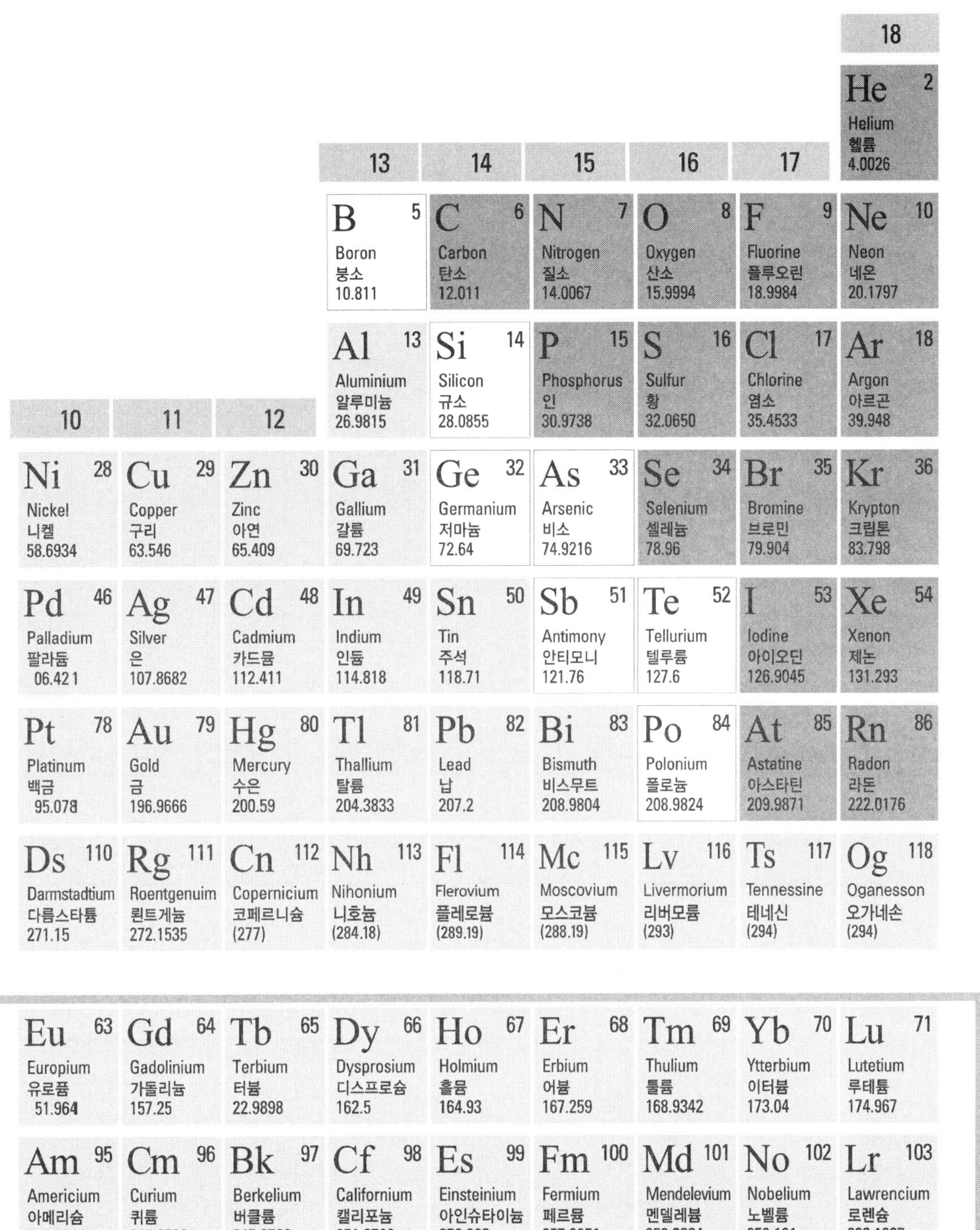

10	11	12	13	14	15	16	17	18
								He 2 Helium 헬륨 4.0026
			B 5 Boron 붕소 10.811	C 6 Carbon 탄소 12.011	N 7 Nitrogen 질소 14.0067	O 8 Oxygen 산소 15.9994	F 9 Fluorine 플루오린 18.9984	Ne 10 Neon 네온 20.1797
			Al 13 Aluminium 알루미늄 26.9815	Si 14 Silicon 규소 28.0855	P 15 Phosphorus 인 30.9738	S 16 Sulfur 황 32.0650	Cl 17 Chlorine 염소 35.4533	Ar 18 Argon 아르곤 39.948
Ni 28 Nickel 니켈 58.6934	Cu 29 Copper 구리 63.546	Zn 30 Zinc 아연 65.409	Ga 31 Gallium 갈륨 69.723	Ge 32 Germanium 저마늄 72.64	As 33 Arsenic 비소 74.9216	Se 34 Selenium 셀레늄 78.96	Br 35 Bromine 브로민 79.904	Kr 36 Krypton 크립톤 83.798
Pd 46 Palladium 팔라듐 06.42 1	Ag 47 Silver 은 107.8682	Cd 48 Cadmium 카드뮴 112.411	In 49 Indium 인듐 114.818	Sn 50 Tin 주석 118.71	Sb 51 Antimony 안티모니 121.76	Te 52 Tellurium 텔루륨 127.6	I 53 Iodine 아이오딘 126.9045	Xe 54 Xenon 제논 131.293
Pt 78 Platinum 백금 95.078	Au 79 Gold 금 196.9666	Hg 80 Mercury 수은 200.59	Tl 81 Thallium 탈륨 204.3833	Pb 82 Lead 납 207.2	Bi 83 Bismuth 비스무트 208.9804	Po 84 Polonium 폴로늄 208.9824	At 85 Astatine 아스타틴 209.9871	Rn 86 Radon 라돈 222.0176
Ds 110 Darmstadtium 다름스타튬 271.15	Rg 111 Roentgenuim 뢴트게늄 272.1535	Cn 112 Copernicium 코페르니슘 (277)	Nh 113 Nihonium 니호늄 (284.18)	Fl 114 Flerovium 플레로븀 (289.19)	Mc 115 Moscovium 모스코븀 (288.19)	Lv 116 Livermorium 리버모륨 (293)	Ts 117 Tennessine 테네신 (294)	Og 118 Oganesson 오가네손 (294)

Eu 63 Europium 유로퓸 51.964	Gd 64 Gadolinium 가돌리늄 157.25	Tb 65 Terbium 터븀 22.9898	Dy 66 Dysprosium 디스프로슘 162.5	Ho 67 Holmium 홀뮴 164.93	Er 68 Erbium 어븀 167.259	Tm 69 Thulium 툴륨 168.9342	Yb 70 Ytterbium 이터븀 173.04	Lu 71 Lutetium 루테튬 174.967
Am 95 Americium 아메리슘 243.0614	Cm 96 Curium 퀴륨 247.0703	Bk 97 Berkelium 버클륨 247.0703	Cf 98 Californium 캘리포늄 251.0796	Es 99 Einsteinium 아인슈타이늄 252.083	Fm 100 Fermium 페르뮴 257.0951	Md 101 Mendelevium 멘델레븀 258.0984	No 102 Nobelium 노벨륨 259.101	Lr 103 Lawrencium 로렌슘 262.1097

Experimental Inorganic Chemistry

무기화학실험

노동윤 · 이홍인 · 이익모 · 이동헌 · 김자헌 · 김승주
윤호섭 · 김영일 · 유효종 · 김종원 · 명노승 지음

자유아카데미

머리말

대학에서 강의를 시작하면서 갖게 된 가장 큰 고민은 '내가 알고 있는 지식을 일목요연하게 정리하여 학생들에게 어떻게 잘 전달할 수 있을까?' 하는 것이었다. 사실 필자는 그 당시 화학 분야 연구로 박사학위는 받았지만 가르치는 일에 대하여 진지하게 고민하거나, 효과적인 교수법을 특별히 배운 적이 없었다. 이러한 고민은 20여 년이 지난 지금도 시원하게 해결되지 않았지만, 그동안의 경험에서 얻은 노하우로 해결하고 있다. 효과적인 교수법에 대한 고민 외에도 강의 교재의 선택 또한 큰 고민거리였다. 그래도 무기 화학 강의는 여러 가지 외국 서적들이 있어서 선택의 고민은 덜하였다. 그러나 무기 화학 실험 강의에 대한 교재 선택의 문제는 커다란 고민거리가 아닐 수 없었다. 당시만 해도 무기 화학 분야를 폭넓고 고르게 다루면서 우리 실험실 사정에 맞는 실험들로 구성된 실험서를 거의 찾아볼 수 없었기 때문이다. 궁여지책으로 여러 가지 물리 화학, 유기 화학 실험서에서 발췌를 하거나, Journal of Chemical Education 또는 여러 대학이나 연구실 웹사이트에서 적당한 실험들을 선별하여 무기 화학 실험의 커리큘럼을 짜게 되었다. 그러다 보니 매주 실험 내용을 몇 장의 유인물로 알려주고 실험을 진행하게 되었다. 그러다 한번은 학회에 참석하여 무기 화학 실험 과목을 담당하는 각 대학의 교수들에게 운영 방식을 들어보니 내 경우와 크게 다를 바가 없었다. 모두들 무기 화학 실험서의 필요성을 절실하게 공감하고 있었다. 이런 공감대에도 불구하고 그 후로도 몇 년간 실험서의 집필을 미루어오다가, 2012년 말 자유아카데미 측과의 의견 일치로 무기 화학 실험서의 집필을 시작하게 되었다.

이 실험서의 집필에는 10개 대학 열한 분의 교수님들이 참여하였다. 실험서는 모두 47개의 실험으로 구성되어 있으며, 소주제로는 무기 화학 일반, 배위 화학, 유기금속 화학, 생무기 화학, 거대분자 화학, 배위 고분자 화학, 고체 화학, 주족 화학, 나노 화학, 전기 화학 등 10개로 나누었다. 이 구성은 고전적인 무기 화학 분야인 배위 화학, 유기금속 화학, 생무기 화학, 주족 화학을 기본으로 하여 최근 보고된 새로운 연구 분야인 거대분자 화학, 배위 고분자 화학, 나노 화학 그리고 인근 연구 분야인 고체 화학, 전기 화학으로 이루어졌다. 무기 화학 실험에 사용되는 일반적인 분석법 5가지를 실험 2~6에 수록하였으며, 그 외에도 실험에 사용되는 5가지의 분석법 및 실험 장치에 대한 간단한 설명을 각 실험 말미에 두어 독자의 이해를 돕도록 하였다. 지금은 20여 년 전보다 실험실 여건이 많이 향상되었고, 그에 맞춰 다양한 실험을 선별하여 수록할 수 있었다.

47개의 실험을 열한 명의 저자가 나누어 집필하다 보니 여러 군데 일관되지 않은 용어의 사용이나, 무기 화학과 긴밀하게 관련된 분야이지만 미처 포함시키지 못한 부분이 있을 수 있다. 이러한 문제를 해결하기 위해서 나름 많은 노력을 기울였으나 미흡한 부분이 많을 것으로 생각되니, 독자 여러분의 적극적인 충고와 지도를 기다리고 있겠다.

마지막으로 이 실험서가 세상에 나올 수 있도록 다방면에서 도움을 아끼지 않으신 자유아카데미 출판사에 깊은 감사를 드리며, 꼼꼼하게 편집과 교정을 봐주신 편집부 직원 분들께도 고마움을 전한다.

2014년 1월 태능골에서
대표 저자 노 동 윤

차 례

1부 실험 준비편

2부 실험편

1 무기 화학 일반: 합성 및 분석법

2 배위 화학

3 유기금속 화학

4 생무기 화학

5 거대분자 화학

6 배위 고분자 화학

7 고체 화학

실험 준비편

- 실험실에서의 안전 수칙
- 실험실에서의 사고 발생 시 응급 처치
- 시약의 제조
- 혼합물의 몇 가지 분리 방법

실험실에서의 안전 수칙

1. 실험 시작 전 실험의 내용을 숙지하고, 실험실에서는 반드시 가운을 입고 조용히 하며 정숙한 태도로 실험에 임해야 한다.
2. 실험실에서는 항상 신발을 신어야 하며, 슬리퍼를 신거나 맨발로 실험실을 출입해서는 절대로 안 된다.
3. 사용하는 시약, 반응, 기구 등의 특성을 미리 알아둔다.
4. 화학 실험은 화재, 폭발 및 유독 가스 질식, 유독성 액체 접촉 등의 위험성에 대한 가능성이 많으므로 허가되지 않은 실험은 절대로 해서는 안 된다.
5. 사고가 날 경우 비상구와 소화기의 위치, 구급약의 위치와 사용법을 미리 알아두어야 한다. 만일 실험실에서 사고가 나면, 교수에게 즉시 보고한다.
6. 실험에 필요한 책 이외의 책, 가방 등은 지정된 장소에 놓아 두어야 한다. 특히 실험대 위에는 절대로 올려 놓아서는 안 된다.
7. 시약이 튀거나 유리 파편이나 뜨거운 증기에 의하여 눈에 치명적 손상을 줄 수 있기 때문에 반드시 눈을 보호하기 위하여 보안경을 착용한다.
8. 유독하거나 몸에 해로운 증기를 발생하는 화학 물질을 사용하거나 만드는 실험인 경우 반드시 후드(fume hood) 안에서 실험해야 한다.
9. 시약 사용 시 반드시 시약병의 표지를 두 번 이상 확인한 후 사용하고 오염되지 않도록 사용한다.
10. 특별한 지시가 없는 한 어떠한 시약도 맛보아서는 안 된다. 또 냄새를 맡고자 할 때는 자신의 얼굴을 향하여 손으로 부채질하여 냄새를 맡아야 한다.
11. 실험실에서는 절대로 음식물을 먹지 않도록 한다.
12. 실험실에서 얻은 데이터는 잘 기입한다.
13. 시약이 담긴 기구를 가열할 때는 물중탕 냄비를 이용하고, 증기가 나오는 입구를 사람에게 향하지 않도록 한다. 시험관이나 플라스크 안의 가열 시료를 관찰할 때는 직접 위에서 관찰하지 말고, 옆쪽에서 관찰한다.
14. 진한 산과 염기 및 유독한 시약은 섞을 때 많은 열이 발생할 수 있으므로 항상 조심해서 다룬다.
15. 산을 묽힐 때 물을 산에 첨가하는 것이 아니라 항상 산을 물에 첨가해야 한다.
16. 액체를 가열할 때는 반드시 끓임쪽을 넣고, 뜨거운 유리를 잡을 때 집게를 이용한다.

17. 고무 마개에 유리관을 끼울 때는 유리관에 물을 묻혀 조심해서 끼운다.
18. 시약병, 유리 기구, 실험대는 항상 깨끗하게 준비되어야 한다.
19. 실험 진행 시에는 반드시 자리를 지킨다.
20. 화학 물질은 반드시 적절한 방법으로 회수통에 모아 처리할 수 있도록 해야 한다. 특히 진한 산이나 염기, 유기 용매 등은 하수구에 그냥 버려서는 안 된다. 중금속을 포함하는 용액들은 배수구로 직접 버려서는 안 된다.
21. 실험실 약품은 서늘하고 건조한 상태에서 보관하고 실험 종료 시 시약병은 제자리에 두고, 기구는 항상 깨끗하게 씻어서 정리한다. 전기, 수도, 가열기 등을 안전하게 점검한다.

실험실에서의 사고 발생시 응급 처치

• 화재가 발생하였을 때

큰 소리로 "불이야"하고 분명하게 외친다. 버너, 전기 등의 열원을 모두 끄고, 인화성 물질을 먼 곳으로 옮기며, 화학 화재용 소화기를 사용하여 소화 작업을 한다. 물에 잘 섞이지 않는 유기 용매에 불이 붙었을 경우 물을 사용해서는 안 된다. 1분 내에 진화되지 않으면 화재 경보기를 작동시키고 질서 있게 대피한다.

• 옷에 불이 붙었을 때

당황하지 말고 담요나 실험복으로 덮어 불을 끈다. 물에 섞이지 않는 유기 용매에 의한 경우가 아닐 경우에는 비상 샤워를 사용할 수도 있다.

• 불에 의한 화상

물로 씻지 말고 우선 연고를 바른 후에 적절한 치료를 받는다.

• 시약에 의한 화상

즉시 다량의 깨끗한 찬물로 씻는다. 산에 의한 화상일 경우에는 묽은 탄산수소 소듐 용액으로, 염기성 시약에 의한 화상일 경우에는 묽은 아세트산 용액으로 씻은 후 적절한 치료를 받는다.

• 눈에 시약이 들어갔을 때

준비되어 있는 다량의 깨끗한 물로 즉시 세척한 후 반드시 의사의 검진을 받도록 한다.

• 시약을 마셨을 경우

즉시 손가락으로 목젖을 눌러 토하도록 하고 의사의 응급 처치를 받도록 한다.

• 유독한 기체를 흡입하였을 경우

즉시 통풍이 잘 되는 곳으로 옮기고, 앉거나 누워서 깊게 호흡을 한다. 다량의 기체를 흡입하였을 경우에는 즉시 의사의 치료를 받는다.

• 베었을 때

에탄올로 소독하고, 거름종이 또는 깨끗한 수건을 사용하여 지혈이 되게 한다.

• 폭발이 발생하였을 때

일단 실험실에서 모든 학생을 대피시키고, 화재가 발생하였을 경우에는 방독면을 착용하고 화학 화재용 소화기를 사용하여 소화한다. 실험실의 통풍이 잘 되도록 조처하고, 유독성 기체가 없음을 확인한 후 뒤처리한다.

• 화학 실험실 폐기물 처리 절차

1. 강산, 강염기는 중화하여 폐수통에 버린다.
2. Cd, As, CN^-, Hg, Pb, Cr 등이 함유된 폐기물은 지정된 수거통에 회수한다.
3. 액체 폐기물은 유기 용매인 경우 할로젠화물과 분리하여 수거한다.
4. 깨어진 초자(유리 기구)는 테플론 마개, 꼭지(cock), 테플론 테입 등을 분리한 후 수거한다.
5. 오폐수는 지정된 하수구로 버린다.

시약의 제조

• 과정

1. 조제하는 양보다 부피가 큰 깨끗한 부피 플라스크를 준비하고, 1/3 정도 증류수를 채운다.
2. 저울이나 피펫, 눈금 실린더 등으로 조제 시약을 정확하게 측정한다.
3. 정확하게 측정한 시약을 부피 플라스크에 붓고 잘 흔들어 완전히 녹인다.
4. 고정된 단단한 실험대 위에 부피 플라스크를 놓고, 부피 플라스크의 메니스커스(눈금선) 약간 밑에 액면이 오도록 증류수를 붓는다.

5. 눈금선과 눈의 시선이 수평이 되도록 하며, 피펫이나 스포이트 등을 사용하여 증류수를 조금씩 떨어뜨려 액면이 눈금에 일치하도록 한다.
6. 마개를 잘 막고, 완전히 섞이도록 흔들어준다.

• 산

1. 황산(sulfuric acid, H_2SO_4): 18 M 수용액(98 wt%), 강산, 강한 탈수력, 황산은 증발시키기 어렵고, 가열하면 독성이 강한 기체가 발생한다.
2. 질산(nitric acid, HNO_3): 15 M 수용액(70 wt%), 강산, 강한 산화력, 갈색의 이산화 탄소 기체를 발생시킨다.
3. 염산(hydrochloric acid, HCl): 12 M 수용액(37 wt%), 강산, 금속과 반응하여 대부분 수소 기체를 발생하며, 금속 양이온을 생성시킨다. 염산은 휘발성이 크기 때문에 가열하여 쉽게 제거가 가능하다.
4. 인산(phosphoric acid, H_3PO_4): 15 M 수용액(85 wt%), 약산, 이온화하여 3가의 양성자를 내놓으며, 휘발성이 없고, 약한 산화력을 나타낸다.
5. 아세트산(acetic acid, CH_3COOH): 18 M 수용액(99.7 wt%), 약산, 산성의 완충 용액을 만드는 데 사용되며, 진한 질산과 혼합하여 폭발성 물질을 만든다.

• 염기

1. 수산화 소듐(sodium hydroxide, NaOH): 12 M, 물에 녹으면 강한 염기성을 나타내며, 고체 수산화 소듐은 물에 녹으면 열을 많이 발생하므로 주의가 필요하다. 그리고 수산화 소듐 수용액은 항상 사용 직전에 제조하여 사용한다.
2. 암모니아 수용액(aqueous ammonium solution, NH_4OH): 15 M(28.3%, 비중 0.90) 수용액, 약염기, 과량의 암모니아 수용액은 수산화 소듐 용액을 가하여 가열하면 쉽게 제거될 수 있다.
3. 석회수(calcium hydroxide, $Ca(OH)_2$): 0.02 M 수산화 칼슘을 물에 넣고 잘 흔들어 하룻밤 둔 후 위층 맑은 포화 용액을 사용한다(0.15% 석회수가 된다).
4. 묽은 암모니아 수용액(aqueous ammonium solution, NH_4OH): 6 M, 진한 암모니아 수용액 1부피를 물 1.5부피에 가한다.
5. 수산화 암모늄(ammonium hydroxide, NH_4OH): 진한 암모니아 수용액 1부피를 물 6.5부피에 가한다.

• 염 용액

1. 0.8 M 소금물(sodium chloride, NaCl): 염화 소듐 5 g을 물 95 mL에 녹인다(5.0%).
2. 아이오딘화 포타슘 전분 종이: 0.1% 아이오딘화 포타슘 액 10 mL에 1% 전분액을 가하여 섞은 후 여과지를 담갔다가 꺼내어 사용한다.
3. 네슬러 시약: 아이오딘화 포타슘 50 g + 50 mL 뜨거운 증류수 + 25 g 염화 이수은 + 100 mL 뜨거운 증류수 용액을 저으면서 침전의 일부가 녹지 않고 일부 남아 있을 때 냉각하고, 150 g KOH를 300 mL 증류수에 녹인 용액을 넣어 전체 부피가 1 L가 되도록 증류수를 가한다. 여기에 다시 염화 수은 용액 5 L를 넣고 방치한 후 상층액만 사용한다.

혼합물의 몇 가지 분리 방법

• 재결정법

재결정은 온도에 따라 용해도가 다른 점을 이용하는 방법이며, 대부분의 경우 화합물이 용매에 녹는 용해 과정은 흡열 과정이므로 온도가 높아질수록 대개는 용해도가 증가하지만 반대 경향을 보이는 경우도 있고 거의 변하지 않는 물질도 있다. 아세트산 소듐의 경우에는 물에 용해시킬 때 열이 발생하는 발열 반응이므로 아세트산 소듐의 용해도는 온도가 높을수록 작아진다.

혼합물을 뜨거운 용매에 녹인 후에 다시 식히면, 대부분은 용해도가 감소하므로, 과포화 상태로 녹아 있던 용질은 침전으로 되어 순수한 물질이 된다. 이 재결정 방법으로 불순물을 줄이려면 일단 불순물의 용해도가 크고, 원하는 물질에 대한 용해도가 비교적 작은 용매를 선택하고, 온도에 따른 용해도의 차이가 큰 용매를 선택하는 것이 좋다. 재결정할 때 용매의 조건은 다음 조건을 만족하는 용매를 선택하면 효율을 높일 수 있다. 즉,

1) 고온에서는 잘 녹이고, 저온에서는 적게 녹이는 용매
2) 정제 물질과 반응하지 않는 용매
3) 불순물을 저온에서 쉽게 녹일 수 있는 용매
4) 정제 후에 쉽게 제거될 수 있는 용매

고체 시료가 녹기 시작해서 완전히 녹을 때까지의 온도 범위를 측정하면 시료의 순도를 쉽게 알 수 있다. 재결정을 할 때는 용액을 식히는 속도를 낮추어서 크기가 충분히 큰 결정을 서서히 만든다. 즉, 비커를 수건 등으로 싸서 서서히 식히면 좀 더 큰 결정의 침전을 얻을 수 있다. 재결정 표면에 불순물이 부착된 경우 씻는 용매의 온도가 너무 높거나 너무 많은 양을 사용 시 회수된 재결정이 다시 녹아 버릴 수도 있다. 재결정으로 얻은 침전은 용액으로부터 걸러서 분리하고, 이 침전의 표면에는 불순물이 포함된 용액이 남아 있으므로, 차가운 용매로 씻어내야 한다. 이때 용매의 온도가 너무 높거나 많은 양의 용매를 사용하지 말아야 한다. 그러면 회수한 침전이 다시 녹아 버릴 수가 있기 때문이다.

• 승화법

승화는 화학에서 어떤 물질이 액체의 과정을 거치지 않고, 기체에서 고체로, 또는 고체에서 기체로 변하는 현상을 말한다.

얼음도 0℃ 이하에서는 융해 과정 없이 기체가 되기도 한다. 얼어 있는 빨래가 마르거나, 눈사람의 크기가 며칠 지나면 작아지는 현상은 고체에서 기체로의 상태 변화 때문이라고 할 수 있다.

나프탈렌, 드라이아이스 등을 공기 중에 놓아 두면 상온(25℃)에서 액체가 되는 과정 없이 모두 기체로 변한다. 또 아이오딘(I_2) 결정을 가열하면 액체로 변하는 융해 과정을 거치지 않고 보라색 기체가 되고, 다시 이 기체를 냉각시키면 액체가 되는 과정 없이 원래의 아이오딘 결정이 된다.

고체가 융해 과정 없이 기체가 되는 이유는 다음과 같다. 고체도 액체와 마찬가지로 일정한 증기압을 가진다. 기화(액체→기체)의 경우와 마찬가지로 고체도 주어진 온도에서 포화 증기압과 같아질 때까지 승화가 진행된다. 고체 증기압은 물질에 따라 다르며, 같은 물질이라도 온도가 높아질수록 커진다. 즉, 삼중점 이하의 온도와 압력에서 고체는 융화하지 않고 승화를 통해 기체가 된다. 드라이아이스가 승화하는 이유는 드라이아이스의 삼중점의 압력과 온도가 실온이나 실압보다 크기 때문이다.

승화할 때 흡수 또는 방출하는 열을 승화열이라고 하는데 드라이아이스는 137 kcal/kg을 흡수하고 기체 이산화 탄소로 승화된다. 상평형 그림에서 삼중점 이하의 온도, 압력에서 모든 물질은 승화가 일어날 수 있음을 알 수 있다.

승화성이 있는 고체가 섞여 있는 고체 혼합물은 가열하면 승화성 물질은 승화하므로 이 증기를 다시 냉각시키면 쉽게 분리된다. 예로서 보라색 아이오딘과 석탄이 섞여 있을 때 가열하면 아이오딘이 승화되어 분리된다. 또 나프탈렌과 염화 소듐에서도 나프탈렌이 먼저 승화되어 염화 소듐과 분리된다.

• 거름법

다공질의 막이나 층을 사용하여 고체를 포함하는 용액 중 액체만을 통과시켜 고체를 액체에서 분리하는 조작을 거름이라고 한다. 보통 거름종이와 깔때기, 유리여과기(글라스 필터) 등을 사용한다.

이 방법은 현탁액으로부터 미세하게 분산된 고체를 분리하는 데 효과적이다. 보통 원형 거름종이를 포개 접은 후 다시 4등분하여 접는데, 이때 주름을 내지 않는다. 거름종이 한 끝을 찢어내고 거름종이의 세 겹을 한 면으로 하고 한 겹으로 된 것을 다른 면으로 하여 거름종이를 벌려 놓는다. 그리고 그것을 유리 깔때기에 끼워 넣는다. 깔때기 면에 거름종이를 밀착시키고 유리에 부착되도록 물로 적시고 거름종이는 깔때기 윗면까지 미치지 않도록 한다.

스탠드 고리에 깔때기를 고정시키고 깔때기 대롱이 비커 면에 닿도록 한다. 거름종이 위에 현탁액을 붓는다. 유리봉을 거름종이의 끝보다 더 낮은 부분에 접근시킨 후 비커 입구에 수직으로 붓는 것이 가장 좋은 방법이다. 거름종이 윗면까지 액체를 채우지 않는다. 증류수가 들어 있는 세척병을 사용하여 거름종이에 묻어 있는 여분의 물질을 씻어 낸다. 거름종이를 통해 나간 액체를 거른 액(또는 여과액)이라 하며, 거름종이에 남은 고체를 잔류물이라고 한다. 용액으로부터 잔류물을 유리시키기 위해서 세척병의 물로 다시 세척한다.

뷔후너 깔때기는 작은 구멍이 많이 뚫린 받침판이 중간에 있는데, 이 받침판에 맞는 거름종이를 한 장 넣고, 용매를 조금 부어 적신다. 받침판 끝과 거름종이 사이에 틈이 나지 않도록 잘 눌러서 밀착시킨 다음, 감압 장치를 이용해 압력을 줄이면 용액이 빨려 들어가듯이 안쪽으로 떨어지며 여과된다. 다량의 결정이나 침전을 단시간 내에 분리시킬 수 있으므로 화학 실험에서 자주 쓰인다. 최근에는 내부가 보이지 않는 자기의 결점을 보완한 유리로 된 것도 나왔으며, 또 백금으로 만든 것도 사용된다.

2부 실험편

1. 무기 화학 일반: 합성 및 분석법
2. 배위 화학
3. 유기금속 화학
4. 생무기 화학
5. 거대분자 화학
6. 배위 고분자 화학
7. 고체 화학
8. 주족 화학
9. 나노 화학
10. 전기 화학

실험01

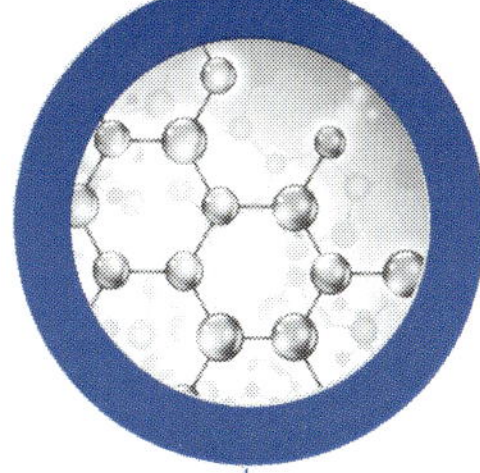

복염의 합성

목적

복염(double salt) 중 하나인 $(NH_4)_2SO_4 \cdot CuSO_4 \cdot 6H_2O$를 제조하고 분석함으로써 복염의 원리를 이해한다.

서론

복염(double salt)은 2종 이상의 염이 결합한 형식으로 나타낸 화합물 중에서 각각의 성분 이온이 그대로 존재하는 것을 말한다. 어떤 종류의 염은 물과 결합하여 수화물을 만들거나 또 다른 염과 결합하여 2차적 염을 만드는 성질을 가지고 있다. 이 2차적인 화합물은 일반적으로 결정계 및 용해도, 색 등 여러 가지 성질이 본래의 염과는 상이하며 이것을 복염이라고 한다. 복염은 명확한 화학량론적 성질을 지니고 있으며 복염을 구성하는 각 염의 초기 성분이 어떤 한계에 도달하면 결정화에 의하여 이 화합물이 얻어진다. 이와 같은 사실은 상평형 그림으로부터 쉽게 이해할 수 있다. 복염은 2개의 염과 물로 구성되어 있는 3성분계로부터 형성되며, 이것은 특정 온도에서의 삼각평형 그림으로 도시될 수 있다(그림 1-1).

어떤 점 O에서 계의 성분 %는 점 O로부터 작도한 것으로 삼각 평면에 평행한 선의 길이에 비례한다. 점 O에서 A, B, C에 대한 조성으로는 각각 Oa, Ob, Oc 선분과 관계가 있다. 이 선분은 일정한 온도에서 증발되는 동안 계의 변화를 나타낸다. 곡선 QR에 도달한 후 증발이 더 일어나면 결정화에 의해 고체인 복염이 생성된다. 여기서 증발이 계속 일어나면 더 많은 복염이 형성되고, 나머지 용액의 조성은 QR을 따라 점 R 쪽으로 변한다. 복염과 접촉하고 있는 용액의

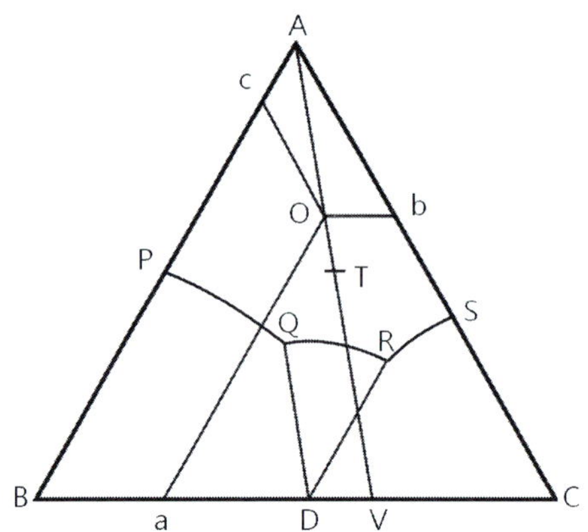

그림 1-1 두 염(B, C)과 물(A)의 3성분계 상평형 그림

조성이 점 R에 이른 다음에 더 많은 증발이 일어나면 성분 C와 복염의 결정화를 관찰할 수 있다. 용액이 완전히 증발되어 건조 상태가 될 때 건조 고체의 전체 조성은 점 V에 의해 결정되므로 C 및 복염에 대해 각각 DV와 VC 부분으로 표현이 가능하다. 그러므로 순수한 복염을 준비하려면 결정화되는 복염의 양을 제한함으로써 단일염의 오염을 피해야 된다. 용액의 초기 조성이 AQR 영역에 해당하면 용액이 증발될 때 우선적으로 복염이 결정화되지만 수율이 최대가 되도록 하기 위해서는 초기 용액에서 단일염들은 복염에 존재하는 것과 비 값이 거의 같아야 한다.

이 실험에서 다루는 황산 암모늄은 그 수용액부터 석출될 때 무수물 $(NH_4)_2SO_4$의 형태로 얻어지며 황산 구리는 상온에서 5수화염, $CuSO_4 \cdot 5H_2O$로서 결정화된다. 이들 2개의 염이 동일한 당량으로 혼합된 수용액으로부터 결정을 석출시키면 두 가지 단일염보다 용해도가 적은 복염 $(NH_4)_2SO_4 \cdot CuSO_4 \cdot 6H_2O$가 생성된다.

시약 및 기구

(1) 시약: 황산 구리(Ⅱ) 오수화물($CuSO_4 \cdot 5H_2O$), 황산 암모늄($(NH_4)_2SO_4$), $Cu(NH_3)_4(SO_4)$, KI, $Na_2S_2O_3$, 아세트산, 녹말 용액

(2) 기구: 비커, 삼각 플라스크, 감압 플라스크, 뷔후너 깔때기, 감압 여과기, 뷰렛, UV-VIS 분광광도계, 분광 셀, 가열판, 자석 막대, 거름종이

주의 사항 녹말 용액은 산성 상태에서 가수 분해되므로 반응 종결 직전에 넣어 주는 것이 좋다.

실험 방법

A. 복염 $(NH_4)_2Cu(SO_4)_2$의 생성

1. $CuSO_4 \cdot 5H_2O$ 4.0 g과 $(NH_4)_2SO_4$ 2.0 g을 뜨거운 물 10 mL에 녹인다.
2. 이 용액을 식힌 후 생성된 결정을 감압 여과하고 건조시킨다.
3. 남아 있는 용액을 끓여서 부피가 5 mL가 될 때까지 증발시킨다.
4. 위 용액을 다시 식힌 후 생성된 결정을 같은 방법으로 거르고 건조시킨다.
5. 과정 2와 4에서 얻은 결정의 무게를 각각 측정한다.
6. 총 무게와 퍼센트 수율을 계산한다.

B. 아이오딘 적정을 통한 정량 분석

1. 0.5 ~ 0.7 g 정도 결정 시료를 채취하여 정확한 무게를 측정한다.
2. 500 mL 삼각 플라스크에 샘플을 넣고 증류수 50 mL를 가하여 녹인다.
3. 아세트산 4 mL와 KI 3 g을 넣어 I_2를 유리시킨다.
4. 녹말 용액을 지시약으로 하여 0.1N $Na_2S_2O_3$ 표준 용액으로 적정한다.
5. 시료의 몰수를 계산한다.

C. UV-VIS 분광광도법을 이용한 정성 분석

1. 결정 시료 용액을 UV-VIS 분광광도계를 이용하여 파장 350~900 nm 범위에서 흡광도를 측정한다.
2. 같은 몰수의 $CuSO_4 \cdot 5H_2O$와 $Cu(NH_3)_4(SO_4)$의 흡광도를 같은 방법으로 측정한다.
3. 흡광도의 최대 흡수 파장을 통해 각 화합물의 에너지를 계산할 수 있다.

실험 결과

A. 복염 $(NH_4)_2Cu(SO_4)_2$의 생성

1. 이론적 수득량: ____________ g
2. 실제 수득량: ____________ g
3. 수율: ____________ %

B. 아이오딘 적정을 통한 정량 분석

1. 0.1 N $Na_2S_2O_3$ 표준 용액으로 적정한 부피: ________ mL
2. 반응식: ________________________________
3. 이론값: ________ g ; ________ mol
4. 용액 내 복염의 양: ________ g ; ________ mol

C. UV-VIS 분광광도법을 이용한 정성 분석

1. 용액의 흡수 스펙트럼을 별지에 붙이시오.
2. 실험 결과 정리표

화합물	$CuSO_4 \cdot 5H_2O$	$Cu(NH_3)_4SO_4$	$(NH_4)_2Cu(SO_4)_2$
색			
최대 흡수 파장 λ_{max}(nm)			
흡수 에너지(J)			

문제

(1) 각각의 화합물에서 중심 금속의 결정장 갈라짐(crystal-field splitting) 에너지(Δ)를 구하시오.

(2) $CuSO_4$와 $Cu(NH_3)_4SO_4$에서 Δ가 차이나는 이유는 무엇인가?

(3) 복염에 포함된 Cu(II)의 국부 구조는 위 두 가지 화합물 중 어느 것에 가깝겠는가?

참고문헌

1. Mullin, J. W. *Crystallization*; 4th Ed.; Butterworth-Heinemann.: Woburn MA, 2001.

실험 02

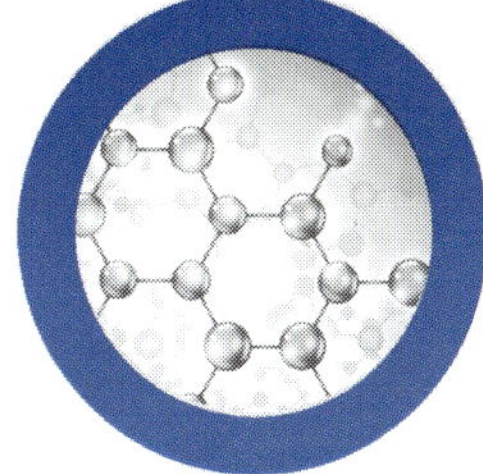

녹는점 측정

목적

녹는점 측정의 기본 원리를 이해하고, 녹는점 측정 결과로부터 미지 시료가 무엇인가 알아낸다.

서론 어떤 화합물을 합성하거나 분리하였을 때, 화합물을 규명하거나 그 순도를 알기 위해 녹는점을 측정한다. 화합물의 녹는점은 간단한 기구를 사용하여 정확히 측정할 수 있을 뿐만 아니라 측정에 필요한 시료의 양도 적어 새로운 화합물을 합성하여 그 특성을 알고자 할 때 가장 먼저 사용하는 분석법이기도 하다.

1. 순물질의 녹는점

순수한 화합물(순물질)이 녹을 때, 고체상과 액체상은 평형 상태로 있고 온도는 변하지 않는다. 따라서 순물질은 단일 녹는점을 가져야 한다. 그러나 비록 교과서에 기록된 값은 단일 녹는점이라 하더라도 대부분의 화합물은 어떤 온도 범위에서 녹는 과정을 거친다. 이 경우 녹는 온도 범위에서 높은 온도를 보고하는 것이 일반적이다. 순도가 높은 화합물은 녹는 온도 범위가 1~2°C 정도이다. 만일 실험에서 온도 범위가 2°C보다 넓게 측정될 경우에는 재결정 및 건조 등의 방법을 사용하여 화합물의 순도를 높이고 다시 녹는점을 측정해야 한다.

2. 혼합물의 녹는점

화합물에 불순물이 섞여 있을 경우에는 녹는 온도 범위가 넓어지고 녹는점이 약간 낮아진다. 이런 현상을 '어는점 내림'이라고 한다. 그림 2-1은 나프탈렌(naphthalene)과 바이페닐(biphenyl)의 혼합물이 1기압 상태에 있을 때 나프탈렌의 몰분율(χ_{naph})과 온도에 따른 고체-액체 상평형 그림이다. 그림에서 순수한 나프탈렌($\chi_{\mathrm{naph}}=1$)은 80.3°C에서 녹는데 나프탈렌의 몰분율이 낮아짐에 따라 혼합물의 녹는점도 낮아짐을 볼 수 있다. 또한 순수한 바이페닐($\chi_{\mathrm{naph}}=0$)은 69.2°C에서 녹고 나프탈렌의 몰분율이 높아짐에 따라 혼합물의 녹는점은 낮아진다. 나프탈렌의 녹는점에서 출발한 녹는점 곡선과 바이페닐의 녹는점에서 출발한 녹는점 곡선이 만나는 점을 공융점(eutectic point)이라고 하는데 이때의 온도를 공융 온도(eutectic temperature, T_{E})라고 한다. 혼합물이 녹는점 곡선 위의 조건(영역 I)에 있을 때 혼합물은 액체 상태로 있고, 영역 II에서 나프탈렌은 액체, 바이페닐은 고체와 액체의 두 상태로 존재하며, 영역 III에서 나프탈렌은 고체와 액체, 바이페닐은 액체 상태로 있게 된다. 공융 온도(T_{E}) 아래의 영역 IV에서 나프탈렌과 바이페닐은 둘 다 고체 상태로 있다.

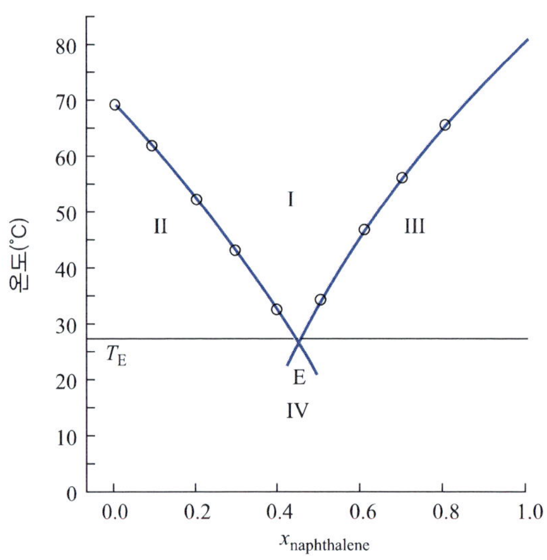

그림 2-1 1기압에서 나프탈렌-바이페닐 혼합물의 고체-액체 상평형 그림

3. 녹는점을 이용한 미지 시료 규명

혼합물의 녹는점 특성을 이용하여 미지 시료를 규명하는 방법을 혼합 녹는점

법(mixed melting points)이라고 한다. 이 방법을 이용하기 위해서는 먼저 미지 시료의 녹는점을 측정하고, 문헌조사로부터 측정된 값에서 대략 ±5~8°C 범위 안에 녹는점을 갖는 화합물(표준 시료)을 찾는다. 그리고 미지 시료를 문헌조사로 찾은 표준 시료와 섞은 후 녹는점을 측정한다. 이때 혼합물의 녹는점이 표준 시료의 녹는점과 일치하는지 여부로 미지 시료가 무엇인가를 알아낼 수 있다. 만일 혼합물의 녹는점이 표준 시료의 녹는점보다 낮고(어는점 내림) 넓은 온도 범위를 가지면 미지 시료는 섞어 준 표준 시료와 일치하지 않는 것이므로 조사한 다른 표준 시료와 섞은 후 위의 실험을 반복하여 미지 시료를 규명한다.

시약 및 기구

(1) 시약: $CoCl_2 \cdot H_2O$, $CoCl_2 \cdot 2H_2O$, $CoCl_2 \cdot 6H_2O$, $FeCl_2 \cdot 2H_2O$, $FeCl_2 \cdot 4H_2O$, $FeCl_3 \cdot 6H_2O$

(2) 기구: 녹는점 측정기(녹는점 측정기가 없을 경우에는 가열교반기, 실리콘 오일, 온도계, 투명한 기름 중탕 그릇), 모세관(지름 1 mm)

주의 사항

가열한 실리콘 오일은 보기와는 달리 매우 뜨거우니 주의해야 한다.

실험 방법

1. $CoCl_2 \cdot H_2O$, $CoCl_2 \cdot 2H_2O$, $CoCl_2 \cdot 6H_2O$, $FeCl_2 \cdot 2H_2O$, $FeCl_2 \cdot 4H_2O$, $FeCl_3 \cdot 6H_2O$의 녹는점을 조사한다.
2. 잘게 부순 미지 시료 X와 미지 시료 Y를 모세관에 2 mm 정도 높이로 채워 넣는다.
3. 녹는점 측정기에 각 모세관을 넣고 2°C/min 이하의 속도로 온도를 천천히 올리면서 녹는점을 관찰하여 기록한다.
4. 녹는점 측정기가 없을 경우에는 그림 2-2와 같이 녹는점 측정 장치를 설치하고 가열교반기로 기름 중탕의 온도를 2°C/min 이하의 속도로 올리면서 녹는점을 관찰하여 기록한다.
5. 조사한 녹는점과 측정한 녹는점을 비교하여 미지 시료가 무엇인지를 결정한다.

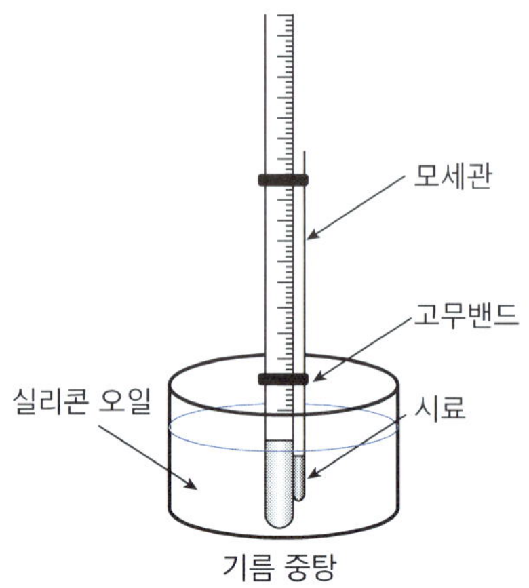

그림 2-2 녹는점 측정 장치

실험 결과

1. 녹는점 조사

시료	녹는점(℃)		시료	녹는점(℃)	
	문헌값	측정값		문헌값	측정값
$CoCl_2 \cdot H_2O$			$FeCl_2 \cdot 2H_2O$		
$CoCl_2 \cdot 2H_2O$			$FeCl_2 \cdot 4H_2O$		
$CoCl_2 \cdot 6H_2O$			$FeCl_3 \cdot 6H_2O$		

2. 미지 시료의 녹는점

시료	녹는점(℃)	시료	녹는점(℃)
X		Y	

3. 미지 시료의 결정

시료	화학식	시료	화학식
X		Y	

실험 03

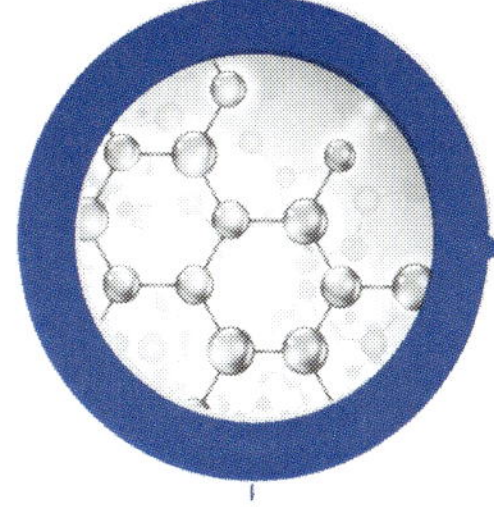

원소 분석법

목적

원소 분석법의 기본 원리를 이해한다.

1. 원소 분석법

원소 분석법(elemental analysis)은 화합물에 포함되어 있는 원소들의 종류와 질량을 검출하여 분석하는 방법으로, 어떤 화합물을 합성하였을 때 원하는 화합물이 높은 순도로 만들어졌는지를 예측할 수 있는 가장 간단한 방법이다. 학술잡지에 새로운 무기 화합물이나 유기 화합물에 대하여 보고할 때 대부분의 경우에 있어서 화합물의 원소 분석 결과를 기본 자료로 보고해야 한다.

원소 분석법에는 분석하고자 하는 원소가 무엇인가에 따라 CHN 분석법, CHNS(O) 분석법 등이 있다. 분석법에 따라 약간의 차이는 있으나 일반적으로 원소 분석은 연소-환원-분리-검출의 순서로 진행된다. 먼저 연소 과정에서는 시료를 1,000°C 이상에서 연소시켜 시료에 포함되어 있는 C는 CO_2로, H는 H_2O로, N은 N_2, NO, NO_2로, S는 SO_2, SO_3로 산화시킨다. 연소 과정에서 CHNS(O) 이외의 원소로부터 생성된 부산물은 흡착제를 써서 제거한 후, 헬륨 등의 운반 기체를 이용하여 위의 생성 기체를 고온 고순도의 금속 구리가 들어 있는 환원실로 보내어 통과시킨다. 최종적으로 생성된 CO_2, H_2O, N_2, SO_2 기체를 기체 크로마토그래피를 이용하여 분리한 후 각 기체의 열전도(thermal conductivity)를 측정하여 기체의 양을 알아낸다. 이로부터 처음 시료에 포함되어 있던 각 원소의 질량을 계산할 수 있다. 화합물에 들어 있는 산소의 양을 알기 위해서는 산소가 없는 상태에서 열분해(pyrolysis)을 통해 화합물을 연소시키고 생성된 CO_2의 양으로부터 산소의 양을 알아낸다.

원소 분석에는 고체나 액체 시료를 모두 사용할 수 있고, 대략 4~5 mg의 시료가 필요하다. 고체나 점성도가 큰 액체는 주석으로 된 캡슐에 넣어 연소시키고, 액체는 알루미늄 바이얼(vial)에 넣어 연소시킨다. 기기에 따라서는 액체를 자동으로 연소실에 주입하는 방법을 사용하기도 한다.

2. 질량 백분율

원소 분석기는 위의 실험을 통하여 화합물에 포함되어 있는 CHNS(O) 원소의 질량 백분율을 제공한다. 질량 백분율은 화합물을 구성하는 각 원소의 질량을 화합물의 질량에 대하여 백분율로 표시한 값이다.

$$\text{질량 백분율} = \frac{(\text{원소의 원자 수})\times(\text{원소의 원자량})}{\text{화합물의 화학식량}}\times 100\% \qquad (\text{식 } 3\text{-}1)$$

따라서 $C_{10}H_{17}CuN_3O_2$의 실험식을 가지는 화합물에서 탄소의 질량 백분율은

$$\text{탄소의 질량 백분율} = \frac{10\times 12.01}{274.74}\times 100\% = 43.71\% \qquad (\text{식 } 3\text{-}2)$$

이고 수소, 질소, 산소, 구리의 질량 백분율은 각각 6.23%, 15.29%, 11.64%, 23.12%이다.

3. 원소 분석 결과의 활용

원소 분석기는 시료에 포함되어 있는 CHNS(O) 원소의 질량 백분율을 제공한다. 따라서 시료가 $C_{19}H_{29}Cl_2CuN_5O_8$의 실험식을 가지고 있다면 C, H, N의 이론적 질량 백분율은 각각 38.68%, 4.95%, 11.87%가 된다. 일반적으로 절대 허용 오차는 C의 경우 ±0.3%, H는 ±0.2%, N은 ±0.3%로 본다. 실험에서 얻은 값이 허용 오차 범위 안에 있으면 예측한 실험식이 맞는 것으로 추정할 수 있다. 오차가 허용 오차 범위를 벗어나면 공기 중의 수분이나 합성 과정에서 사용한

용매 분자가 생성물의 합성이나 보관 과정에서 시료에 흡수된 것으로 예상할 수 있다. 이때는 물 분자나 용매 분자를 포함하여 이론적 질량 백분율을 계산하고 실험 결과와 비교해 본다.

무기 화학 실험에서 새로운 화합물을 합성하였을 때 많은 경우에 단결정 X-선 회절 실험으로 화합물의 구조를 밝히고 그 밖의 성질이나 반응성에 대하여 알아본다. 비록 단결정 구조를 알고 있다고 하여도 원소 분석은 여전히 필요하다. 왜냐하면 단결정 실험은 시험관 속에 들어 있는 하나의 결정에 대하여 분석한 것이고, 다른 성질이나 반응성의 측정에 사용한 시료가 밝혀진 결정 구조의 화합물과 같은 것이라는 논리적 뒷받침을 위해 원소 분석 결과가 필요하기 때문이다.

시약 및 기구

(1) 시약: C, H, N을 포함하고 있는 금속 착물

(2) 기구: CHN 원소 분석기

실험 방법

• 잘 건조된 금속 착물에 대하여 원소 분석 실험을 한다.

실험 결과

1. 금속 착물의 실험식

	질량 백분율(%)		
	C	H	N
이론값			
실험값			

2. 이론값과 실험값이 차이가 날 경우에 추정할 수 있는 정량적 해석을 논하시오.

실험 04

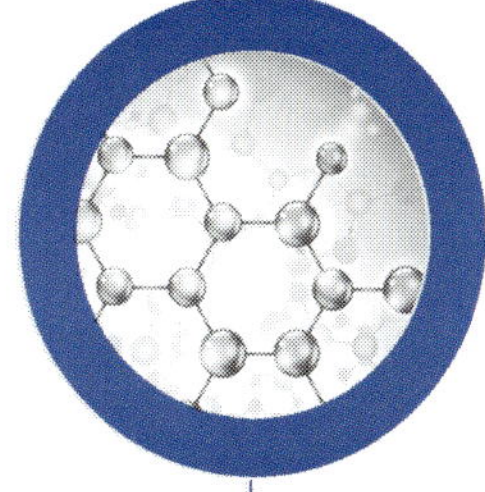

질량 분석법

목적

질량 분석법의 기본 원리를 이해한다.

서론

1. 질량 분석법

질량 분석법(mass spectrometry)은 화합물의 질량을 정확하고 정밀하게 측정함으로써 그 조성을 결정하고, 이로부터 화합물의 구조를 예측하는 분석법이다. 질량 분석은 시료를 이온으로 만들어 가속시키면서 시작된다. 운동하는 이온은 자석을 통과할 때, 질량/전하 비(m/z, mass-to-charge ratio)에 따라 서로 다른 운동 궤적을 가지기 때문에 분리된다. 분리된 개개의 이온을 m/z에 따라 그 양을 측정하여 질량 분석 스펙트럼을 얻는다. 이온을 분리할 때, 자석을 사용하지 않을 수도 있는데, 가속된 이온들의 운동 에너지가 같다면 이온의 질량에 따라 운동 속도가 다르므로 일정 거리를 날아가는 이온의 비행시간(time-of-flight)은 질량에 따라 다르게 된다. 이로부터 이온을 분리하고 검출할 수 있다.

질량 분석기(mass spectrometer)는 시료 주입구(sample inlet), 이온화실(ionization chamber), 질량 분석계(mass analyzer), 검출기(detector)의 네 부분으로 구성되어 있으며 기기 내부는 항상 고진공 상태를 유지해야 한다. 다음은 질량 분석기의 개요도(그림 4-1)와 각 부분의 기능이다.

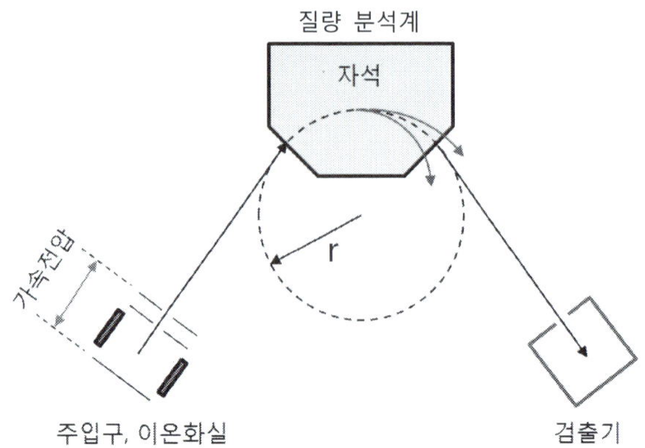

그림 4-1 질량 분석기의 개요도

- 시료 주입구: 시료를 주입하고 이온화실로 운반하는 부분이다. 시료로는 기체, 액체, 고체 시료가 모두 가능하다. 시료의 상태에 따라 감압 또는 가열하여 기화된 시료를 이온화실로 보낸다.
- 이온화실: 기화되어 주입된 시료를 이온으로 만들어 가속시키는 부분이다. 시료를 이온으로 만드는 방법으로는 다음과 같이 여러 가지가 있다.

  ① 전자 이온화법(EI, electron ionization)
  ② 화학 이온화법(CI, chemical ionization)
  ③ 장이온화법(FI, field ionization)
  ④ 장탈착법(FD, field desorption)
  ⑤ 고속 원자 충격법(FAB, fast atom bombardment)
  ⑥ 이차 이온 질량 분석법(SIMS, secondary ion mass spectrometry),
  ⑦ 메트릭스 보조 레이저 탈착 이온화법(MALDI, matrix-assisted laser desorption ionization),
  ⑧ 플라스마 탈착법(PD, plasma desorption)
  ⑨ 열탈착법(TD, thermal desorption)
  ⑩ 열분무 이온화법(TSI, thermospray ionization)
  ⑪ 전기분무 이온화법(ESI, electrospray ionization)

  EI, CI, FI의 이온화 방법은 상대적으로 분자량이 작은 휘발성 시료의 이온화에 사용되고, 나머지 이온화 방법은 주로 분자량이 크고 비휘발성인 화합물의 이온화에 사용된다. 이온화된 시료는 이온화실에 장치되어 있는 (+)극판과 (−)극판 사이의 전위차에 의해 가속되어 질량 분석계로 들어간다.

- 질량 분석계: 가속되어 들어온 이온들을 m/z에 따라 분리하는 부분이다. 분리하는 방법에 따라 자기 부채꼴(magnetic sector), 전기자기 부채꼴(electrostatic and magnetic sector), 사중극자(quadrupole), 이온 트랩(ion trap), 비행시간(time−of−flight), 푸리에 변환(Fourier transform) 질량 분석계 등이 있다.
- 검출기: 이온을 검출하는 부분이다. 전자증배기 회로(electron multiplier circuit)가 가장 많이 사용되고 있고, 그 밖에 패러데이 컵(Faraday cup), 감광판(photographic plate), 섬광법(scintillation type) 등이 사용되고 있다.

2. 고속 원자 충격 질량 분석법(FAB−MS)과 전기분무 이온화 질량 분석법(ESI−MS)

무기 화합물의 질량 분석에는 FAB−MS와 ESI−MS가 많이 쓰인다. 이 절에서는 FAB−MS와 ESI−MS에 대하여 간략히 소개한다.

FAB−MS에서는 시료를 glycerol, thioglycerol, *m*−nitrobenzylalcohol, 또는 diethanolamine과 같은 매트릭스 용매에 녹여 분석한다. Xe 원자 등을 3~10 keV로 가속시켜 시료가 녹아 있는 매트릭스 용액에 충돌시키면 분자성 이온(molecular−like ion)과 토막 이온(fragment ion)이 탈착되고, 이온들을 질량 분석계에서 분리하여 검출한다. FAB−MS는 간편하고 빠른 분석법으로서 300 Da에서 6,000 Da의 질량을 가지는 다양한 종류의 시료를 분석할 수 있고, 검출 시 강한 이온 전류를 생성하기 때문에 고분해능 측정에도 유용하다. 또한 토막화(fragmentation) 패턴으로부터 원래 분자나 이온의 구조를 예측하는 데도 유용하다. 그러나 시료가 위의 매트릭스 용매에 녹아야 하는 제한점이 있고, 매트릭스 용매로부터 발생하는 배경 신호 때문에 분자량이 작은 시료의 분석에는 어려움이 있다. 또한 2 이상의 전하량을 갖는 시료의 분석에는 적합하지 않다.

ESI−MS는 용액 상태의 시료를 바로 분석할 수 있는 장점이 있다. 일반적으로 용매는 물에 메탄올 또는 아세토나이트릴 등의 휘발성 유기 용매를 섞은 혼합 용매를 사용한다. 시료 용액은 모세관을 통해 이온화실에 주입되는데, 이때 모세관 표면과 이온화실 사이에는 큰 전위차를 걸어 놓는다. 시료는 모세관을 통과하면서 모세관 표면의 높은 전압 때문에 하전되고, 하전된 작은 방울이 모세관과 이온화실 사이의 전위차에 의해 이온화실로 분무된다. (시료 용액에 아세트산 등을 섞기도 하는데 이는 용액의 전도도를 높여 분무되는 용액 방울의 크기를 작게 하기 위해서이다.) 이온화실에서는 시료 방울의 용매가 증발하면서 방울의 전하 밀도가 높아진다. 방울 속에 있는 같은 전하들 사이의 정전기적 척력이 용액의 표면 장력 한계(Rayleigh 한계)보다 커지면 용액은 더 작은 방울로 쪼개진다. 이와 같은 과정이 반복되어 용매가 모두 증발하고, 남은 이온화된 시료가 가속되어 질량 분석계로 들어간다. ESI는 soft ionization 방법이어서 분자의 토막화가 적게 일어난다. 이는 분자의 구조를 예측하는 데는 불리하지만, 분자의 구조를 알고 있을 때는 분자의 반응 과정을 살피는 데 유리하다.

FAB-MS나 ESI-MS에서는 분석하고자 하는 분자의 질량이 M일 경우 $[M+H]^+$, $[M-H]^-$ 등이 검출되고, 매트릭스 용액에 녹아 있는 이온의 종류에 따라 $[M+Na]^+$, $[M+NH_4]^+$, $[M+Cl]^-$, $[M+NH_4]^+$ 등이 검출되기도 한다. 시료가 착이온(M^+, M^-)을 포함하는 경우 착이온 자체가 검출될 수 있으며, 이온화 과정에서 토막화된 이온도 검출된다.

3. 질량 스펙트럼의 분석

질량 스펙트럼에서 검출된 이온의 신호 위치인 가로축은 이온의 질량/전하비(m/z)를 나타내며, 세로축은 세기를 나타내는데 검출된 이온의 양에 비례한다. 여러 개의 신호를 가진 질량 스펙트럼에서 가장 큰 신호를 기본 신호라고 하고, 다른 신호들은 기본 신호의 크기를 100으로 하였을 때 그 상대적인 크기로 나타낸다. 그림 4-2는 CH_2Cl_2의 EI 질량 스펙트럼으로 m/z = 59와 84에 큰 신호가 보인다. 이로부터 CH_2Cl_2이 이온화되는 과정에서 두 종류의 주요한 이온이 생성되었음을 짐작할 수 있다. (이온화 방법이 다르더라도 질량 스펙트럼의 형태와 분석법은 기본적으로 같다.)

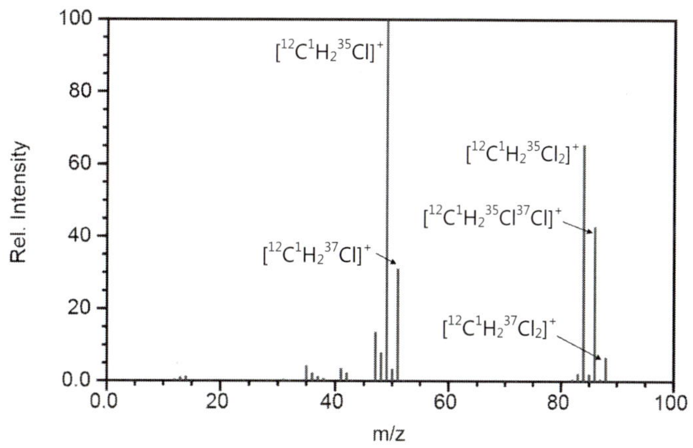

그림 4-2 CH_2Cl_2의 EI 질량 스펙트럼 (출처: NIST Chemistry WebBook. http://webbook.nist.gov/chemistry)

질량 스펙트럼의 분석은 신호의 위치와 동위원소의 자연 존재비에 따른 신호 세기의 분포를 이용한다. 이로부터 검출된 이온의 조성을 상당히 정확히 할 수 있다. 표 4-1은 무기 화합물에 흔히 포함되어 있는 원소들의 동위원소와 그 자연 존재비를 나타낸 것이다. 그림 4-2에서 가장 큰 신호인 m/z=49의 신호는 CH_2Cl_2이 토막화되어 발생한 $[CH_2Cl]^+$ 이온의 신호이다. 표 4-1로부터 $[CH_2Cl]^+$ 이온은 동위원소의 조합에 따라 $[^{12}C^{1}H_2{}^{35}Cl]^+$, $[^{12}C^{1}H_2{}^{37}Cl]^+$, $[^{12}C^{1}H^{2}H^{35}Cl]^+$, $[^{12}C^{1}H^{2}H^{37}Cl]^+$, $[^{12}C^{2}H_2{}^{35}Cl]^+$, $[^{12}C^{2}H_2{}^{37}Cl]^+$, $[^{13}C^{1}H_2{}^{35}Cl]^+$, $[^{13}C^{1}H_2{}^{37}Cl]^+$, $[^{13}C^{1}H^{2}H^{35}Cl]^+$, $[^{13}C^{1}H^{2}H^{37}Cl]^+$, $[^{13}C^{2}H_2{}^{35}Cl]^+$, $[^{13}C^{2}H_2{}^{37}Cl]^+$ 등 모두 12가지가 있을 수 있음을 알 수 있다. 또한 각 동위원소의 자연 존재비로부터 $[CH_2Cl]^+$ 전체 이온 중 $[^{12}C^{1}H_2{}^{35}Cl]^+$는 74.95%, $[^{12}C^{1}H_2{}^{37}Cl]^+$는 23.96%, $[^{13}C^{1}H_2{}^{35}Cl]^+$는 0.81% 존재하며 그 밖의 이온은 극히 미량 존재한다는 것을 계산할 수 있다. 그림 4-2에서는 m/z = 49에 $[^{12}C^{1}H_2{}^{35}Cl]^+$의 신호가, m/z=51에 $[^{12}C^{1}H_2{}^{37}Cl]^+$의 신호가 100:32의 상대적 세기로 검출되고 있고 있다. 이는 $[^{12}C^{1}H_2{}^{35}Cl]^+$와 $[^{12}C^{1}H_2{}^{37}Cl]^+$의 이론적 존재비 75:24와 일치하는 것으로서 검출된 신호가 $[CH_2Cl]^+$로부터 발생한 것임을 알게 한다. 그림 4-2에서 m/z=84의 신호는 CH_2Cl_2이 이온화되어 발생한 $[CH_2Cl_2]^+$ 이온의 신호이다. $[CH_2Cl_2]^+$ 이온은 동위원소의 조합에 따라 모두 18가지의 이온이 존재하며, 존재비가 높은

이온은 $[^{12}C^{1}H_2{}^{35}Cl_2]^+$(56.80%), $[^{12}C^{1}H_2{}^{35}Cl^{37}Cl]^+$(36.31%), $[^{12}C^{1}H_2{}^{37}Cl_2]^+$(5.80%)이다. 스펙트럼에서 이들 세 이온의 신호가 m/z = 84, 86, 88에 66:43:7의 상대적 세기로 나타나고 있다.

표 4-1 몇 가지 원소의 동위원소와 자연 존재비

비금속				금속			
원소	동위원소	원자량 (amu)	자연 존재비 (%)	원소	동위원소	원자량 (amu)	자연 존재비 (%)
H	^{1}H	1.0078	99.9885	Na	^{22}Na	22.9898	100
	^{2}H	2.0141	0.0115	Mg	^{24}Mg	23.9850	78.99
B	^{10}B	10.0129	19.9		^{25}Mg	24.9858	10.00
	^{11}B	11.0093	80.1		^{26}Mg	25.9826	11.01
C	^{12}C	12(정의)	98.93	Mn	^{55}Mn	54.9380	100
	^{13}C	13.0034	1.07	Fe	^{54}Fe	53.9396	5.845
N	^{14}N	14.0031	99.632		^{56}Fe	55.9349	91.754
	^{15}N	15.0001	0.368		^{57}Fe	56.9354	2.119
O	^{16}O	15.9949	99.757		^{58}Fe	57.9333	0.282
	^{17}O	16.9991	0.038	Co	^{59}Co	58.9332	100
	^{18}O	17.9992	0.0205	Ni	^{58}Ni	57.9353	68.0769
F	^{19}F	18.9984	100		^{60}Ni	59.9308	26.2231
P	^{31}P	30.9738	100		^{61}Ni	60.9358	1.1399
S	^{32}S	31.9721	94.93		^{62}Ni	61.9283	3.6345
	^{33}S	32.9715	0.76		^{64}Ni	63.9278	0.9256
	^{34}S	33.9679	4.29	Cu	^{63}Cu	62.9296	69.17
	^{36}S	35.9671	0.02		^{65}Cu	64.9278	30.83
Cl	^{35}Cl	34.9689	75.78	Zn	^{64}Zn	63.9291	48.63
	^{37}Cl	36.9659	24.22		^{66}Zn	65.9260	27.90
Br	^{79}Br	78.9183	50.69		^{67}Zn	66.9271	4.10
	^{81}Br	80.9163	49.31		^{68}Zn	67.9248	18.75
I	^{127}I	126.9045	100		^{70}Zn	69.9253	0.62

무기 화학에서 주로 다루는 전이 금속 착물은 전이 금속 이온과 리간드로 이루어져 분자량이 큰 화합물이다. 위에서 본 CH_2Cl_2의 경우와 마찬가지로, 착물을 구성하는 원소의 동위원소 조합에 따라, 질량 분석기의 이온화실에서 생성된

한 종류의 이온으로부터도 동위원소의 조합에 따라 서로 다른 질량의 이온들이 검출되고 이들의 이론적 존재비와 신호 세기를 비교하여 검출된 착이온을 판별할 수 있다. 그림 4-3(a)는 검출된 이온이 $[C_{55}H_{44}N_4O_4Cu_2]^+$라고 할 때의 이론적 질량 스펙트럼이다. 스펙트럼에서 $\Delta m/z = 1$ 간격으로 여러 개의 신호가 관찰된다. 이는 비록 ^{13}C 동위원소의 자연 존재비가 1.07%로 작지만 탄소의 개수가 늘어나면, ^{12}C와 ^{13}C의 조합으로 이루어진 여러 이온의 상대적 존재량도 많아져, 질량수 1 차이로 여러 개의 신호가 보이기 때문이다.

질량 스펙트럼에서 탄소의 동위원소 때문에 발생하는 $\Delta m/z = 1$ 간격의 신호는 검출된 이온의 전하량을 판별하는 데 유용하다. 그림 4-3(b)의 질량 스펙트럼에서 신호 위치와 (c)에서의 신호 위치는 거의 같아서 실제 실험에서 두 이온이 $[M]^+$인지 $[M+M]^{2+}$인지 구별하기 어려울 수 있다. 이때 신호 간격으로부터 이온의 전하량을 알 수 있는데, 예를 들어 (b)에서의 신호는 $\Delta m/z = 0.5$ 간격으로 배열되고, (c)에서는 신호가 $\Delta m/z = 1$ 간격으로 배열되어 있음을 볼 수 있다. 이로부터 (b)에서 검출된 이온은 2가인 $[M+M]^{2+}$이고 (c)의 이온은 1가인 $[M]^+$ 임을 판단할 수 있다. 마찬가지로 탄소를 많이 포함하고 있는 3가 이온에서는 신호가 $\Delta m/z = 0.33$ 간격으로 배열하게 되어 분해능이 좋은 질량 분석기에서는 이를 판별할 수 있다.

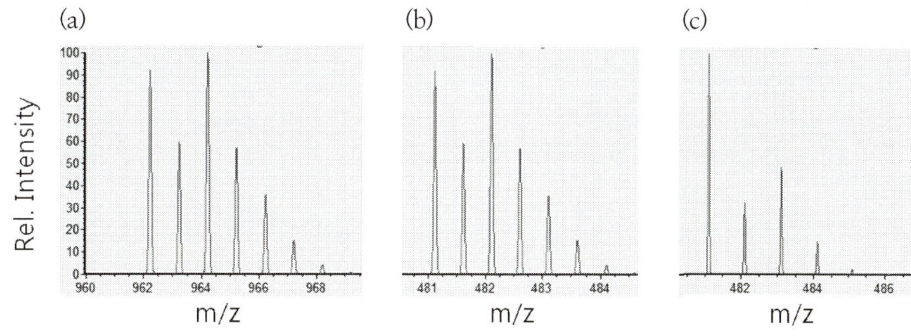

그림 4-3 (a) $[C_{56}H_{44}N_4O_4Cu_2]^+$, (b) $[C_{56}H_{44}N_4O_4Cu_2]^{2+}$, (c) $[C_{28}H_{22}N_2O_2Cu_1]^+$의 이론적 질량 스펙트럼

시약 및 기구 (1) 시약: C, H, N을 포함하고 있는 금속 착물

(2) 기구: 질량 분석기

실험 방법

1. 질량 분석기를 사용하여 C, H, N을 포함하는 금속 착물의 질량 스펙트럼을 찍는다.

실험 결과

1. 질량 스펙트럼: 얻은 질량 스펙트럼을 별지에 복사하여 붙인다.
2. 질량 스펙트럼의 결과와 분석 정리표

신호 위치 (m/z)	신호 세기	검출된 이온† 및 이론적 상대 존재량(%)	신호 위치 (m/z)	신호 세기	검출된 이온† 및 이론적 상대 존재량(%)

† $[^{12}C^{1}H_2{}^{35}Cl]^+$의 양식으로 표시할 것

문제

(1) 다음 질량 스펙트럼은 C, H, Cu로 이루어진 가상 이온의 질량 스펙트럼이다. 스펙트럼을 분석하여 표를 완성하시오.

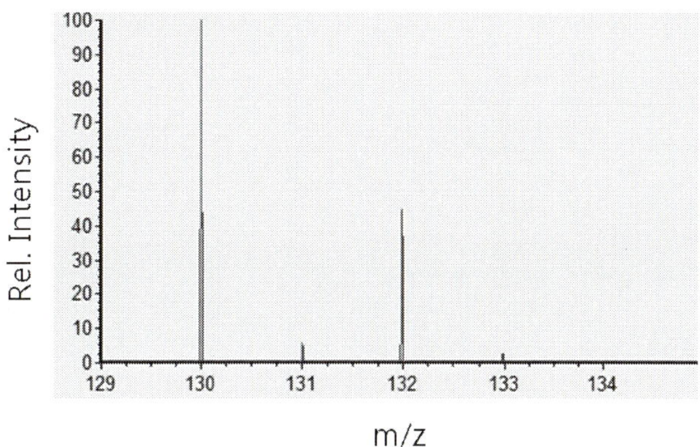

신호 위치(m/z)	신호 세기	검출된 이온† 및 이론적 상대 존재량(%)

† $[^{12}C^{1}H_2{}^{35}Cl]^+$의 양식으로 표시할 것

참고문헌

1. De Hoffmann, E.; Stroobant, V. *Mass Spectrometry: Principles and Applications*; 3rd Ed.; John Wiley & Sons: England, 2007.

실험 05

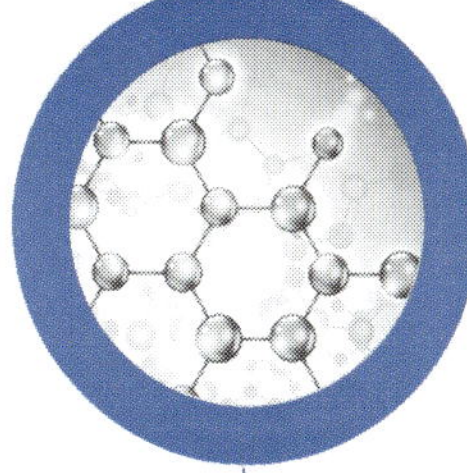

UV-VIS 흡수 분광법

목적

흡수 분광법의 기본 원리와 전이 금속 착물로부터 얻은 흡수 스펙트럼의 특징을 알아본다.

서론

1. 분광학의 기본

20세기 초에 과학자들은 양자 역학의 원리로부터 원자나 분자에 특정한 에너지를 가진 상태(state)가 있음을 알게 되었다. 분광학(spectroscopy)이란 이러한 원자나 분자 상태 사이의 에너지 차이를 측정하고 해석하여 시료의 종류, 구조 및 운동역학적인 정보를 얻는 것이다. 상태 사이의 에너지 차이는 시료에 전자기파를 주사하여 알 수 있다. 플랑크의 법칙(식 5-1)에 따르면 주사한 전자기파가 가지고 있는 에너지($h\nu$)가 원자나 분자 상태들 사이의 에너지 차(ΔE)와 같을 때, 시료는 전자기파를 흡수하고 그림 5-1에서와 같이 낮은 에너지 상태에서 높은 에너지 상태로 전이를 일으킨다.

$$\Delta E = h\nu \qquad \text{(식 5-1)}$$

(h: 플랑크 상수 = 6.626×10^{-27} erg · sec, ν: 전자기파의 진동수)

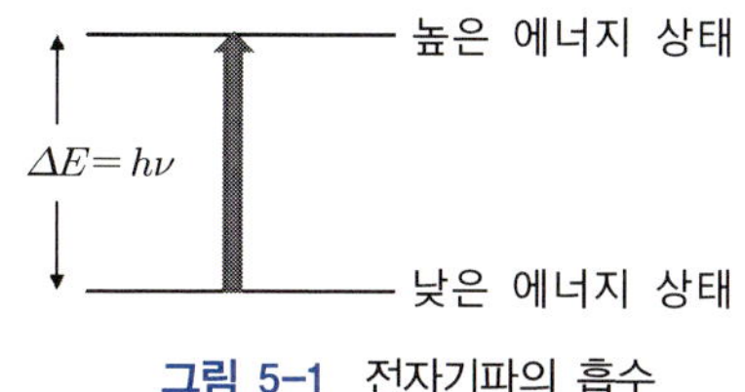

그림 5-1 전자기파의 흡수

일반적으로 분광법에서는 진동수(ν)를 변화시키면서 전자기파를 시료에 주사하고, 시료가 전자기파를 흡수하는 정도를 진동수에 따라 기록하게 되는데, 이를 스펙트럼이라고 한다(그림 5-2). 분광법에서 사용하는 전자기파는 라디오파(radio-frequency)에서부터 X-선까지 그 영역이 다양하고, 분광법의 종류에 따라 각기 측정하는 원자나 분자 상태의 종류가 다르다. UV-VIS 흡수 분광법에서는 자외선(ultraviolet)과 가시광선(visible light)을 사용하여 전자 상태(electronic state), 즉 원자 오비탈과 분자 오비탈에 대한 정보를 얻으며, IR 분광법에서는 적외선(infrared)을 사용하여 분자의 진동 운동에 대한 정보를 얻는다.

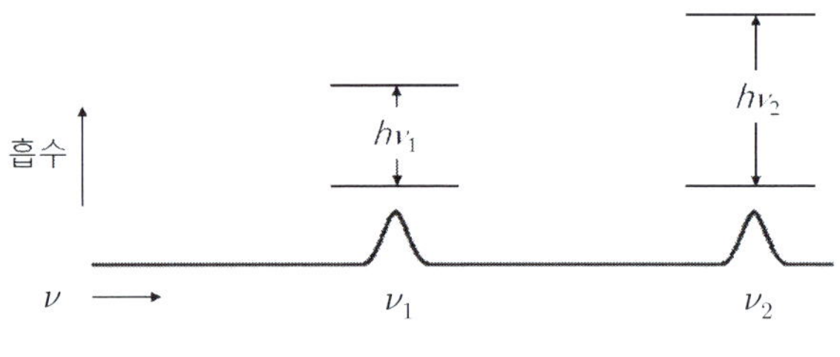

그림 5-2 스펙트럼

2. UV-VIS 흡수 분광법

물질의 색은 그 물질의 분자 오비탈(원자나 단원자 이온의 경우에는 원자 오비탈) 그리고 전자 배치와 밀접한 관계가 있다. 예를 들어 물의 바닥 상태와 들뜬 상태 사이의 에너지 차이는 자외선 영역인데, 물에 모든 파장의 빛이 포함되어 있는 태양광을 쪼여 주면 자외선을 흡수하여 물은 바닥 상태에서 들뜬 상태로 들뜨게 된다. 그러나 가시광선은 흡수되지 않고 그냥 통과하여 무색투명하게 보인다. 그런데 자홍색 물감을 물에 녹이면 용액이 자홍색을 띠게 된다. 이는 자홍색 물감 분자의 바닥 상태와 들뜬 상태 사이의 에너지 차이가 대략 녹색 빛(파장이 ~540 nm) 정도이어서, 용액에 태양광을 쪼여 주면 물이 자외선을 흡수하고 또한 자홍색 물감 분자가 녹색 빛을 흡수하여, 용액이 녹색의 보색인 자홍색으로 보이게 된다. 이때 흡수되는 광자(photon)의 양은 빛이 통과하는 길에 있는 분자의 양에 비례한다. 따라서 물감의 농도가 진해지면 흡수되는 녹색 빛의 양도 많아지게 되고, 용액의 자홍색이 점점 짙어지게 된다. 이와 같이 용액에서 분자가 흡수하는 광자의 양은 존재하는 분자의 농도에 비례한다.

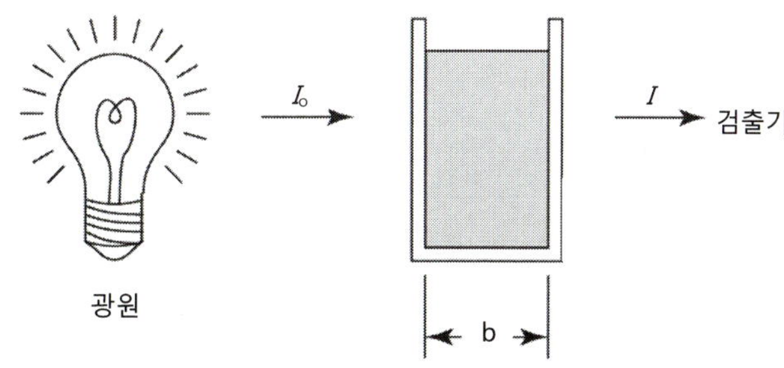

그림 5-3 용액에 빛을 쪼이면 특정 파장의 빛이 흡수된다.

그림 5-3에서 세기 I_o인 어떤 파장의 빛을 용액에 통과시켰을 때 통과한 후 줄어든 빛의 세기가 I라면

$$A = \varepsilon bc = -\log(I/I_o) \qquad (식\ 5\text{-}2)$$

의 관계가 성립하는데, 이것을 Beer-Lambert 법칙(식 5-2)이라고 한다. 여기서 ε은 빛을 흡수한 분자의 몰흡광 계수(molar absorptivity; 단위: $M^{-1}cm^{-1}$), b는 용액에서 빛이 통과한 거리(단위: cm), c는 용액의 농도(단위: M)이다. 또 A를 흡광도(absorbance), I/I_o를 투과도(transmittance)라고 한다.

물질에 자외선 또는 가시광선 영역의 빛을 쪼여 물질이 어떤 파장의 빛을 얼마나 흡수하는가를 분석하여 그 특성을 알아내는 방법을 UV-VIS 흡수 분광법이라고 한다.

3. 전이 금속 착물의 UV-VIS 흡수 스펙트럼

6배위 팔면체와 4배위 사면체 배위 구조를 하는 전이 금속 착물에 있는 분자 오비탈(MO)의 에너지 준위는 그림 5-4와 같이 간략히 그릴 수 있다. 그림에 나타낸 것처럼 전이 금속 착물의 MO는 리간드의 σ-주개 오비탈의 성격을 많이 가지고 있는 L_σ, 리간드 π-주개 오비탈의 성격을 많이 가지고 있는 L_π, 전이 금속 d_{xy}, d_{yz}, d_{xz} 오비탈의 성격을 가지고 있는 t_{2g}(또는 t_2), 전이 금속

$d_{x^2-y^2}$, d_{z^2} 오비탈의 성격을 가지고 있는 e_g(또는 e), 리간드 π-받개 오비탈의 성격을 많이 가지고 있는 $L_{\pi*}$ 등 다섯 가지 종류의 오비탈로 크게 나눌 수 있다. (여기서 L_π와 $L_{\pi*}$ 오비탈은 리간드가 각각 π-주개, π-받개 리간드일 때 존재한다.)

팔면체 전이 금속 착물에 자외선이나 가시광선을 주사하면 낮은 에너지 상태의 MO에 있는 전자가 빛을 흡수하여 높은 에너지 상태의 MO로 전이될 수 있다. 이때 관측되는 전자 전이는 L_σ 또는 L_π에 있는 전자가 t_{2g} 또는 e_g로 전이되는 LMCT(ligand-to-metal charge-transfer, 리간드에서 금속으로의 전하 전이), t_{2g}에 있는 전자가 e_g로 전이되는 $d-d$ 전이($d-d$ transition), t_{2g} 또는 e_g에 있는 전자가 $L_{\pi*}$로 전이되는 MLCT(metal-to-ligand charge-transfer, 금속에서 리간드로의 전하 전이) 등 세 가지 종류가 있다.

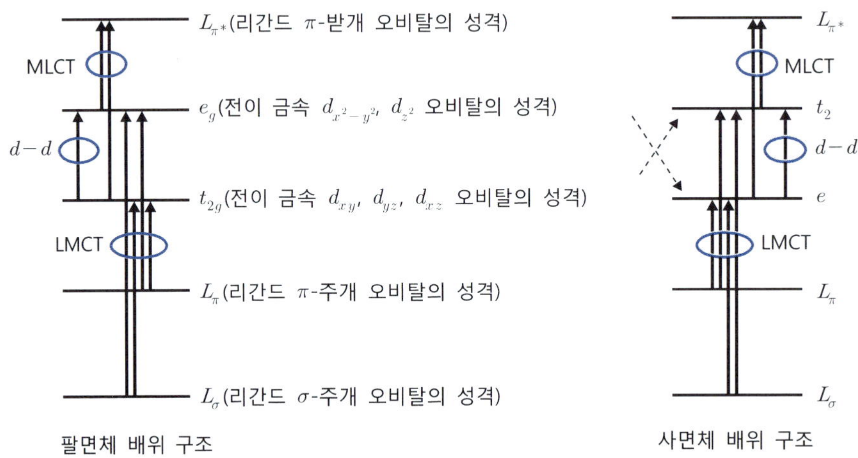

그림 5-4 팔면체와 사면체 배위 구조 전이 금속 착물에 있는 분자 오비탈의 에너지 준위와 UV-VIS 흡수 스펙트럼에서 관측되는 전자 전이

전자 전이가 일어나기 위해서는 해당 전이가 양자 역학적 선택 규칙(selection rule)을 만족시켜야 한다. 자외선이나 가시광선을 흡수하여 전자 전이가 일어나는 UV-VIS 흡수 분광법에서는 다음과 같은 두 가지 선택 규칙이 작동한다.

① 스핀 선택 규칙(spin selection rule): 전자 전이가 일어날 때 전이 전후의 스핀 상태는 같아야 한다. 즉, 스핀 다중도가 같아야 한다($\Delta S = 0$).

② Laporte 선택 규칙(Laporte selection rule): 반전 중심을 가지고 있는 분자나 이온에 있어서 전이 전후에 반전성이 달라야 한다($g \leftrightarrow u$).

따라서 분자나 이온에 있는 어떤 두 MO 사이에 전자 전이가 일어나기 위해서는 빛의 에너지가 두 MO 사이의 에너지 차와 같아야($\Delta E = h\nu$) 하고 또한 위의 두 선택 규칙을 만족시켜야 한다.

그림 5-4에 있는 세 가지 전이 중에서 MLCT와 LMCT는 두 선택 규칙을 만족시키기 때문에 몰흡광 계수가 크다($\varepsilon > 1{,}000$). 그러나 팔면체 착물의 $d-d$ 전이는 전이 전후에 반전성이 변하지 않기($g \leftrightarrow g$) 때문에 스핀 선택 규칙을 만족시키더라도 Laporte 선택 규칙을 위반한다. 그렇지만 분자의 진동 운동에 의해 분자의 반전 중심성이 완전하지 않아 Laporte 선택 규칙이 느슨해져 전이가 일어날 수 있으며 이러한 경우 몰흡광 계수가 줄어든다($\varepsilon = 1$~50). 사면체 착물은 반전 중심이 없기 때문에 Laporte 선택 규칙이 적용되지 않아 $d-d$ 전이의 몰흡광 계수가 팔면체보다 훨씬 크다($\varepsilon =$ ~500). 두 선택 규칙을 모두 위반한 경우에도 전이가 일어날 수 있는데 이는 스핀-궤도 짝지음(spin-orbit coupling) 효과 때문에 스핀 양자수(S)가 분자의 전자 스핀 상태를 완벽히 표현하지 못하여 스핀 선택 규칙도 느슨해지기 때문이다. 두 선택 규칙을 모두 위반하는 전자 전이의 몰흡광 계수는 매우 작다($\varepsilon < 1$).

그림 5-5는 팔면체 배위 구조를 가지는 $[Cr(NH_3)_6]^{3+}$의 흡수 스펙트럼이다. ~200 nm에서 관측되는 흡수띠는 LMCT에 의해 발생하는 것이다. 전하 전이(charge-transfer, CT)의 에너지는 $d-d$ 전이 에너지보다 커서, CT의 흡수띠는 일반적으로 자외선 영역이나 보라색의 가시광선 영역에서 관찰된다. 앞에서 언급하였듯이 CT의 몰흡광 계수는 크기 때문에 흡수띠가 높게 나타난다. 어떤 착물에서 CT 흡수띠의 최고점이 가시광선 영역에서 관찰되는 경우 용액은 주로 보라색의 보색인 노란색이 짙게 나타난다. ~350 nm와 ~470 nm에서 관찰되는 흡수띠는 $d-d$ 전이 중 각각 ${}^4A_{2g} \rightarrow {}^4T_{1g}(F)$, ${}^4A_{2g} \rightarrow {}^4T_{2g}$ 전이에 해당하는 흡수띠이다. Cr^{3+}와 같이 d^3 전자 배치를 하는 팔면체 착물에서 ${}^4A_{2g} \rightarrow {}^4T_{2g}$ 전이

에너지는 바로 리간드장 갈라짐 에너지(ligand-field splitting parameter, Δ_o = 10 Dq)와 같기 때문에 흡수띠의 위치로부터 Δ_o를 구할 수 있다. 그 밖의 d-전자 배치를 하는 착물에서도 $d-d$ 전이에 대한 흡수띠의 위치로부터 Δ_o에 대한 정보를 알아낼 수 있다. 이에 대한 내용은 무기 화학 교과서와 Tanabe-Sugano 도표를 참조하기 바란다.

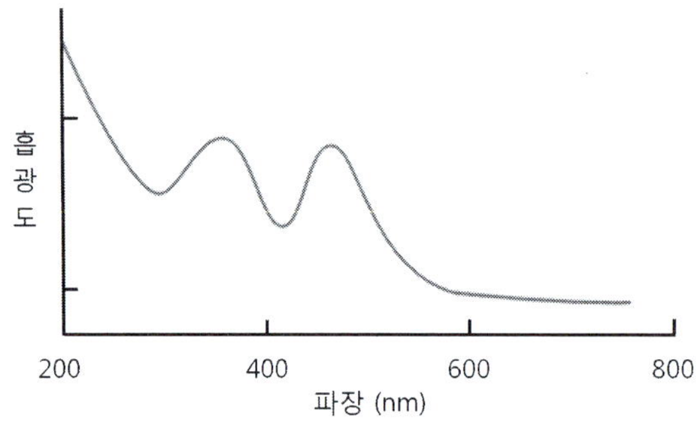

그림 5-5 $[Cr(NH_3)_6]^{3+}$의 흡수 스펙트럼

시약 및 기구

(1) 시약: $TiCl_3$, $MnCl_2$, $CoCl_2$, $NiCl_2$, $CuCl_2$

(2) 기구: UV-VIS 분광광도계, 큐벳, 피펫(1 mL)

주의 사항

UV-VIS 분광광도계는 실험하기 20분 전에 미리 켜서 예열한다.

실험 방법

1. $TiCl_3$, $MnCl_2$, $CoCl_2$, $NiCl_2$, $CuCl_2$ 각 시약에 대하여 0.1 M 수용액을 만든다.
2. 큐벳에 증류수 1 mL를 채우고, 이를 이용하여 분광광도계의 흡광도를 0(또는 투과도가 100%)으로 보정한다.
3. 가시광선 영역(300 nm 이상)에서 0.1 M $TiCl_3$ 수용액 1 mL를 큐벳에 채우고 흡광도를 측정한다.
4. 나머지 용액에 대하여 과정 2와 3을 반복한다.

실험 결과 1. 흡광도 측정: 얻은 흡수 스펙트럼을 별지에 복사하여 붙여라.

2. 흡광도 측정 결과 정리표

시료			$TiCl_3$	$MnCl_2$	$CoCl_2$	$NiCl_2$	$CuCl_2$
측정 착물			$[Ti(H_2O)_6]^{3+}$	$[Mn(H_2O)_6]^{2+}$	$[Co(H_2O)_6]^{2+}$	$[Ni(H_2O)_6]^{2+}$	$[Cu(H_2O)_6]^{2+}$
d 전자 배치			d^1				
농도(M)							
흡수띠	I	위치(nm)					
		흡광도					
		몰흡광 계수($M^{-1}cm^{-1}$)					
	II	위치(nm)					
		흡광도					
		몰흡광 계수($M^{-1}cm^{-1}$)					
	III	위치(nm)					
		흡광도					
		몰흡광 계수($M^{-1}cm^{-1}$)					

* 흡수띠는 3개보다 적을 수 있다.

문제 (1) 무기 화학 교과서와 Tanabe-Sugano 도표를 참조하여 다음의 각 빈칸을 채우시오. 단, 모든 착물이 O_h 점군에 속한다고 가정한다.

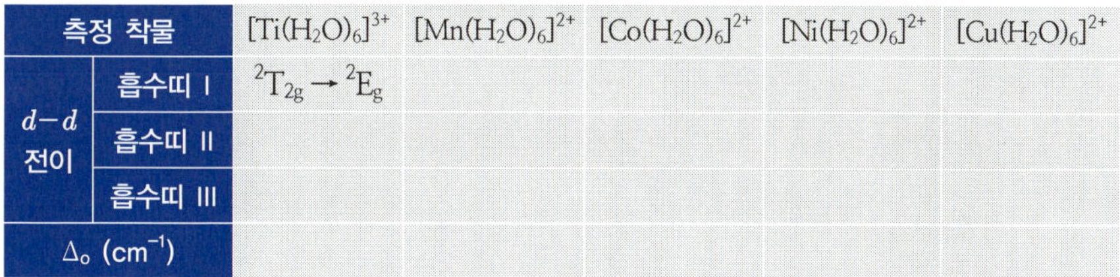

측정 착물		$[Ti(H_2O)_6]^{3+}$	$[Mn(H_2O)_6]^{2+}$	$[Co(H_2O)_6]^{2+}$	$[Ni(H_2O)_6]^{2+}$	$[Cu(H_2O)_6]^{2+}$
$d-d$ 전이	흡수띠 I	$^2T_{2g} \rightarrow {}^2E_g$				
	흡수띠 II					
	흡수띠 III					
Δ_o (cm^{-1})						

(2) 문제 (1)의 착물 중에서 실제로는 O_h 점군에 속하지 않는 것은 어느 것인가? 그리고 O_h 점군에 속하지 않는 이유를 설명하고, 흡수 스펙트럼에는 어떤 영향을 미치는지 서술하시오.

실험 06

적외선 분광법

목적

적외선 분광법(Infrared spectroscopy)의 기본 원리를 이해하고 전이 금속 착물로부터 얻은 적외선 스펙트럼의 특징을 알아본다.

서론

1. 분자의 진동 운동

모든 물질은 3차원 공간 안에서 움직이고 있기 때문에 n개의 원자로 이루어진 분자가 가지고 있는 운동의 전체 자유도(total degree of freedom)는 $3n$이다. 이 중에서 분자의 병진 운동(translational motion)이 가지는 자유도는 3(x, y, z축 방향으로의 병진 운동)이고, 회전 운동(rotational motion)의 자유도도 3(x, y, z축을 중심으로 하는 회전 운동)이어서, 분자의 진동 운동(vibrational motion)은 $3n-6$의 자유도를 가지게 된다. 단, 선형 분자의 경우 회전 운동의 자유도가 2이기 때문에 진동 운동의 자유도는 $3n-5$가 된다. 그림 6-1은 선형 분자인 CO_2의 네 가지 진동 운동을 나타낸 것이다. 이 가운데 굽힘 방식(bending mode)은 2중 축퇴되어 있다.

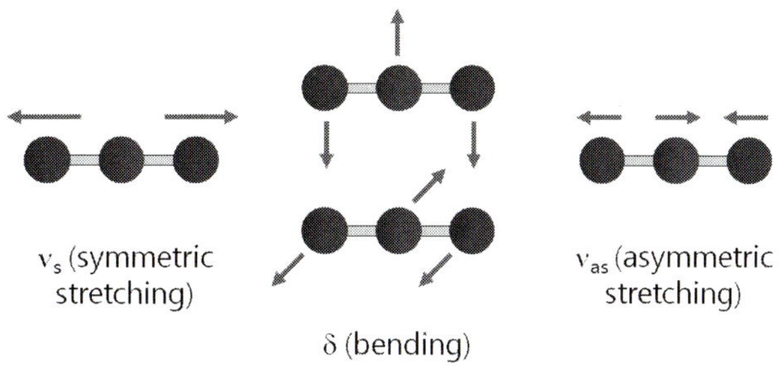

그림 6-1 CO_2 분자의 진동 운동

질량이 각각 m_1, m_2인 두 원자 사이에 신축 진동(stretching vibration)이 있을 때, 진동수(frequency)는 Hook의 법칙(식 6-1)에 따라 힘 상수(force constant, k)와 환산 질량(reduced mass, μ)에 의존한다. 분자에 있어서 진동 운동의 진동수는 적외선 복사선 영역에 있다.

$$\nu = \frac{1}{2\pi c}\sqrt{\frac{k}{\mu}} \quad (\mu = \frac{m_1 m_2}{m_1 + m_2}) \tag{식 6-1}$$

2. 적외선 분광법과 라만(Raman) 분광법

적외선을 시료에 주사할 때, 적외선의 진동수와 진동 운동의 진동수가 일치하면 바닥 상태 진동 모드가 적외선을 흡수하여 들뜬 상태로 올라가게 된다. 따라서 적외선 흡수선을 관찰함으로써 분자의 진동방식과 진동수에 대한 정보를 얻을 수 있다. 예를 들어 그림 6-1의 CO_2 진동에서 진동 운동의 진동수는 각각 1288(ν_s), 2349(δ), 667(ν_{as}) cm^{-1}이다. 따라서 적외선 흡수 스펙트럼에는 1288, 2349, 667 cm^{-1}에서 세 개의 흡수선이 관찰될 것으로 예상된다. 그러나 분자의 진동 운동이 적외선 복사선을 흡수하기 위해서는 적외선 흡수 전후에 분자의 쌍극자 모멘트(dipole moment)가 바뀌어야 한다. 따라서 CO_2의 대칭적 신축(symmetric stretching)처럼 반전 중심에 대칭적인 진동 운동은 IR을 흡수하지 못하여 CO_2는 기본적으로 두 개의 IR 흡수선을 가지게 된다. 실제로 CO_2의 IR 흡수 스펙트럼에서 두 개보다 많은 흡수선이 관찰되는데 이는 기본적인 진동 운동(fundamental vibrational mode)의 배진동(overtone), 기본적인 진동 운동들 사이에 일어나는 복합진동(combination) 등의 효과 때문이다.

분자의 진동 운동에 대한 정보는 자외선 또는 가시광선을 이용하는 라만 분광법으로부터도 얻을 수 있다. 시료에 레이저를 사용하여 특정 파장의 UV-VIS를 주사한 후 산란되어 나오는 빛을 관찰하면, 레이저 빛의 원래 진동수보다 분자 진동 운동의 진동수만큼 더해지거나 줄어든 진동수를 갖는 빛이 관찰된다. 이를 이용하여 분자 진동 운동에 대한 정보를 얻는 분광법이 라만 분광법이다. 라만 분광법에서 관측되는 분자의 진동 운동은 바닥 상태와 들뜬 상태의 편극 타원(polarizability ellipsoid)의 모양이 바뀌어야 한다. CO_2에서 적외선 분광법으로는 관찰되지 않았던 1288 cm^{-1}의 ν_s 진동이 이에 해당한다. 반면에 적외선 분광법에서 관찰되었던 2349(δ), 667(ν_{as}) cm^{-1}의 진동 운동은 라만 분광법에서는 관찰되지 않는다.

위에서 보았듯이 분자의 진동 운동은 적외선 분광법과 라만 분광법으로 관찰할 수 있는데 진동 운동의 모양에 따라 적외선과 라만 분광법에서 모두 보이는 것, 어느 하나에서만 보이는 것, 또는 모두 보이지 않는 것이 있다. 따라서 두 분광법은 상호 보완적으로 사용된다.

3. 분산형 IR과 FT-IR

IR 분광기에는 분산형 IR(Dispersive IR)과 FT-IR(Fourier Transform IR) 분광기의 두 종류가 있다. 분산형 IR 분광기의 원리는 앞 장에서 보았던 UV-VIS 흡수 분광법에서와 같다. 즉 IR의 파장을 바꾸어주면서 시료에 주사하면 진동 운동의 진동수와 빛의 진동수가 일치할 때 시료가 IR을 흡수한다. 따라서 투과된 IR 빛의 세기와 흡광도(absorbance)는 식 5-2의 관계를 가지게 된다. 분산형 IR 분광기에서는 단색화장치(monochromator)를 이용하여 어느 순간에 하나의 파장으로 이루어진 적외선을 분자에 주사한다. 그리고 이 파장에서 분자의 흡광도 또는 투과도(transmittance)를 기록하고, 이를 모든 적외선 파장에 대하여 기록하여 놓은 것이 IR 스펙트럼이다. IR 스펙트럼에서는 보통 파장의 역수 단위(cm^{-1})에 따라 흡광도 또는 투과도를 기록한다.

FT-IR 분광법에서는 분산형 IR 분광법에서와는 달리 모든 파장의 적외선을 분자에 주사하면서 실험을 진행한다. FT-IR 분광기에는 빛살 분할기(beam splitter), 고정 거울(fixed mirror), 이동 거울(moving mirror)로 이루어진 간섭계(interferometer)라는 장치가 있는데 적외선은 간섭계를 거친 후 시료 분자에 도달한다. 시료 분자를 통과한 적외선의 세기와 위상은 이동 거울의 위치에 따라 기록된다. (또는 이동 거울은 일정한 속도로 움직이므로 위치를 시간으로 변환하여 시간에 따라 적외선의 세기와 위상을 기록한다.) 이때의 위치(시간) *vs* 빛의 세기와 위상 기록을 간섭그림(interferogram)이라고 한다. 간섭그림을 푸리에 변환(Fourier Transform, FT)하여 IR 스펙트럼을 얻는다. FT-IR 분광기에서 얻는 IR 스펙트럼은 분산형 IR 분광기에서 얻는 IR 스펙트럼과 일치한다.

FT-IR 분광법에서는 ① 스펙트럼을 얻는 데 걸리는 시간이 짧아 여러 번 스캔할 수 있고 따라서 신호잡음비(signal-to-noise ratio)를 높일 수 있으며, ② 슬릿(slit)이 불필요하여 빛 에너지의 이용 효율이 높으며, ③ 분해능(resolution)이 좋고, ④ 기기 내부에 장치된 He-Ne 레이저를 이용하여 적외선 파장의 정밀도를 높일 수 있는 등 고전적인 분산형 IR 분광법보다 많은 장점을 가지고 있기 때문에 최근에 사용되는 IR 분광기는 거의 대부분 FT-IR 분광기이다.

4. IR 실험을 위한 시료 준비

IR 스펙트럼은 고체, 액체, 기체 등 다양한 형태의 시료로부터 얻을 수 있다. 그러나 많은 종류의 시료는 IR에 불투명하기 때문에 이러한 경우에 시료를 투명한 기질(matrix)에 녹이거나 희석시켜서 사용한다. 또한 불투명한 시료로부터의 IR 반사 또는 방출(emission)을 이용하여 IR 스펙트럼을 얻기도 한다.

고체나 액체 시료를 용매에 녹여 용액의 IR 실험을 할 때는 BaF_2, AgCl, 또는 KRS-5(TlBr과 TlI의 혼합물)로 만든 액체용 셀을 이용한다. 그러나 mid-IR의 전 영역에서 IR을 흡수하지 않는 용매는 없기 때문에 얻고자 하는 IR 스펙트럼의 범위에 따라 적절한 용매를 선택해야 한다. 4,000~1,330 cm^{-1} 영역에서 스펙트럼을 얻고자 할 때는 보통 CCl_4를 사용하고, 1,330~625 cm^{-1}에서 얻고자 할 때는 CS_2를 사용한다. CCl_4와 CS_2는 유독하기 때문에 CCl_4 대신 C_2Cl_4, CH_2Cl_2를 사용하거나 CS_2 대신 $n-C_6H_{14}$, $n-C_7H_{16}$을 사용하기도 한다. 용액의 IR 실험에서 용액의 농도는 0.05~10%, 빛살(beam)의 경로 거리는 0.1~0.01 mm 정도로 한다(일반적으로 10%, 0.01 mm). 비휘발성 액체 시료의 IR 스펙트럼은 NaCl 등의 염으로 만든 판을 이용하여 얻는다. 이때 판은 시료 한 방울을 NaCl 디스크에 떨어뜨린 후 다른 NaCl 디스크로 덮고 압축하여 0.01 mm 정도의 두께로 만들어 사용한다. 시료가 NaCl과 반응할 경우에는 BaF_2를 사용하기도 한다.

잘 녹지 않거나 용매에 녹이기 어려운 고체 시료는 KBr(또는 alkali halide)과 섞어 만든 펠렛으로부터 IR 스펙트럼을 얻는다. 펠렛은 막자사발 등에 시료 0.5~1 mg과 KBr 100 mg을 함께 넣고 갈아 만든 고운 가루를 프레스로 압축하여 만든다. 이때 가루 입자는 직경이 2 μm 이하가 되어야 한다. 펠렛은 습기 때문에 종종 3450~1640 cm^{-1} 영역에 흡수선을 나타낸다. 따라서 펠렛을 만들 때는 습기가 없도록 시료와 KBr을 최대한 말려서 사용해야 한다. 펠렛 대신에 고체 시료를 오일 등과 섞어 만든 반죽을 IR 투과성 판 사이에 압착한 후 IR 스펙트럼을 얻기도 한다. 반죽은 시료 1~5 mg을 잘게 간 가루(입자 직경 2 μm 이하)를 오일 1~2방울과 섞어 만들며, 오일로는 미네랄 오일, Nujol, Fluorolube, hexachlorobutadiene 등을 사용한다.

이상에서 보았듯이 IR 실험을 위해서는 일반적으로 시료가 IR을 투과시킬 수 있어야 한다. IR 투과가 어려운 시료에 대해서는 ATR(attenuated total reflectance) 장치를 이용한다. ATR 장치는 수용액으로부터도 IR 스펙트럼을 얻을 수 있는 장점이 있다. ATR 장치를 이용하여 얻은 IR 스펙트럼에서 흡수선의 위치는 보통의 IR 스펙트럼과 같으나 신호 세기는 다를 수 있으므로 스펙트럼의 해석에 주의해야 한다.

5. IR 스펙트럼의 분석

IR과 라만 분광법에서 측정되는 진동 운동은 앞에서 언급하였듯이 기본적인 진동 운동 외에도 배진동, 복합진동 등이 있기 때문에 적은 수의 원자로 이루어진 단순한 구조의 분자라도 스펙트럼을 완벽히 해석하는 것은 어렵다. 특히 금속 이온과 리간드로 이루어진 금속 착물의 복잡성은 IR 스펙트럼 또한 복잡하게 만들어, 이의 해석이 쉽지 않다. 그러나 몇 가지 작용기들에 대한 진동 운동은 분자의 종류에 상관없이 특정한 진동수 영역에서 측정되므로 이들의 존재 유무로부터 분자에 대한 유용한 정보를 얻을 수 있다. 다음 표 6-1은 몇 가지 작용기에 대한 진동 운동과 관측되는 위치를 나타낸 것이다. 아래의 표에서 진동 모드의 위치와 신호 세기는 항상 정확히 일치하는 것은 아니므로 IR 스펙트럼을 분석할 때는 참고 문헌과 비슷한 시료에 대하여 분석한 논문을 참조해야 한다.

표 6-1 작용기의 진동 모드에 따른 IR 스펙트럼에서의 신호 위치#

X-H 신축 운동			X≡Y 신축 운동		
작용기	위치(cm^{-1})	세기	작용기	위치(cm^{-1})	세기
—N(R)(H)	3500~3200	var	C≡O	2143(gas)	
				2120~1850(M-CO_{term})	
				1850~1720(M-$CO_{\mu2\text{-}bri}$)	
$-NH_2$	3400~3300(asym)	var		1730~1500(M-$CO_{\mu3\text{-}bri}$)	
	3300~3250(sym)	var	RC≡CR'	2260~2190	w
$-NH_3^+$	3000~2800	m-s	RC≡CH	2140~2100	w
	2800~2000	m-w	RC≡N	2260~2220	w-m
O-H	3600~3200	s, br	RN≡C	2175~2115	m-s
≡C-H	3350~3250	m-s	X=Y 신축 운동		
=C-H	3100~3000	w-m	C=O	1850~1650	s
-C-H	3000~2840	m-s	C=C	1680~1630	w-m
S-H	2600~2550	w	$-C_6H_5$	1610~1400	m
B-H	2650~2250(H_{term})	var	P=O	1300~1175	m-s
	2200~1500(H_{bri})	w-m	$-CO_2^{\ominus}$	1690~1560(asym)	s
P-H	2450~2280	w-m		1460~1310(sym)	w-m
X-Y 신축 운동			굽힘 운동		
C-O	1300~900	s	$-NH_2$	1650~1550	var
B-N	1275~1075	m-s	$-NH_3^+$	1600~1500	w
P-O	1100~900	m-s	$-CH_3$	1475~1350(two bands)	var
B-P	650~600	w-m	$-CH_2-$	1475~1450	m-s
				1350~1150	w

var=variable, w=weak, m=medium, s=strong, br=broad, asym=asymmetric, sym=symmetric, term=terminal, bri=bridging

시약 및 기구

(1) 시약: 구리(II) 아세틸 아세토네이트(Cu(acac)$_2$), KBr

(2) 기구: IR 분광기, 막자사발, 미니 프레스

주의 사항

Cu(acac)$_2$는 피부에 자극을 일으킬 수 있으므로 주의한다.

실험 방법

1. $Cu(acac)_2$ 1 mg과 KBr 100 mg을 막자사발에 넣고 곱게 간다.
2. 곱게 간 가루를 프레스로 압착하여 펠렛을 만든다.
3. IR 분광기에 펠렛을 설치하고 IR 스펙트럼을 얻는다.

실험 결과

1. IR 스펙트럼: 얻은 IR 스펙트럼을 별지에 복사하여 붙여라.

2. IR 측정 결과 정리표

흡수선의 위치(cm^{-1})	신호 세기	진동 모드

문제

(1) 문헌 조사를 통해 아세틸아세톤의 IR과 라만 스펙트럼을 구하고 각 진동 모드가 어느 위치에서 측정되는지 조사하시오.

(2) $Cu(acac)_2$과 아세틸아세톤의 IR 스펙트럼을 비교하여 어떠한 차이가 있는지 조사하시오.

(3) 아세틸 아세토네이트가 Cu(II)에 배위되어 있다는 직접적인 또는 간접적인 증거를 IR 스펙트럼을 통해 제시할 수 있는지 생각해 보시오. 만일 $Cu(acac)_2$의 IR 스펙트럼에서 직접적인 증거를 제시할 수 없었다면 그 이유를 설명하시오.

참고문헌

1. Silverstein, R. M.; Bassler, G. C.; Morrill, T. C. *Spectrometric Identification of Organic Compounds*; 5th Ed.; Wiley: New York, 1991.
2. Brisdon, A. K. *Inorganic Spectroscopic Methods*; Oxford University Press: New York, 1998.
3. Nakamoto, K. *Infrared and Raman Spectra of Inorganic and Coordination Compounds*; 5th Ed.; John Wiley & Sons: New York, 1997.

실험 07 금속-아세틸 아세토네이트 착화합물의 합성 및 특성

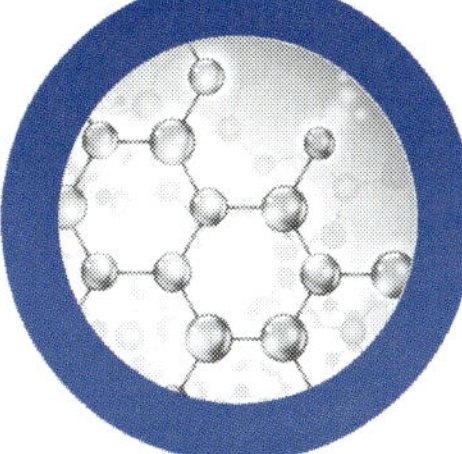

목적

금속-킬레이트 배위 화합물인 금속-아세틸 아세토네이트(metal acetylacetonate) 착화합물을 합성하고 분석하여 금속 이온과 킬레이트 리간드와의 반응을 이해하며, 중심 금속의 변화에 따른 화합물의 구조와 성질의 변화를 설명한다.

서론

1. 아세틸 아세톤(acetylacetone, 2,4-pentanedione, $CH_3COCH_2COCH_3$)은 약산이며 수용액에서 이온화할 수 있는 대표적인 β-케톤이다(식 7-1). 이때 생성된 음이온은 금속과 착물을 형성하는 리간드(산소 주개)로써 역할을 한다.

$$CH_3COCH_2COCH_3 \rightleftharpoons H^+ + CH_3COCHCOCH_3^- \quad (식\ 7\text{-}1)$$

아세틸 아세톤이 금속 이온(M^{n+})과 반응하여 착물을 형성할 때 금속 이온은 중성의 착화합물인 $M(CH_3COCHCOCH_3)_n$ (약어로 $M(acac)_n$으로 표기한다.)를 형성한다(식 7-2). 이때 아세틸 아세토네이트는 두자리 킬레이트 리간드로 작용하여 중심 금속에 결합하게 된다.

$$nCH_3COCH_2COCH_3 + M^{n+} \rightleftharpoons nH^+ + M(CH_3COCHCOCH_3)_n \quad (식\ 7\text{-}2)$$

순수한 아세틸 아세톤은 카보닐기의 토토머(tautomer)형을 이루는 구조인 엔올(enol)과 디케토(diketo)형의 두 가지 이성질체를 가지며, 이러한 구성 이성질체는 용액상에서 서로 평형을 이루고 있다. 아세틸 아세톤이 H^+를 잃으면서 금속 이온과 결합되어 형성되는 $M(acac)_n$ 착화합물은 중성이며 MO_2C_3이 6-원자 고리형을 만든다(그림 7-1). 이 구조는 평면이며 약한 방향족성

(aromaticity)을 가질 것으로 예상된다. 특히 착화합물이 형성된 경우에 리간드의 토토머는 H^+ 대신 금속 이온이 대체된 화합물로 생각할 수 있다.

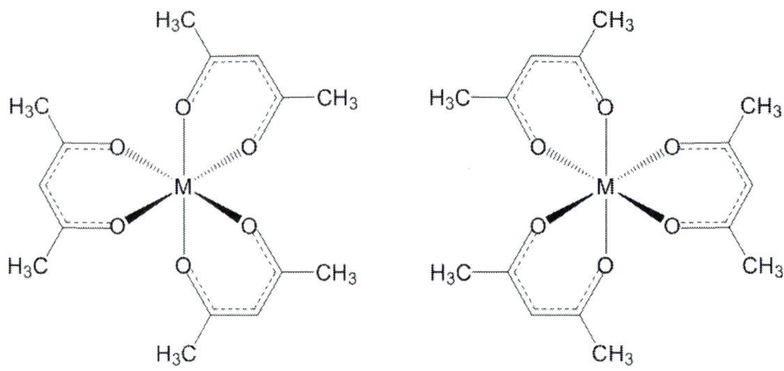

그림 7-1 세 개의 아세틸 아세토네이트가 결합되어 6-원자 고리형의 리간드 결합을 보이는 $M(acac)_3$ 착화합물의 구조와 광학 이성질체 형성의 예

$M(acac)_n$ 착화합물에서 금속 이온의 산화수에 따라 결합할 수 있는 아세틸 아세토네이트 킬레이트 리간드의 개수가 다르며, 이에 따라 형성되는 착화합물의 구조나 이성질체의 종류가 달라진다.

2. 일반적으로 배위 화합물에서의 착물 형성을 위해서는 용매 속의 치환 반응, 고체의 열해리 반응, 산화-환원 반응 또는 촉매 반응 등의 각종 반응이 사용된다. 또, 시스-트랜스 이성질체의 합성에 입체 특이적 합성법, 트랜스 효과를 이용하는 방법, 이성질체 혼합물의 합성법 등이 있다. 광학활성 화합물의 합성에서는 대부분 라셈체(racemate)의 합성과 그 광학 활성체의 분리법을 이용한다.

3. 토토머는 이중 결합과 양성자 하나의 위치에 따라 엔올과 케토형으로 나뉘어지는 유기 화합물의 구조 이성질체이다(그림 7-2). 케토 토토머(keto tautomer)는 C=O 결합과 C-H 결합을 가지고 있지만, 엔올 토토머(enol tautomer)는 C=C 결합에 O-H기가 결합되어 있다. 이 두 구조 이성질체는 평형을 이루지만 결합에 의해서 한쪽으로 치우치는 평형을 이루는데

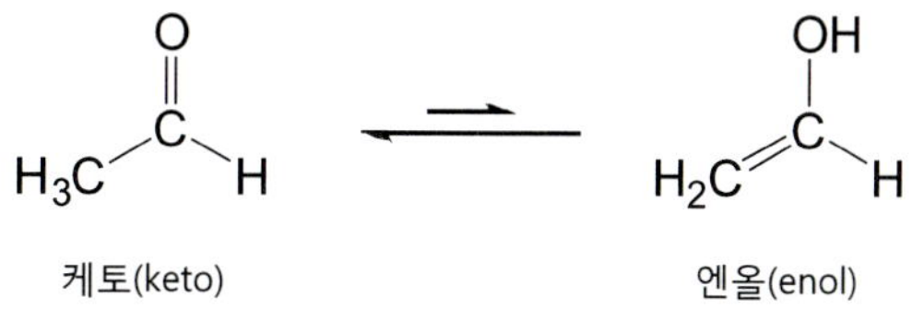

그림 7-2 엔올형과 케토형 아세트 알데하이드의 토토머화

이는 케토형의 C=O 결합은 엔올형의 C=C 결합보다 더 강하기 때문에 평형에서는 대부분 케토형이 더 많이 존재한다. 하지만 본 실험에서 사용하는 아세틸 아세톤의 경우에는 엔올형이 더 안정하여 케토형보다 더 많은 비중을 가지게 된다. 이러한 요인은 콘쥬게이션(conjugation)과 분자내 수소 결합(intramolecular hydrogen bonding)에 의하여 β-다이카보닐 화합물의 엔올이 안정화되는데 엔올의 C=C 결합이 카보닐기와 콘쥬게이션되어 있으므로, π-결합의 전자 밀도가 비편재화되기 때문이다. 더군다나 엔올의 OH기는 근처 카보닐기의 산소 원자와 수소 결합을 할 수 있으며 아세틸 아세톤과 같은 분자의 경우 분자 내 수소 결합은 6-원자 고리를 이룰 수 있고 이러한 경우에 특히 안정화된다.

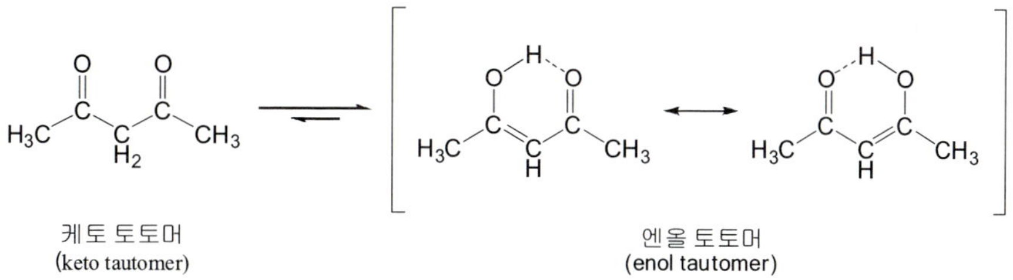

그림 7-3 아세틸 아세톤의 토토머화

시약 및 기구

(1) 시약: $Al_2(SO_4)_3 \cdot 16H_2O$, $CrCl_3 \cdot 6H_2O$, $MnCl_2 \cdot 4H_2O$, $FeCl_3 \cdot 6H_2O$, $CuCl_2 \cdot 2H_2O$, 암모니아수, 사이클로헥세인, 벤젠, 메탄올, 석유 에터, 요소($CO(NH_2)_2$), CH_3COONa, $KMnO_4$

(2) 기구: 오븐, 감압 플라스크, 회전 감압 증발기, 회전 교반기, 삼각 플라스크, 둥근 바닥 플라스크, 피펫

주의 사항

- 모든 화학 물질은 인체에 해를 입히므로 항상 실험복과 실험 장갑, 보안경을 착용하고 실험해야 한다.
- 감압 시에는 완전히 밀착시키고 끼워야 하며, 바닥보다 약간 작되 모든 구멍을 충분히 덮어야 하며, 감압 종료시까지 감압을 유지해야 한다.
- 일반적으로 수득률이 100%가 되지 않는 것은 다음과 같은 경우이다.
  (1) 반응 도중에 평형 상태에 이를 때
  (2) 반응 시간이 부족할 때
  (3) 부반응이 일어나 주 생성물 이외의 물질을 생성할 때
  (4) 기술적으로 취득하기가 곤란할 때

실험 방법

A. 알루미늄-아세틸 아세토네이트

1. 아세틸 아세톤 3.3 g과 5 M 암모니아수 8 mL를 삼각 플라스크에 넣고 증류수 40 mL를 첨가한다.
2. 다른 삼각 플라스크를 준비하여 증류수 30 mL에 황산 알루미늄 3 g을 녹인다. 이 수용액에 과정 1에서 준비한 용액을 조금씩 첨가하면서 잘 섞는다.
3. 용액을 완전히 첨가한 후, 푸른색 리트머스종이를 사용해서 pH를 확인한다.
4. 혼합 용액이 아직 산성이면, 5 M 암모니아수를 한 방울씩 넣어 염기성으로 만든다. 염기성을 확인한 후 암모니아수 첨가를 멈추고 15분 동안 기다린다.
5. 용액 속에 생성된 고체 생성물을 감압 플라스크를 이용하여 거르고, 증류수 80 mL로 세척한 후, 감압시켜 건조한다.
6. 오븐을 사용하여 완전히 건조시킨 후 수율(%)을 측정한다.
7. 사이클로헥세인이나 가열한 벤젠으로 시료의 일부를 녹인 후 재결정한다.
8. 감압 플라스크로부터 발생하는 결정을 분리하여 적은 양의 차가운 사이클로헥세인으로 씻은 후 흡입 건조한다.
9. 공기 중에서 완전히 건조시킨 결정을 이용하여 녹는점을 측정한다.

B. 크로뮴-아세틸 아세토네이트

1. 삼각 플라스크에 $CrCl_3 \cdot 6H_2O$ 1.4 g을 증류수 50 mL에 잘 저어주며 녹인다.
2. 요소 10 g을 5분간 조금씩 넣으며 잘 섞어 준다.
3. 아세틸 아세톤 3 g을 반응 용기에 첨가한 후 90℃에서 90분간 가열한다. 용액의 색과 결정 형성 등의 변화를 확인한다.
4. 결정으로 얻어진 생성물을 얼음 수조에서 냉각한 후, 감압 플라스크로 여과한다.
5. 여과된 생성물을 오븐에서 건조시킨 후, 수율(%)을 측정한다.
6. 건조한 시료를 채취하여 가열한 사이클로헥세인 적당량에 용해시키고 회전 감압 증발기를 사용하여 부피를 반으로 감소시킨다.
7. 이때 형성된 결정을 여과하고, 소량의 차가운 사이클로헥세인으로 씻어 준 후 건조시킨다.
8. 건조된 결정의 녹는점을 측정한다.

C. 철-아세틸 아세토네이트

1. 삼각 플라스크에 $FeCl_3 \cdot 6H_2O$ 3.3 g을 증류수 25 mL에 녹인다.
2. 메탄올 10 mL에 아세틸 아세톤 3.8 g을 녹인 용액을 반응 용기에 15분간 천천히 첨가하며 저어준다.
3. CH_3COONa 5.1 g을 증류수 15 mL에 녹인 용액을 반응 용기에 가한다.
4. 반응 혼합물을 15분간 80℃로 가열하며 교반한다.
5. 이후 차가운 물을 사용하여 실온으로 냉각시키고, 얼음 수조에서 추가로 냉각시킨다.
6. 생성된 결정을 감압 플라스크로 여과하고 차가운 증류수로 씻은 후 오븐을 이용하여 건조시킨다.
7. 건조된 결정의 수율(%)을 측정한다.
8. 건조된 시료 약 0.2 g을 증류수 3 mL에 넣고 50℃로 유지하면서 시료가 녹을 때까지 메탄올을 천천히 첨가한다.

9. 용액을 얼음 수조에서 15~30분간 냉각시킨 뒤 생성된 결정을 여과하고, 공기 중에서 건조시킨다.
10. 건조된 결정의 녹는점을 측정한다.

D. 망가니즈-아세틸 아세토네이트

1. 삼각 플라스크에 $MnCl_2 \cdot 4H_2O$ 1.00 g을 증류수 40 mL에 녹인다.
2. 아세틸 아세톤 3 g을 반응 용기에 첨가한 후 교반한다.
3. 증류수 10 mL에 $KMnO_4$ 0.21 g을 용해시킨 용액을 앞에서 만든 혼합물에 15분간 천천히 가해준다. 이후 약 10분간 추가로 교반한다.
4. 증류수 10 mL에 CH_3COONa 2.72 g을 녹인 용액을 반응 혼합물에 천천히 첨가한다.
5. 약 10분간 교반기에서 끓을 정도까지 가열한 후, 실온에서 식혀준다.
6. 생성된 물질을 감압 플라스크로 여과한 후 차가운 증류수로 3번 세척한다.
7. 생성물을 60~70℃ 오븐에 넣고 약 30분간 건조시킨다. 건조된 생성물의 1차 수율(%)을 측정한다.
8. 건조된 생성물을 삼각 플라스크에서 벤젠 4.0 mL에 넣어 용해시킨 후 중간 정도의 다공성 여과 깔때기를 이용하여 여과한다. 비커에 여과한 용액을 옮기고 얼음 수조에서 식힌다.
9. 이 용액에 석유 에터 15 mL를 넣어준다. 다공성 여과 깔때기에 재결정 생성물을 수집하고 60℃ 오븐에서 건조한다.
10. 재결정한 생성물의 2차 수율(%)을 측정한다.

E. 구리-아세틸 아세토네이트

1. 삼각 플라스크에 $CuCl_2 \cdot 2H_2O$ 4 g을 증류수 25 mL에 녹인다.
2. 메탄올 10 mL에 아세틸 아세톤 5 mL를 녹인 용액을 20분간 천천히 반응 용기에 첨가한다.
3. 반응 혼합물을 15분간 80℃로 가열하며 교반한다.
4. 이후 차가운 물을 사용하여 실온으로 냉각시키고 얼음 수조에서 추가로 냉각시킨다.

5. 생성된 결정을 감압 플라스크로 여과하고 차가운 증류수로 씻은 후 오븐을 이용하여 건조시킨다.
6. 건조된 결정의 수율(%)을 측정한다.
7. 건조된 시료 약 0.2 g을 메탄올 25 mL에 넣고 물중탕으로 5분간 끓인다.
8. 삼각 플라스크에 뜨거운 메탄올 5 mL를 넣고 위 용액을 조심스럽게 옮긴다. 이 혼합물을 실온으로 냉각하면 결정성 생성물을 얻을 수 있다.
9. 소량의 차가운 메탄올로 생성물을 세척한 후 공기 중에서 건조시킨다.
10. 건조된 결정의 녹는점을 측정한다.

실험 결과

1. 각 $M(acac)_n$ 착화합물의 형성 반응식을 정리하라.
   (1) 알루미늄: ______________________
   (2) 크로뮴: ______________________
   (3) 철: ______________________
   (4) 망가니즈: ______________________
   (5) 구리: ______________________

2. $M(acac)_n$ 착화합물의 특성 측정 결과 정리표

M =	수율 (%)	녹는점 (°C)	FT-IR ν (cm^{-1})	^1H NMR δ (ppm)	UV-VIS λ_{max} (nm)
Al					
Cr					
Fe					
Mn					
Cu					

문제

(1) 실험에서 사용하지 않은 다른 금속을 사용할 때의 균형 방정식을 3가지 적으시오.
(2) 확인된 $M(acac)_n$ 착화합물의 특성 측정 결과로부터 구조를 예측하여라.
(3) 이 결과로 $M(acac)_n$ 착화합물의 구조를 그린 후 어떤 점군(point group)에 속하는지 결정하시오.(메틸기의 회전을 무시할 것)

참고문헌

1. Fedorova, E. V.; Rybakov, V. B.; Senyavin, V. M.; Anisimov, A. V.; Aslanov, L. A. *Crystallography Reports* **2005**, *50*, 224.
2. Shriver, D. E.; Atkins, P. W.; Langford, C. H. Inorganic Chemistry, Freeman, NY, **1990**, p.192.
3. Miessler, G. L.; Tarr, D. A. Inorganic Chemistry, 4th Ed. Pearson Prentice Hall, **2011**.
4. Fernelius, W. C.; Blanch, J. E. *Inorg. Syn.* **1957**, *5*, 130.
5. Charles, R. G. *Inorg. Syn.* **1963**, *7*, 183.
6. Fackler, J. P. Jr. "Metal β -Ketoenolate Complexes" in Progress in Inorganic Chemistry, F. A. Cotton, Ed., Interscience, NY, **1966**, *7*, 471.
7. Vertyulina, L. N.; Domrachev, G. A.; Korshunov, I. A.; Razuvaev, G. A. *Zh. Obshch. Khim.* **1963**, *33*, 285.
8. Cotton, F. A.; Wilkinson, G.; Murillo, C. A.; Bochmann, M. Advanced Inorganic Chemistry, 6th Ed., Wiley and Sons, New York, **1999**
9. Charles, R. G. *Inorg. Syn.* **1963**, *7*, 183.
10. Richert, S. A.; Tsang, P. K. S.; Sawyer, D. T. *Inorg. Chem.* **1989**, *28*, 2471.
11. Bryant, B. E.; Fernelius, W. C. *Inorg. Syn.* **1957**, *5*, 188.
12. Young, R. C. *Inorg. Syn.* **1946**, *2*, 25.
13. Glidewell, C.; McKechnie, J. S. *J. Chem. Edu.* **1988**, *65*, 1015.
14. Fischer, E. O.; Hafner, W. *Z. Anorg. Allgem. Chem.* **1956**, *286*, 146.
15. Szafran, Z.; Pike, R. M.; Singh, M. M. *Microscscale Inorganic Chemistry: A Comprehensive Laboratory Experience*, John Wiley & Sons, NY, **1991**.
16. Janice Gorzynski Smith, 유기화학교재연구회, *Smith Organic Chemistry* 3rd Ed., 자유아카데미, **2008.**

실험 08

2족 금속 옥살레이트 수화물의 합성과 열분석

목적

열무게 분석법(TGA)과 시차 주사 열량법(DSC)에 대해 알아보고 이들을 이용하여 금속 옥살레이트 수화물을 분석한다.

서론

화학물의 안정성을 결정하는 가장 일반적인 방법 중 하나는 열에 대한 물리적 반응을 측정하는 것이다. 열분석 기법에는 많은 종류가 있지만 가장 일반적으로 열무게 분석법(Thermogravimetry Analysis: TGA)과 시차 주사 열량법(Differential Scanning Calorimetry: DSC)의 두 분석법이 주로 사용된다.

TGA는 시료에 열을 가하여 시간이나 온도에 따라 시료와 그 조성에 따른 질량 변화를 측정하는 장비이다. DSC는 가열, 냉각 또는 일정한 온도를 유지하는 동안 시료가 흡수, 방출하는 에너지를 측정하는 방법으로, 장단점은 다음과 같다.

장점

1. 속도가 빠르고 재현성이 우수하다.
2. 측정 가능한 시료량이 mg 단위로 가능하다.
3. 온도 변화에 따른 응답 속도가 빠르고 안정적이다.

단점

1. 오염에 약하다.
2. 시료, 기준 물질 두 개의 가열로 중 하나만 고장 나도 시료 홀더 전체를 교환해야 하기 때문에 가격이 비싸다.
3. 작고 민감하여 내구성이 떨어진다.
4. 사용 온도의 폭이 좁다.

2족 금속 이온의 경우 중성 혹은 약산성 용액에서 불용성의 옥살레이트를 형성하며 이 옥살레이트 침전물은 하얀 결정의 수화된 화합물이다.

$$M^{2+}(aq) + C_2O_4^{2-}(aq) \rightleftharpoons MC_2O_4(s) \quad \text{(식 8-1)}$$

$$(M^{2+} = Mg^{2+}, Ca^{2+}, Sr^{2+}, Ba^{2+})$$

침전이 생성될 때, 용액의 외부로부터 침전제를 가하는 일 없이, 가수 분해 등의 용액 반응을 통하여 서서히 침전제나 OH^- 이온을 방출시켜 침전을 이루게 하는 방법이 균일 침전법이다. 이 방법은 과포화되는 현상을 최소화할 수 있고 침전제의 농도에 따른 부분적 농도의 축적을 피할 수 있다.

요소 분해를 통한 암모니아 형성 반응식은 다음과 같다.

$$(H_2N)_2C{=}O + H_2O \longrightarrow 2NH_3 + CO_2 \quad \text{(식 8-2)}$$

$$NH_3 + H_2O \rightleftharpoons NH_4^+ + OH^- \quad \text{(식 8-3)}$$

표 8-1에는 이 실험에 사용되는 화합물의 화학 정보를 정리하였다.

표 8-1 몇 가지 화합물의 화학 정보

화합물	화학식량 (g/mol)	질량 (mg)	몰수 (mmol)	녹는점 (℃)	밀도 (g/cm^3)
MgO	40.31	40	1.0	2852	3.580
$CaCO_3$	100.09	25	0.25	825	2.830
$SrCO_3$	147.63	25	0.17	1100[a]	3.700
$BaCO_3$	197.35	25	0.13	1300[a]	4.430
$(NH_4)_2C_2O_4 \cdot H_2O$	142.11	포화 용액			1.500
요소	60.06	1500	25.0	133	1.335

[a] 분해

시약 및 기구

(1) 시약: 산화 마그네슘, 탄산 칼슘, 탄산 스트론튬, 탄산 바륨, 암모늄 옥살레이트 일수화물, 요소

(2) 기구: 자석 막대, 자석 가열판, 25 mL 비커, 마이크로 시계접시, Hirsch 깔때기, 10 mL 눈금 실린더, 점토 타일 또는 거름종이

 **주의 사항** 분말로 된 모든 시약을 흡입하지 않도록 주의한다.

실험 방법

A. 금속 옥살레이트 수화물의 합성

1. 금속 탄산염 25 mg을 25 mL 비커에 넣는다.(마그네슘의 경우 MgO 40 mg을 넣는다.)
2. 탈 이온수 2 mL와 자석 막대를 넣고 시계 접시로 덮는다.
3. 6 M HCl을 한 방울씩 첨가한 후 고체가 용해될 때까지 자석 가열판에서 가열하며 자석 막대로 섞는다.
4. 탈 이온수를 이용해 마그네슘을 제외한 금속을 10 mL로 희석시킨다.
5. 1% 메틸레드 지시약을 떨어뜨린다.(붉은 빛의 산성 용액이어야 한다.)
6. 이 용액에 포화 암모늄 옥살레이트 용액 1.5 mL와 고체 요소 1.5 g (25 mmol)을 넣는다.(마그네슘의 경우 4.5 g의 요소를 첨가한다.)

B. 금속 옥살레이트 수화물의 분리

1. 용액이 붉은색에서 노란색이 될 때까지 가열하며 저어 준다.
2. (필요하면) 증발되어 사라진 물을 보충시켜 준다.
3. 요소는 농축 용액에서 침전되어 나온다.
4. 무색의 금속 옥살레이트 결정이 침전된다. 만약 침전되지 않으면 산성 용액이 중화될 때까지 약간의 6 M 암모니아를 가한다.
5. 실온까지 용액을 식힌다.
6. 감압 여과기를 사용하여 생성된 결정을 모은다.
7. 생성물에서 Cl^-이 사라질 때까지 차가운 물로 씻는다.
8. 생성물을 점토 타일이나 거름종이에서 건조시킨다.
9. 수득률을 계산한다.

C. 금속 옥살레이트 수화물의 특성

1. 실험실 조교의 지시에 따라 각 금속 옥살레이트 수화물에 대한 열분석(TGA 또는 DSC)을 한다.
2. 금속 옥살레이트 수화물은 다음 3단계에 걸쳐 분해된다.

   1단계: $MC_2O_4 \cdot nH_2O \longrightarrow MC_2O_4 + nH_2O$

   2단계: $MC_2O_4 \longrightarrow MCO_3 + CO$

   3단계: $MCO_3 \longrightarrow MO + CO_2$
3. 각 분해에 대한 온도를 결정하고 각 단계에서 감소한 질량을 측정하여 정확하게 계산한다.
4. 열분석을 통해 각 옥살레이트 수화물의 수화된 물의 개수를 계산한다.
5. 만약 마그네슘이나 칼슘 옥살레이트가 준비되었다면 원자 흡수 분광광도법(AAS)을 이용하여 분석할 수 있다.

실험 결과

1. 열분석 그래프를 별지에 붙이시오.
2. 금속 옥살레이트 수화물($MC_2O_4 \cdot nH_2O$)의 수득률과 열분석 결과를 아래 표에 정리하시오.

M =	수득률 (%)	열분석 결과						n
		1단계		2단계		3단계		
		온도 (℃)	질량 감소 (%)	온도 (℃)	질량 감소 (%)	온도 (℃)	질량 감소 (%)	
Mg								
Ca								
Sr								
Ba								

문제

(1) 탄산 칼슘과 HCl 반응에 대해 설명하고 화학 반응식을 쓰시오.

(2) 메틸레드는 어떤 종류의 지시약인가? 이 지시약의 pH 변화 범위는 얼마인가?

(3) 마그네슘 옥살레이트 수화물에 암모늄 옥살레이트를 과량 첨가하는 것은 피해야 한다. 그 이유를 쓰시오.

(4) 수화된 물이 떨어지는 것과 온도의 관계를 쓰시오. 주기율표에서 어떤 주기적 성질이 이 현상을 설명하는가?

(5) 탄산염이 분해되어 산화물을 형성하는 온도와의 관계를 쓰시오. 주기율표에서 어떤 주기적 성질이 위 현상을 설명하는가?

(6) 수화된 화합물이 물을 잃게 되는 온도는 이 화합물이 어떠한 결합을 하고 있는지를 알려 준다. 이 화학물이 결합하는 방식은 어떤 방식인가?

(7) 황산 구리에는 수화되는 두 가지 모델이 존재한다. 이 두 모델은 어떤 것인가?

참고문헌

1. Erdey, L.; Liptay, G.; Svehla, G.; Paulik, F. *Talanta* **1962**, *9*, 489.
2. Hill, J. O.; Magee, R. J. *J. Chem. Educ.* **1988**, *65*, 1024.

참고자료

열무게 분석법(Thermogravimetry Analysis: TGA): 시료에 온도 프로그램을 가하여 질량 변화를 시간이나 온도의 함수로 측정하는 분석법이다.

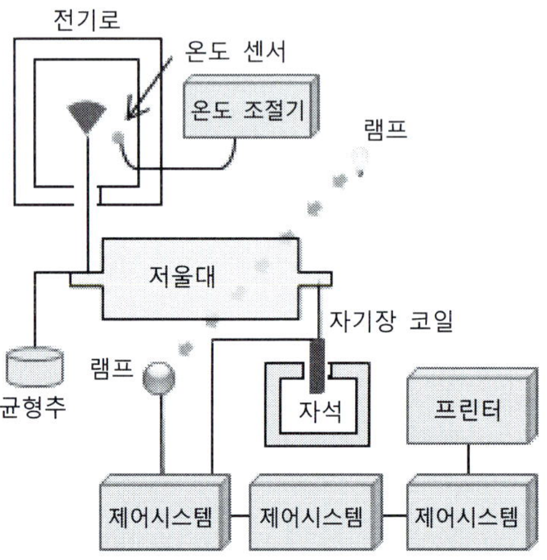

시차 주사 열량법(Differential Scanning Calorimetry: DSC): 시차 열분석법(Differential Thermogravimetric Analysis: DTA)을 개량한 열분석법으로, 시료와 불활성 기준 물질에 동일한 온도 프로그램을 가하여 시료로부터 발생되는 열 유속의 차이를 측정하는 분석법이다.

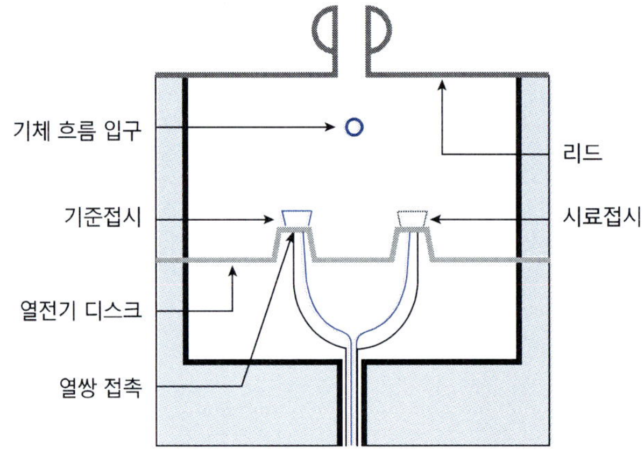

실험 09

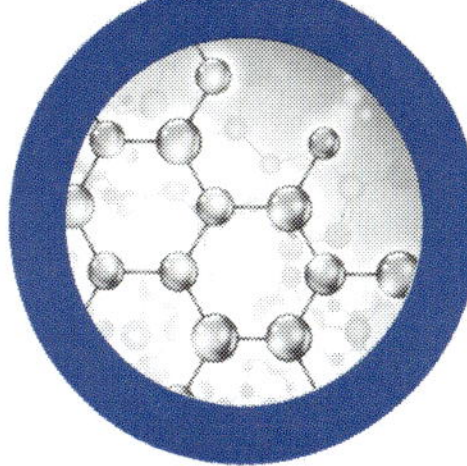

Job's Method를 이용한 착물의 화학식 결정

목적

Job's method를 사용하여 $Ni^{2+}(aq) + n\ en(aq) \rightleftharpoons [Ni(en)_n]^{2+}(aq)$ 반응에서 니켈 이온과 결합하는 에틸렌다이아민(en)의 수(n)를 결정한다.

서론 어떤 화학 반응에서 생성되는 생성물의 화학식을 결정해야 하는 경우가 종종 있다. 생성물이 안정하고 분리가 용이한 경우에는 원소 분석 같은 방법으로 비교적 쉽게 그 화학식을 결정할 수 있으나 생성물이 오직 용액 상태에서만 안정하거나 분리가 가능하지 않는 경우도 많다. 전이 금속 이온과 리간드로부터 착 이온이 형성되는 경우도 그럴 수 있는데 예를 들면 Cr^{3+}과 NH_3 리간드가 수용액에서 반응할 때 겉보기에는 간단한 반응이지만 많은 화학량론적인 가능성이 존재한다. 즉 $[Cr(NH_3)(H_2O)_5]^{3+}$, $[Cr(NH_3)_2(H_2O)_4]^{3+}$, $[Cr(NH_3)_3(H_2O)_3]^{3+}$ … 같이 여러 종류의 착이온이 생성될 가능성이 있다. 왜냐하면 수용액에서 일어나는 반응이고 물 분자도 Cr 이온에 대하여 좋은 리간드로 작용할 수 있기 때문이다.

이 실험에서는 두자리 킬레이트인 에틸렌다이아민($H_2NCH_2CH_2NH_2$, en)과 Ni^{2+}의 반응으로부터 생성되는 착이온에서 Ni^{2+} 하나와 결합하는 en의 수 n을 결정할 것이다(식 9-1).

$$Ni^{2+}(aq) + n\ en(aq) \rightleftharpoons [Ni(en)_n]^{2+}(aq) \qquad (식\ 9\text{-}1)$$

이를 위해 Job's method라는 분석 방법을 사용하고자 한다.

다음과 같은 일반적인 반응을 살펴보자.

$$aA + bB \rightleftharpoons cC \qquad \text{(식 9-2)}$$

위의 균형 화학 반응식에서 반응 계수를 a로 모두 나누면 다음 식을 얻는다.

$$A + kB \rightleftharpoons mC \qquad \text{(식 9-3)}$$

여기서 $k = b/a$이고 $m = c/a$이다. 우리의 목표는 A에 대한 B의 몰 비율, 즉 k값을 실험적으로 결정하는 것이다. 이를 위하여 Job's method에서는 B의 몰분율을 0에서 1까지 다양하게 변화시키면서 동시에 A와 B의 몰수의 합은 동일하게 유지되는 일련의 용액을 사용한다. A의 몰수에 대한 B의 몰수 비율이 정확히 k값과 일치할 때에 생성물이 최대량 형성될 것이다. 그리고 B의 몰분율에 따른 생성물의 양을 도식할 때 최대량의 생성물을 나타내는 B의 몰분율이 k값이다.

이 실험에서 생성물의 양을 측정하는 방법으로 UV-VIS 분광법을 사용한다. Beer-Lambert 법칙에 따르면 어느 화학종의 흡광도 A는 $A = \log(I_o/I)$로 정의되며 $A = \varepsilon bc$이다. 여기서 I_o는 초기 빛의 세기, I는 시료를 통과한 빛의 세기이고, ε는 화학종의 몰흡광 계수, b는 시료를 통하는 빛의 경로, c는 화학종의 몰농도이다.

Ni^{2+}과 en의 반응으로부터 여러 종류의 화학종이 생성될 수 있지만 각각은 다른 색깔을 띠고 따라서 다른 파장의 빛을 흡수한다. 각기 다른 파장에서 흡수 데이터를 얻어 Job's method 그래프를 도식하면 생성되는 각기 다른 화학종을 확인할 수 있다. 한 가지 문제는 반응물인 $Ni^{2+}(aq)$ 또한 가시광선의 빛을 흡수한다는 사실이다.(en은 색깔이 없고 가시광선의 빛을 흡수하지 못한다.) 그러므로 측정된 흡광도로부터 반응물 $Ni^{2+}(aq)$에 의한 기여분 만큼을 보정해 주어야만 정확한 흡광도 Y를 얻을 수 있다.

$$Y = A_{\text{측정}} - (1 - x)A_{Ni^{2+}} \qquad \text{(식 9-4)}$$

여기에서 $A_{\text{측정}}$은 주어진 용액의 측정된 흡광도이고 x는 용액 속의 en의 몰분율, $A_{Ni^{2+}}$는 같은 파장에서 순수한 $Ni^{2+}(aq)$ 용액의 측정된 흡광도이다.

시약 및 기구

(1) 시약: $NiSO_4 \cdot 6H_2O$, 에틸렌다이아민(en)

(2) 기구: 100 mL 플라스크, 시험관, 1 cm 큐벳, UV-VIS 분광기

실험 방법

1. 농도가 각각 0.40 M인 $NiSO_4 \cdot 6H_2O$와 en 수용액 100 mL를 준비한다.
2. 잘 건조된 깨끗한 피펫을 사용하여 $NiSO_4$ 수용액과 en 수용액을 다른 비율로 섞은 8개의 용액을 시험관에 준비한다. 이때 en의 몰분율은 각각 0, 0.30, 0.40, 0.50, 0.60, 0.70, 0.80, 0.90이 되도록 하고 용액의 부피($NiSO_4 \cdot 6H_2O$ + en 수용액)는 10 mL가 되게 한다.
3. 위에서 준비한 용액을 1 cm 큐벳에 넣고 흡수 스펙트럼을 얻은 후 530, 545, 578, 622, 640 nm 파장에 따른 흡광도를 기록한다. 기준 용액으로는 탈 이온수를 사용한다.

실험 결과

1. 530, 545, 578, 622, 640 nm 파장에서 en의 몰분율에 따른 용액의 흡광도 그래프를 그린다.
2. 반응물 Ni^{2+}(aq)에 의한 흡광도를 보정하여 $Ni^{2+}(aq) + n\ en(aq) \rightleftarrows [Ni(en)_n]^{2+}(aq)$ 반응에서 n의 값을 구한다.

문제

(1) $[Ni(H_2O)_6]^{2+}$과 en의 반응으로부터 생성될 수 있는 3종류의 착이온의 구조식을 쓰시오.

(2) $[Ni(H_2O)_6]^{2+}$과 $[Ni(en)_n]^{2+}(aq)$의 스펙트럼으로부터 H_2O과 en의 장 세기에 대하여 무엇을 알 수 있는가?

참고문헌

1. Angelici, R. J. *Synthesis and Technique in Inorganic Chemistry*; 2nd Ed.; Saunders: San Francisco, 1977.
2. Vosburgh, W. C.; Cooper, G. R. *J. Am. Chem. Soc.* **1941**, *63*, 437.

실험 10

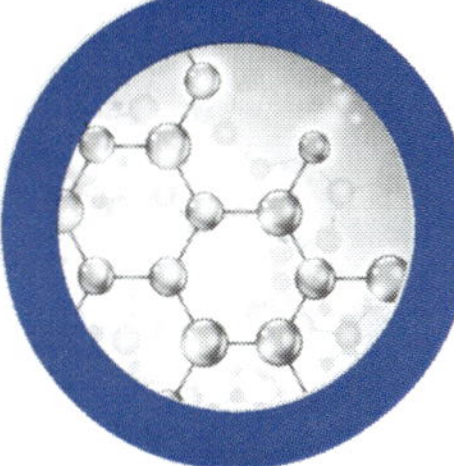

황산염을 포함하는 착물의 합성과 IR 분광 분석

목적

금속 착화합물에서 SO_4^{2-}은 리간드로 작용할 수도 있고 반대 음이온으로 작용할 수도 있다. IR 분광학을 이용하여 SO_4^{2-}가 어떻게 작용하고 있는지 확인한다.

서론

일반적인 사면체 AB_4 분자 또는 이온의 적외선 스펙트럼은 오직 두 개의 흡수 밴드를 나타낸다. 이러한 흡수는 대략 신축(stretching) 진동과 굽힘(bending) 진동 모드에 기인하며 이 각각의 모드는 3중으로 축퇴(triply degenerate)되어 있다. 실제 이온성 황산염에서는 두 개의 강한 적외선의 흡수띠가 관찰된다. 만약 어떤 결정에서 황산염의 대칭성이 이상적인 사면체에서 벗어나면 추가적인 흡수띠가 관찰되는데, 이런 현상은 이상적인 사면체에서는 금지된 진동 전이가 대칭성이 낮아짐에 따라 허용되기 때문에 일어난다. 황산염이 이온성이냐, 한자리 또는 두 자리 리간드로 작용하느냐에 따라 흡수띠의 형태와 세기가 달라지기 때문에 황산염을 포함하는 배위 화합물의 IR 스페트럼은 착물의 구조에 관한 많은 정보를 제공한다.

시약 및 기구

(1) 시약: Na_2SO_4, $[Co(NH_3)_6]_2(SO_4)_3 \cdot 5H_2O$, $[Co(SO_4)(NH_3)_5]Br$, $[Co(en)_2(SO_4)]Br$, 활성탄, 에탄올, 에터, 아세톤, HCl, HBr, H_2SO_4

(2) 기구: 삼각 플라스크(250 mL), 중탕 용기, 자기 접시(porcelain dish), 여과 소결 유리(fritted glass), 비커, 오븐, 진공 건조기

실험 방법

A. $[Co(NH_3)_6]Cl_3$의 합성[1)]

1. NH_4Cl 12 g과 $CoCl_2 \cdot 6H_2O$ 18 g을 250 mL 삼각 플라스크에 넣고 25 mL의 끓는물에 용해시킨다.
2. 1 g의 활성탄을 넣고 저어 준 후 플라스크를 얼음물로 식힌다.
3. 40 mL의 진한 암모니아수를 첨가하고 용액의 온도를 10℃ 이하로 유지한다.
4. 용액을 잘 저어 주면서 20% H_2O_2 35 mL를 조금씩 나누어서 가한다.
5. 용액의 온도를 점차적으로 50~60℃까지 올려주면서 용액의 마지막 분홍색깔이 사라질 때까지 플라스크를 흔들어 용액을 저어 준다.
6. 용액을 냉각시키고 여과하여 고체 물질을 얻는다.
7. 5 mL의 진한 염산을 150 mL의 물로 희석한 후 끓여 주고 여기에 과정 **6**에서 얻은 고체를 녹인다.
8. 활성탄을 제외한 모든 고체가 녹은 후, 뜨거운 용액 상태에서 거른 여과액에 20 mL의 진한 염산을 넣고 플라스크를 얼음으로 식힌다.
9. 진한 노란색 결정을 모아 아세톤으로 씻고 말린다. 필요하면 약간의 염산을 포함하는 물에 녹여 재결정화하여 순수한 착물을 얻는다.

B. $[Co(NH_3)_6]_2(SO_4)_3 \cdot 5H_2O$의 합성

1. $[Co(NH_3)_6]Cl_3$ 5 g을 50 mL의 뜨거운 물에 용해시키고, 20% 황산 50 mL와 섞어 준다.
2. 용액을 60℃까지 가열하고 95% 에탄올 25 mL를 가한다.
3. 고체가 용해되도록 몇 분 동안 물에 중탕시켜서 따뜻하게 해 준 후, 결정이 생성되도록 놓아둔다.
4. 하룻밤이 지난 후 모든 생성물이 결정화된 후, 결정을 모아 여과액이 중성이 될 때까지 95%의 에탄올로 씻어 준다.
5. 생성물을 뜨거운 물에 용해시키고 에탄올을 첨가함으로써 침전이 생성되게 한다.
6. 결정을 모아 중성이 될 때까지 에탄올로 씻어 준 후 공기 중에서 건조시킨다. 필요하면 뜨거운 물에 녹여 재결정하여 순수한 착물을 얻는다.

---

1) 실험 13-A 참조

C. $[Co(NH_3)_5(SO_4)]Br$의 합성

1. 먼저 $[Co(NH_3)_5Cl]Cl_2$를 합성한다(실험 13).
2. 자기 접시에 $[Co(NH_3)_5Cl]Cl_2$ 8 g을 넣고 진한 황산 29 g을 가해 준다. 이때 염화 수소 기체가 너무 강렬하게 발생하지 않도록 산을 조금씩 첨가한다.
3. 기체 발생이 멈추면 오일 성분의 생성물이 담긴 자기 접시를 끓는 물중탕에서 4시간 가량 가열한다. 추가적으로 염화 수소가 생성될 것이다.
4. 약간의 물을 가해 주고 증발이 멈출 때까지 중탕에서 계속 가열한다.
5. 남은 액체를 비커에 옮기고 두 배의 물로 희석시킨다. 만약 고체 불순물이 있다면 가능한 짧은 시간에 여과한다.
6. 반응액을 24시간 동안 방치하면 반짝거리는 직사각형의 붉은 보랏빛 결정을 얻게 된다.
7. 짙은 색깔의 액체 성분은 흘려버리고 남은 결정을 모아 95% 에탄올로 세척하여 산을 제거하고 공기 중에서 건조시킨다.
8. 위에서 얻은 생성물 4 g을 120 mL 차가운 물에 녹이고 여기에 미리 준비한 20 mL의 진한 HBr을 80 mL 물로 희석한 용액을 가한다.
9. 용액을 교반하면서 에탄올을 조금씩 서서히 첨가하면 붉은 보라색의 미세한 결정이 생성된다.
10. 산이 없어질 때까지 에탄올로 세척하고 공기 중에서 건조시킨다.

D. $[Co(en)_2(SO_4)]Br$

1. 먼저 *trans*-$[Co(en)_2Cl_2]Cl$를 합성한다[3-5].
2. 비커에 진한 황산 20 mL를 넣고 여기에 *trans*-$[Co(en)_2Cl_2]Cl$ 10 g을 첨가한다.
3. 거품 생성이 진정되면 비커를 약하게 가열하여 반응물이 모두 용해되도록 한다. 이때 염산 기체가 생성되며 용액은 보라색으로 변한다.
4. 기체 발생이 멈출 때까지 온도를 120℃까지 올린 후, 오일 상태의 반응을 냉각시킨다.
5. 용액에 1 L의 에탄올을 가해 주고 오일이 형성되지 않도록 계속 섞어 준다.
6. 생성된 고체를 걸러 에탄올과 에터로 세척한 후 진공에서 건조시킨다.

7. 위에서 얻은 조해성이 있는 생성물을 최소량의 물에 녹이고, 여기에 5 g LiBr 포화 수용액을 가해준 후 0℃ 냉장고에 3일간 보관한다.
8. 용액을 여과하여 얻은 보라색 결정을 에탄올과 에터로 세척하고 공기 중에서 건조시킨다.
9. 이때 여과액을 며칠간 더 놓아두면 $[Co(en)_2(H_2O)(SO_4)]Br \cdot H_2O$를 얻을 수 있다.
10. 과정 9에서 얻은 분말 형태의 생성물을 110℃의 오븐에서 24시간 동안 가열한 후 소량의 차가운 물에 녹이고 NaBr을 첨가해 주면 보라색 짧은 바늘 형태의 결정을 얻을 수 있다.

E. IR 스펙트럼 측정

1. 뉴졸법을 사용하여 위에서 합성한 착물과 Na_2SO_4의 IR 스펙트럼을 얻는다.

실험 결과

1. 측정한 IR 스펙트럼을 별지에 복사하여 붙여라.
2. 수득률 및 IR 측정 결과를 다음 쪽에 있는 표에 정리하시오.
3. 실험에서 얻은 생성물의 스펙트럼을 문헌에서 찾은 스펙트럼과 비교한다.
4. IR 스펙트럼을 해석하고 이에 근거하여 생성물의 순도를 평가한다.

수득률 및 IR 측정 결과

화합물 (수득률, %)	IR 결과, $\nu(cm^{-1})$		진동 모드	기타
	실험값	문헌값		
Na_2SO_4				
$[Co(NH_3)_6]_2(SO_4)_3 \cdot 5H_2O$ (________ %)				
$[Co(NH_3)_5(SO_4)]Br$ (________ %)				
$[Co(en)_2(SO_4)]Br$ (________ %)				

문제

(1) 각각의 착물에 존재하는 황산염 기의 대칭성(symmetry)을 나열하시오.

(2) 각 착물의 IR 스펙트럼에서 황산염 기에 의한 밴드를 확인하시오.

(3) 황산염 기의 진동 모드를 모두 그리시오.

참고문헌

1. Nakamoto, K.; Fujita, J.; Tanaka, S.; Kobayashi, M. *J. Am. Chem. Soc.* **1957**, *79*, 4904.
2. Barraclough, C. G.; Tobe. M. L. *J. Chem. Soc.* **1961**, 1993.
3. Springbørg, J.; Schaffer, C. E. *Inorg. Synth*. **1973**, 14, 63.
4. Bailar, J. C. *Inorg. Synth*. **1946**, 2, 222.
5. http://en.wikipedia.org/wiki/Cis-Dichlorobis(ethylenediamine)cobalt(III)_chloride

실험 11

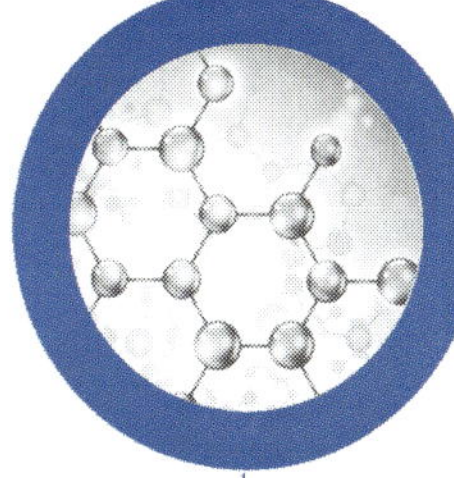

코발트 착물의 입체 화학

목적

팔면체 $[Co(OH_2)_6]^{2+}$가 사면체 $[Co(SCN)_4]^{2-}$로 변화하는 과정을 자외선 분광기로 조사한다.

서론

금속 이온은 작은 분자나 이온들과 배위 결합을 형성하여 착물이 된다. 금속 이온에 결합된 리간드의 종류, 또는 배위 구조의 변화는 자외선이나 가시광선 흡수 파장의 변화로 나타난다.

착물이 특정 가시광선 영역의 빛을 흡수하면 가장 강하게 흡수하는 색의 보색으로 보이게 된다. 이 과정을 설명하는 간단한 이론은 결정장 이론 (crystal filed theory)이다. 이 이론에 따르면 사면체(tetrahedral complex)와 팔면체 배위 구조의 착물(octahedral complex)이 갖는 금속 이온의 d-궤도 에너지 준위는 그림 11-1과 같다.

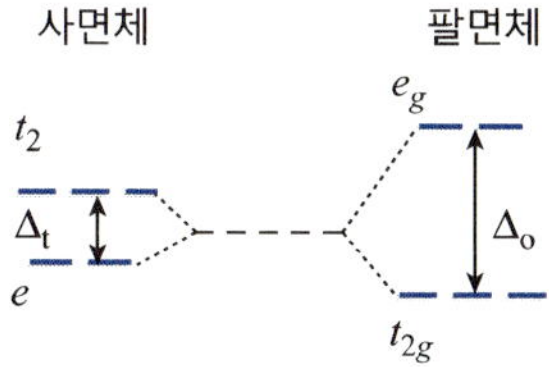

그림 11-1 사면체 및 팔면체 배위 구조에서의 금속 이온 d-궤도 에너지 준위

사면체 배위 구조에서의 낮은 에너지 준위와 높은 에너지 준위의 차이인 Δ_t는 팔면체 착물의 준위 차이 Δ_o의 약 4/9에 해당한다. 각 배위 구조에서 낮은

에너지 준위의 전자가 높은 에너지 준위로 옮겨갈 때 외부의 빛이 갖는 에너지를 사용하게 된다. 따라서 일반적으로 사면체 착물은 팔면체 착물보다 더 장파장의 빛을 흡수하게 된다. 다르게 표현하면, 결정장 갈라짐(Δ)이 커질수록 흡수되는 빛의 진동수(ν)는 커지며, 파장(λ)은 짧아진다.

실험에서 Co(II)와 H_2O 배위 화합물은 팔면체 착물이다. CFT 이론에 따라 Co(II)의 d-궤도는 $e_g(d_{x^2-y^2}$과 $d_{z^2})$의 높은 에너지 준위와 $t_{2g}(d_{xy},\ d_{yz},\ d_{zx})$의 낮은 에너지 준위로 갈라지게 된다. Co(II)는 7개의 d 전자를 가지므로 착물의 바닥 상태 전자 배치는 $t_{2g}^5e_g^2$이다. 빛을 흡수하면 전자 배치는 $t_{2g}^4e_g^3$로 바뀐다. SCN^- 이온이 수용액 상에 첨가되면, 리간드 치환이 일어나서 사면체 $[Co(SCN_4)]^{2-}$ 착물이 형성된다. 이때 에너지 준위가 역전되어 전자 배치는 $e^4t_2^3$가 된다. 이 사면체 착물이 빛을 흡수하면 전자 배치는 $e^3t_2^4$가 된다. 즉 사면체 $[Co(SCN_4)]^{2-}$ 착물이 형성되면 용액의 색깔이 바뀌게 되고, 이 양상은 UV-VIS 스펙트럼에서의 흡수 파장 변화로 관찰된다.

시약 및 기구

(1) 시약: $Co(NO_3)_2 \cdot 6H_2O$, KSCN, 증류수

(2) 기구: 비커(100 mL), 스포이트, 피펫, 큐벳, 약숟가락

실험 방법

1. $Co(NO_3)_2 \cdot 6H_2O$를 물에 녹여서 0.3 M, 0.1 M 코발트 수용액을 각각 만든다.
2. KSCN을 물에 녹여서 3M KSCN 수용액을 만든다.
3. 0.1 M 코발트 수용액(5 mL)과 3 M KSCN 수용액(각각 5 mL, 10 mL, 15 mL)을 섞어서 3가지 혼합 용액을 만든다.
4. 0.3 M, 0.1 M 코발트 수용액 2개와 혼합 용액 3개, 총 5가지 용액에 대한 UV-VIS 흡수 스펙트럼을 측정한다.
5. 착물 농도에 따른 흡광도 차이를 확인한다.
6. 혼합물의 양에 따른 UV-VIS 흡수 스펙트럼 변화를 관찰한다.

실험 결과

1. 0.1 M 코발트 수용액 만들 때 사용한 $Co(NO_3)_2 \cdot 6H_2O$의 무게: ____________ g
2. 0.3 M 코발트 수용액 만들 때 사용한 $Co(NO_3)_2 \cdot 6H_2O$의 무게: ____________ g

3. 3 M KSCN 수용액 만들 때 사용한 KSCN의 무게: ___________ g
4. 0.1 M 코발트 수용액의 최대 흡광도 파장: ___________ nm
5. 0.3 M 코발트 수용액의 최대 흡광도 파장: ___________ nm
6. 0.1 M 코발트 수용액에 3M KSCN 수용액을 넣었을 때의 최대 흡광도 파장: ___________ nm

문제

(1) 왜 사면체 착물의 결정장 갈라짐(Δ_t)은 팔면체의 경우(Δ_o)보다 더 작은가?

(2) 사면체 착물이 팔면체 착물보다 더 진한 색을 띠는 이유는 무엇인가?

참고문헌

1. http://www.dartmouth.edu/~chemlab/chem6/cobalt2/full_text/chemistry.html.

실험 12

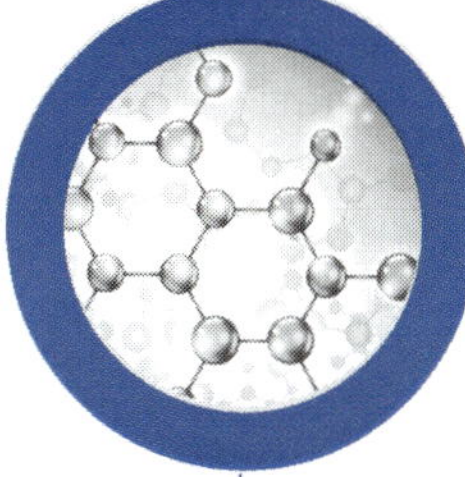

금속-DMSO 배위 화합물의 합성과 UV/IR 분석

목적

두자리 리간드인 DMSO의 금속 배위 화합물을 UV와 IR로 분석하여 HSAB(Hard and Soft Acid and Base) 원리에 따른 금속-리간드의 선택적 결합 원리를 이해한다.

1. 양쪽자리 리간드 (ambidentate ligand)

에틸렌다이아민(en)이나 포피린과 같은 여러자리 리간드는 중심 금속과 여러 자리에 동시에 결합하지만 양쪽자리 리간드에는 금속과 결합할 수 있는 서로 다른 원자로 구성된 자리가 두 군데 이상 있어서 동시에 중심 금속과 결합하지 않고 금속의 종류에 따라 결합하는 자리가 다르다. 대표적인 예로는 표 12-1에서와 같이 S와 N이 금속과 결합할 수 있는 SCN^- 리간드가 있고, N과 O가 결합할 수 있는 NO_2^- 리간드가 있다. 중성 분자인 DMSO의 경우엔 O와 S가 금속과 결합할 수 있다. 이렇게 하나의 리간드에 있는 서로 다른 원자가 금속과 결합하여 생성되는 다른 구조의 배위 화합물을 결합 이성질체(linkage isomer)라고 부른다.

표 12-1 대표적인 양쪽자리 리간드의 종류와 구조

이름	화학식(구조)	이름	화학식(구조)
나이트로(nitro)	$^-NO_2$	DMSO (dimethylsulfoxide)	$O\rightarrow$ ‖ CH_3-S-CH_3
나이트리토(nitrito)	$O-N-O^-$		
싸이오시아네이토 (thiocyanato)	$^-S-C\equiv N$		O ‖ CH_3-S-CH_3 ↓
아이소싸이오시아네이토 (isothiocyanato)	$S=C=N^-$		

2. HSAB 개념

'HSAB(hard and soft acid and base) 개념'은 1960년대 초에 이 개념을 처음 도입한 R. Pearson을 기념하여 'Pearson의 산-염기 개념'이라고 부르기도 하는데, 화합물의 안정성, 반응성, 반응 경로 등을 설명할 때 사용된다. 특히, 복분해 반응(metathesis reaction)의 생성물을 예측하는 데 유용하다.

이 개념에서는 산과 염기를 굳은(hard) 산(염기)과 무른(soft) 산(염기)으로 분류한다. 다른 조건이 모두 동일할 경우, 굳은(무른) 산은 굳은(무른) 염기와의 결합을 더 선호하여 생성 반응 속도도 빠르고, 생성된 결합도 더 강하다.

굳은 산과 염기는 이온 반경이 작고, 산화수와 전기음성도가 크지만, 편극성(polarizability)이 작은 것으로, 굳은 산-염기의 결합은 이온 결합의 특성과 같다. 무른 산과 염기의 특성은 이와 반대이며, 무른 산-염기의 결합은 공유 결합의 특성과 같다. 이러한 기준으로 굳은 산(염기)과 무른 산(염기), 그리고 그 경계에 해당하는 성질을 갖는 것들을 표 12-2에 분류하였다.

표 12-2 Pearson 산-염기의 분류

	굳은(Hard)	경계(Borderline)	무른(Soft)
산	H^+, Li^+, Na^+, K^+ Be^{2+}, Mg^{2+}, Ca^{2+} Ti^{4+}, Cr^{3+}, Cr^{6+}, Al^{3+} SO_3, BF_3, Si^{4+}, Sn^{4+}	Fe^{2+}, Co^{2+}, Ni^{2+} Cu^{2+}, Zn^{2+}, Pb^{2+} SO_2, BBr_3	Cu^+, Au^+, Ag^+, Ti^+, Hg_2^{2+} Pd^{2+}, Cd^{2+}, Pt^{2+}, Hg^{2+} CH_3Hg^+, BH_3
염기	F^-, Cl^-, OH^-, H_2O, NH_3 RO^-, CO_3^{2-}, NO_3^-, O^{2-} $CH_3CO_2^-$, SO_4^{2-}, PO_4^{3-}, ClO_4^-	NO_2^-, SO_3^{2-}, Br^- N_3^-, N_2 C_6H_5N, NCS^-	H^-, R^-, RS^-, I^-, CN^- SCN^-, R_3P, C_6H_6 CO, R_2S

시약 및 기구

(1) 시약: DMSO, 34.5% H_2O_2, $CuCl_2 \cdot 2H_2O$, $SnCl_4 \cdot 5H_2O$, 빙초산, 에터, 에탄올

(2) 기구: 비커, 삼각 플라스크, 물중탕기, 감압 플라스크, 뷔후너 깔때기, 감압 여과기, 뷰렛, UV-VIS 분광광도계, 분광셀, 가열판, 자석 막대, 거름종이

주의 사항

- 실험의 모든 과정은 흄 후드 안에서 진행되어야 하며, DMSO가 피부에 직접 접촉되지 않도록 주의해야 한다.
- 개인 보호용 실험용 장갑(고무나 폴리에틸렌 재질)을 반드시 착용해야 한다.

실험 방법

A. DMSO의 산화에 의한 $DMSO_2$의 합성

1. 15% H_2O_2 10 mL를 준비한다.
2. DMSO 1.6 mL(22.5 mmol), 증류수 4 mL, 빙초산 6 mL를 50 mL 비커에 넣고 교반하여 잘 섞는다.
3. 여기에 과정 **1**의 15% H_2O_2 10 mL를 천천히 가한다.
4. 온도가 70~80℃로 유지되는 물중탕에 담가서 처음 용액 부피의 1/4 정도가 남을 때까지 용액을 증발시킨다.
5. 물-얼음 중탕에서 5분간 냉각시키면 바늘 모양의 하얀색 $DMSO_2$ 결정을 얻을 수 있다.
6. 이 결정을 거름종이에 거른 후 차가운 에터로 씻어 주고 공기 중에서 건조한다.
7. DMSO와 합성된 $DMSO_2$의 UV-VIS과 FT-IR 스펙트럼을 측정한다.

B. $CuCl_2 \cdot 2DMSO$의 합성

$$CuCl_2 + 2(CH_3)_2SO \longrightarrow CuCl_2 \cdot 2(CH_3)_2SO \qquad \text{(식 12-1)}$$

1. $CuCl_2 \cdot 2H_2O$(2.216 g, 0.013 mol)를 녹인 10 mL 에탄올 용액에 DMSO 2.0 mL를 넣고 천천히 섞으면 발열 반응을 일으키며 엷은 녹색의 침전물이 형성된다.
2. 이 혼합물을 3분간 더 교반하여 거름종이에 거른 후, 차가운 에탄올로 씻어 주고 공기 중에서 건조한다.
3. 합성된 $CuCl_2 \cdot 2DMSO$의 UV-VIS와 FT-IR 스펙트럼을 측정한다.

C. $SnCl_4 \cdot 2DMSO$의 합성

$$SnCl_4 + 2(CH_3)_2SO \longrightarrow SnCl_4 \cdot 2(CH_3)_2SO \qquad \text{(식 12-2)}$$

1. $SnCl_4 \cdot 5H_2O$(7.37 g, 0.021 mol)를 녹인 25 mL 증류수에 DMSO 3.0 mL를 넣고 섞어 주면 곧바로 흰색 침전물이 생긴다.
2. 이 혼합물을 15분간 더 교반하여 거름종이에 거른 후, 매우 차가운 증류수로 빨리 씻어 주고 공기 중에서 건조한다.(주의: 생성물이 증류수에 잘 녹기 때문에 세척 횟수가 수득률에 영향을 준다.)
3. 합성된 $SnCl_4 \cdot 2DMSO$의 UV-VIS와 FT-IR 스펙트럼을 측정한다.

D. $PdCl_2 \cdot 2DMSO$의 합성

$$PdCl_2 + 2(CH_3)_2SO \longrightarrow PdCl_2 \cdot 2(CH_3)_2SO \qquad \text{(식 12-3)}$$

1. 곱게 갈은 $PdCl_2$(0.532 g, 0.003 mol)를 DMSO 5.0 mL(0.042 mol)에 넣고 녹이면 용액이 즉시 검은색이 되면서 오렌지색의 침전이 서서히 형성된다.
2. 3~4시간 동안 반응물을 교반한 후 반응 액을 따라 내어 남은 $PdCl_2$를 분리한다.
3. 따라 낸 반응 액을 거른 후 회전 건조기를 이용하여 DMSO를 날려 보낸다.
4. 남은 고체 생성물을 에테르로 여러 차례 세척한 후 건조한다.
5. 합성된 $PdCl_2 \cdot 2DMSO$의 UV-VIS와 FT-IR 스펙트럼을 측정한다.

실험 결과

화합물	색깔	녹는점(℃)	녹는 용매	수득률(%)	λ_{max}(nm)	ν_{S-O} (cm^{-1})
DMSO		–	–	–		
$DMSO_2$						
$CuCl_2 \cdot 2DMSO$						
$SnCl_4 \cdot 2DMSO$						
$PdCl_2 \cdot 2DMSO$						

문제

(1) 시판되는 34.5% 과산화수소수를 15%로 희석하기 위한 계산식을 제시하시오.

(2) DMSO를 산화시켜 $DMSO_2$를 만드는 반응의 완결 반응식을 쓰시오.

(3) 위 화합물들의 IR 스펙트럼에서 S-O 진동수가 변하는 이유를 설명하시오.

참고문헌

1. Zoiler, U.; Lubezky, A.; Danot, M. *J. Chem. Educ*. **1991**, *68*, A274.
2. Boschmann, E. *J. Chem. Educ*. **1983**, *60*, 413.

실험 13

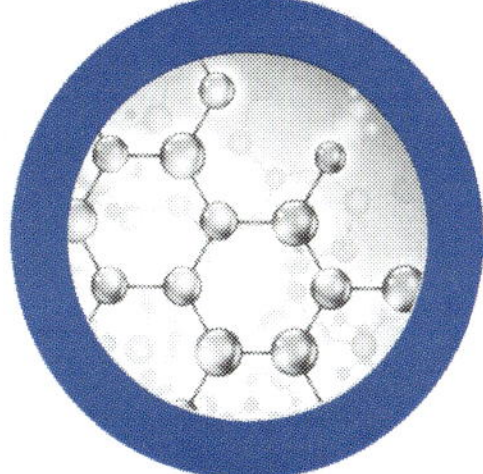

코발트(III) 착화합물의 합성을 통한 착이온 조성의 제어

목적

코발트(III) 착화합물 $[Co(NH_3)_6]Cl_3$과 $[Co(NH_3)_5Cl]Cl_2$의 합성을 통해 수용액에서 전이 금속의 산화, 착이온 조성의 제어, 결정화를 실험하고, 리간드장 이론을 적용하여 두 착화합물의 색깔을 비교 이해한다.

서론

전이 금속 배위 화합물의 대다수는 착이온과 상대 이온으로 이뤄진 이온성 염이다.

$$Na_3[PtCl_3(NH_3)] \longrightarrow 3Na^+ + [PtCl_3(NH_3)]^{3-} \qquad (식\ 13\text{-}1)$$

$$[CoCO_3(NH_3)_5]Cl \longrightarrow [CoCO_3(NH_3)_5]^+ + Cl^- \qquad (식\ 13\text{-}2)$$

착이온의 일부분인 음이온 리간드는 경우에 따라 상대 이온으로 역할을 바꿀 수 있다는 점에서 착화합물 형성 과정에 변수를 제공한다.

전이 금속(M^{3+}), 중성 분자(X), 음이온(Y^-)을 반응물 요소로 하여 6배위 착화합물을 합성하는 경우를 생각해 보자. 전하 중성을 고려할 때, 얻어진 착화합물의 M:Y 조성비는 언제나 1:3이지만 그 중 리간드로 참여하는 Y의 개수는 합성의 세부 조건에 따라 달라진다. 이론적으로 $[MX_6]Y_3$, $[MX_5Y]Y_2$, $[MX_4Y_2]Y$, $[MX_3Y_3]$과 같이 네 가지 생성물 조성이 얻어질 수 있으며, 얻어진 착화합물 시료의 올바른 화학식은 몇 가지 분석 방법을 사용하여 추론할 수 있다.

(1) 배위 공유 결합된 리간드와 달리 상대 이온은 수용액에서 쉽게 해리되고, $[MX_6]Y_3$, $[MX_5Y]Y_2$, $[MX_4Y_2]Y$ 분자가 용해될 때 각각 4, 3, 2당량의 이온을 내놓는다. 따라서 배위 화합물 수용액의 전기 전도도 측정을 통해 각기

다른 착화합물들을 식별할 수 있다. 또한 Y^-가 불용성 염을 이룬다면 수용액에 적절한 양이온을 첨가하고 침전 양을 비교함으로써 착이온의 조성을 파악할 수 있다.

(2) 대부분의 $3d$ 전이 금속 착화합물에서 중심 금속 d-궤도의 결정장 갈라짐 에너지(Δ)는 가시광선 영역대에 해당하기 때문에 착물 결정의 색깔로부터 리간드 조성을 유추할 수 있다. 리간드장의 세기에 따라 Δ와 흡광 전이 에너지, 나아가 시료 색깔이 달라지기 때문이다. 여러 리간드의 세기, 혹은 분광화학 계열(spectrochemical series)은 다음과 같은 순서를 따른다.

$I^- < Br^- < S^{2-} < SCN^- < Cl^- < NO_3^- < N_3^- < F^- < OH^- < C_2O_4^{2-} < H_2O$
$< NCS^- < CH_3CN < py < NH_3 < en < phen < NO_2^- < PPh_3 < CN^- < CO$

착물이 띠는 색깔은 흡수된 색 성분의 보색이 되는데, 가시광선 파장대별 색 성분과 그들 사이의 보색 관계는 다음과 같다.

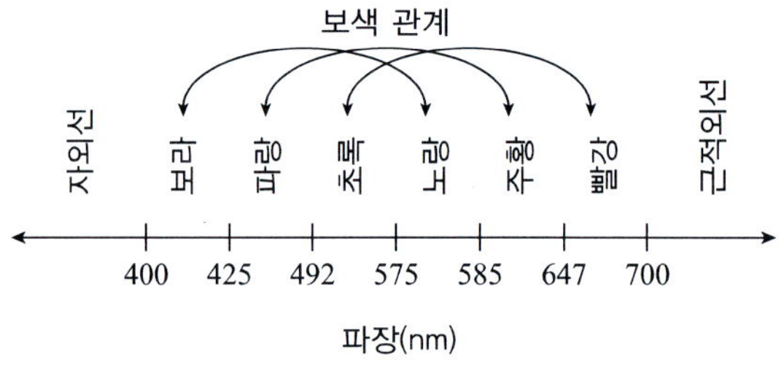

그림 13-1 가시광선의 색 성분과 보색 관계

(3) 시료가 두 가지 기하 이성질체를 갖는다면 이는 $[MX_4Y_2]Y$의 cis-/trans- 이성질화, 또는 $[MX_3Y_3]$의 mer-/fac- 이성질화에서 비롯한 것이다.

Alfred Werner가 Co^{3+}, NH_3, Cl^-로부터 얻어진 네 종류 착화합물들에 대해, 실험적 자료를 근거로 화학식을 알아낸 결과가 아래 정리되어 있다.[1] 어떤 두

1) Werner는 배위 화합물 연구에 대한 선구적 기여를 하였으며, 그 업적을 인정받아 무기 화학 분야에서는 최초로 노벨 화학상(1913년)을 수상하였다.

시료는 색깔이 서로 다르면서도 같은 화학식 $[Co(NH_3)_4Cl_2]Cl$을 갖는 것으로 판명되었는데 이는 기하 이성질화를 입증하는 증거가 된다.

표 13-1 Werner의 화합물

실험식	수용액 특성			화학식
	색깔	AgCl 침전 상대량	전기 전도도 상대 크기	
$CoCl_3 \cdot 6NH_3$	노랑	3	4	$[Co(NH_3)_6]Cl_3$
$CoCl_3 \cdot 5NH_3$	보라	2	3	$[Co(NH_3)_5Cl]Cl_2$
$CoCl_3 \cdot 4NH_3$	초록	1	2	$[Co(NH_3)_4Cl_2]Cl$
$CoCl_3 \cdot 4NH_3$	자주	1	2	$[Co(NH_3)_4Cl_2]Cl$

시약 및 기구

(1) 시약: $CoCl_2 \cdot 6H_2O$, NH_4Cl, 활성 탄소, H_2O_2, 암모니아수, 염산, 에탄올, 얼음

(2) 기구: 가열교반기, 여과 장치

주의 사항

가급적 흄 후드 내에서 반응을 진행하고, 미비한 경우 환기에 주의한다.

실험 방법

A. $[Co(NH_3)_6]Cl_3$의 합성[2)]

1. 250 mL 삼각 플라스크에서 $CoCl_2 \cdot 6H_2O$ 5.0 g과 NH_4Cl 3.3 g을 30 mL의 증류수에 녹인다.
2. 활성탄 1 g과 진한 암모니아수 45 mL를 더한다.
3. 형성된 갈색 현탁액을 얼음 수조에서 0℃로 냉각시킨 후, 30% H_2O_2 용액 4.0 mL를 초당 2방울 정도의 속도로 서서히 더한다. 가급적 뷰렛을 사용하는 것이 좋으며, 반응물의 온도가 10℃를 넘지 않도록 주의한다.
4. 얻어진 적갈색 용액을 60℃로 가열하여 30분간 유지한다.
5. 반응물을 0℃로 냉각하여 침전이 일어나게 한다.
6. 생성물 결정과 활성탄을 깔때기로 걸러낸다.
7. 여과된 고체상을 250 mL 삼각 플라스크에 옮기고, 뜨거운 물 40 mL와 진한 염산 1.0 mL를 더한다.

---

2) 실험 10-A 참조

8. 혼합물을 70℃로 가열하고, 식히지 않은 채로 여과한다.
9. 여과액을 얼음 수조에 담그고, 진한 염산 1.0 mL를 더한다.
10. 고체 결정을 여과하고, 차가운 에탄올(25 mL)로 헹군 후 공기 중에서 건조한다.

B. $[Co(NH_3)_5Cl]Cl_2$의 합성[3)]

1. 250 mL 삼각 플라스크에서 NH_4Cl 5 g을 진한 암모니아수 30 mL에 더한다.
2. 혼합물을 격렬히 교반하면서, 곱게 분쇄된 $CoCl_2 \cdot 6H_2O$ 분말 10.0 g을 서서히 첨가한다.
3. 갈색 현탁액을 계속 교반하면서 30% H_2O_2 용액 8.0 mL를 초당 2방울 정도의 속도로 서서히 더한다.[4)]
4. 교반을 계속하면서, 총 30 mL의 진한 염산을 한 번에 1~2 mL씩 나누어 더한다.
5. 반응 용액을 교반 가열하여 55~65℃ 범위에 15분간 유지시킨다.
6. 증류수 25 mL를 더하고 상온으로 식힌다.
7. 얻어진 고체 결정을 뷔후너 깔때기로 여과한 후, 차가운 증류수 7.5 mL씩으로 3회, 차가운 에탄올 7.5 mL씩으로 2회 세척한다.
8. 얻어진 결정을 결정화 접시에 옮겨 상온에서 건조한다.

실험 결과

A. $[Co(NH_3)_6]Cl_3$의 합성

1. $CoCl_2 \cdot 6H_2O$의 질량: ____________ g
2. NH_4Cl의 질량: ____________ g
3. 암모니아수의 양: ____________ mL

---

3) 실험 14-A 참조
4) 기포 발생이 과도할 경우, 일시적으로 교반을 중단하여 반응물이 용기 밖으로 넘치는 것을 막는다.

4. 반응 과정별 관찰 사항

과정	용액의 색깔	침전 생성	침전 색깔	기타
A-1				
A-2				
A-3				
A-4				
A-5				
A-6				
A-7				
A-8				
A-9				
A-10	결정의 색깔		결정의 질량	g

B. $[Co(NH_3)_5Cl]Cl_2$의 합성

1. $CoCl_2 \cdot 6H_2O$의 질량: ____________ g
2. NH_4Cl의 질량: ____________ g
3. 암모니아수의 양: ____________ mL
4. 반응 과정별 관찰 사항

과정	용액의 색깔	침전 생성	침전 색깔	기타
B-1				
B-2				
B-3				
B-4				
B-5				
B-6				
B-7				
B-8	결정의 색깔		결정의 질량	g

문제

(1) 실험 A와 B의 반응 순서도를 그리고 차이점을 비교하시오.

(2) 과정 **A-4**와 **B-5**에 대한 반응식을 쓰시오.

(3) 과정 **A-9**에서 결정화를 촉진하는 인자는 무엇인가?

(4) H_2O_2를 첨가하는 이유는 무엇인가?

참고문헌

1. Huheey, J. E.; Keiter, E. A.; Keiter, R. L. *Inorganic Chemistry: Principles of Structure and Reactivity*; 4th ed.; Harper Collins: New York, 1993.

2. Fremy, M. E. *Annal. Chim. Phys.* **1852**, *35*, 257.

실험 14

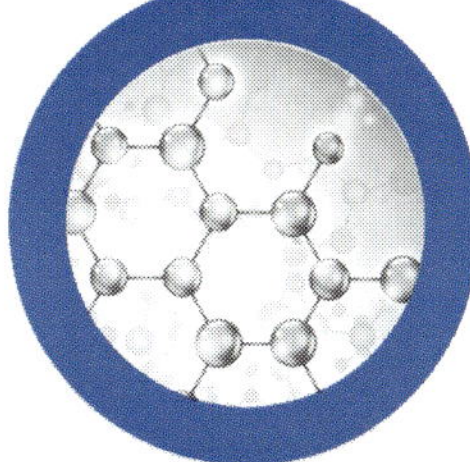

코발트(III) 배위 화합물의 합성과 분광화학 계열

목적

$[Co(NH_3)_5L]^{3+/2+}$ (L = NH_3, Cl^-, H_2O, NO_2^-, ONO^-) 배위 화합물을 합성하고, UV–VIS 스펙트럼으로 리간드 L의 변화에 따른 리간드장 효과(ligand–field effect)와 분광화학 계열(spectrochemical series)을 알아본다.

서론

1. 리간드장 효과(Ligand–field effect)

팔면체 배위 화합물에서 분자 궤도의 에너지 준위를 생각하면, 리간드로부터 제공되는 전자들은 6개의 결합성 오비탈을 채우고, 금속으로부터 공급된 d–전자들이 비결합성 t_{2g} 오비탈과 반결합성 e_g 오비탈을 채운다. t_{2g}와 e_g 오비탈 사이의 에너지 갈라짐은 Δ_o로 나타낸다. 금속의 오비탈과 강하게 상호작용하는 오비탈을 가지는 강한장 리간드(strong–field ligand)들은 t_{2g}와 e_g 오비탈 사이의 에너지 갈라짐이 커져서 결국 큰 Δ_o 값을 갖는다. 반면 금속의 오비탈과 약하게 상호작용하는 오비탈을 가지는 약한장 리간드(weak–field ligand)들은 에너지 갈라짐이 작아 작은 Δ_o 값을 갖는다.[1)]

중심 금속의 전자가 $d^0 \sim d^3$이거나 $d^8 \sim d^{10}$인 경우 리간드장의 세기(Δ_o 값의 크기)에 관계없이 전자 배치가 동일하다. 하지만 $d^4 \sim d^7$의 금속 이온의 경우 리간드장의 세기에 따라 고스핀(high–spin)과 저스핀(low–spin) 상태가 형성되는데, 강한장 리간드의 경우 저스핀 착화합물이, 약한장 리간드의 경우 고스핀 착화합물이 만들어진다. Co^{3+} 착화합물의 경우 금속 이온의 전자 배치가 $[Ar]d^6$이므로 리간드의 세기에 따라 중심 금속의 전자 배치가 달라진다(그림 14–1).

1) 13장의 분광화학 계열 참고

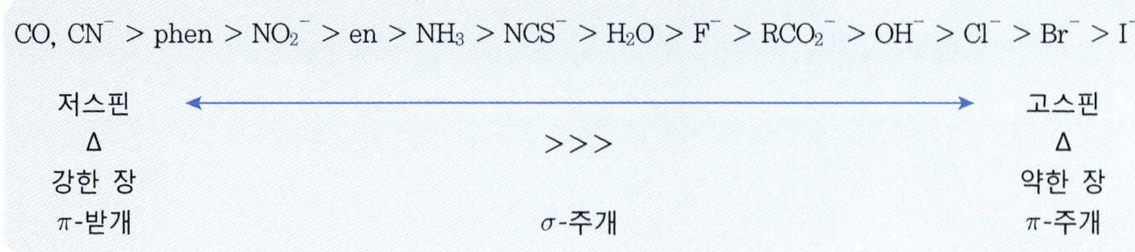

그림 14-1 리간드장 세기에 따른 비교

2. 결정장 이론(Crystal-field theory)

결정장 이론은 결정장 안에서 금속 이온의 전자 구조를 묘사하는 데 사용된다. 금속 이온에 있는 d-오비탈의 에너지는 정전기장에 의해 나눠진다. 즉, 금속 이온의 d-오비탈이 리간드가 제공하는 6개 전자쌍들이 만드는 팔면체 정전기장에 놓여 있을 때, d-오비탈의 전자들이 정전기장에 의해 반발된다. 이 가운데 e_g 대칭을 가지는 $d_{x^2-y^2}$, d_{z^2} 오비탈은 리간드의 전자쌍들과 같은 축 상에서 상호작용하므로 오비탈의 에너지가 올라간다. 그러나 리간드의 전자쌍 사이에 위치한 d_{xy}, d_{xz}, d_{yz} 오비탈(t_{2g} 대칭)들은 정전기장에 의해 덜 영향을 받아 에너지 준위가 상대적으로 낮아진다. 이때 두 그룹의 에너지 준위 차이는 Δ_o(또는 10 Dq)라고 표시한다(그림 14-2).

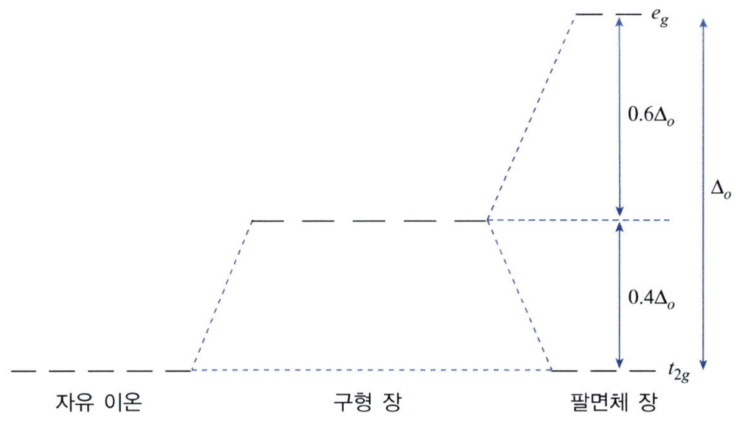

그림 14-2 팔면체장에서 d-오비탈의 갈라짐에 의한 에너지 준위의 변화

이러한 이론은 배위 화합물에서 발견되는 d−오비탈의 갈라짐(d−orbital splitting)을 확인하는 간단한 방법이면서, 이 방법을 이용하여 정량적인 계산도 가능하다. 다섯 개의 d−오비탈의 평균 에너지에 비하여 t_{2g} 오비탈은 0.4 Δ_o만큼 낮은 에너지 상태에 있고, e_g 오비탈은 0.6 Δ_o만큼 높은 상태에 있다. 즉, 3개의 t_{2g} 오비탈은 $-1.2\Delta_o$의 에너지를 가지고, 2개의 e_g 오비탈은 $+1.2\Delta_o$를 가진다(그림 14−2). 따라서 실제 결정장 안에서 특정한 전자의 분포에 의해 얻게 되는 안정화 에너지를 결정장 안정화 에너지(crystal−field stabilization energy, CFSE)라고 한다. 표 14−1에는 Co^{2+}와 Co^{3+} 화합물의 전자 배치와 CFSE를 나타내었다.

표 14−1 약한장과 강한장 리간드(L)를 갖는 $Co^{2+/3+}$ 화합물, $[Co(NH_3)_5L]^{2+/3+}$의 전자 배치와 결정장 안정화 에너지(CFSE)

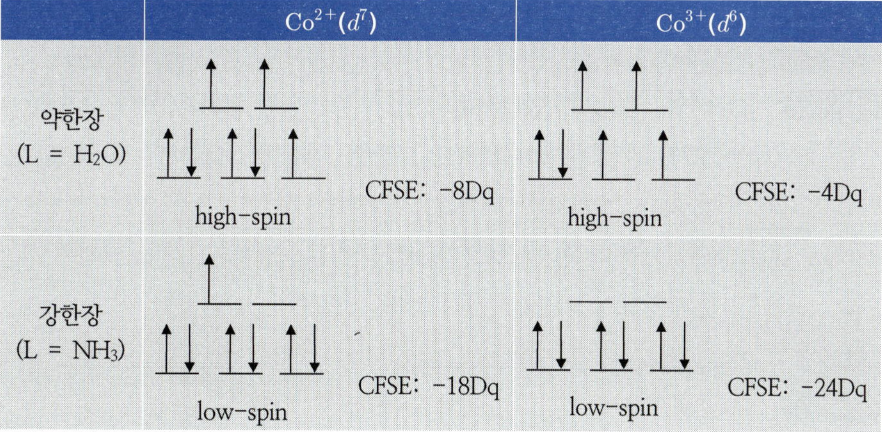

	$Co^{2+}(d^7)$	$Co^{3+}(d^6)$
약한장 (L = H_2O)	high−spin CFSE: −8Dq	high−spin CFSE: −4Dq
강한장 (L = NH_3)	low−spin CFSE: −18Dq	low−spin CFSE: −24Dq

3. 이성질화(Isomerization)

배위 화합물에서 배위수의 증가와 다양한 리간드의 종류는 많은 이성질체(isomer)를 가능하게 한다. 여러 가지 이성질체 가운데는 수화 이성질체(hydrate isomer), 이온화 이성질체(ionization isomer), 배위 이성질체(coordination isomer)는 전반적으로 같은 화학식을 갖지만 중심 금속에 다른 리간드가 배위되는 것이다. 결합 이성질체(linkage isomer 또는 ambidentate isomer)는 같은 리간드에 있는 서로 다른 원자를 통해서 결합되는 경우이다. 입체 이성질체(stereoisomer)는 같은 리간드를 가지지만 이들의 구조적 배열이 다른 것이다.

이번 실험에서 합성하는 배위 화합물 가운데는 결합 이성질체가 포함된다. 결합 이성질체를 만드는 리간드의 예로는 SCN^-와 NO_2^-이 있다(표 12-1).

$[Co(NH_3)_5NO_2]^{2+}$의 나이트리토(nitrito, $O\text{-}N\text{-}O^-$) 이성질체는 같은 화학식을 가지지만 서로 다른 색을 나타내는 화합물이다. 낮은 안정성을 갖는 붉은색의 나이트리토 이성질체는 빛에 의하여 노란색의 나이트로 이성질체로 바뀐다(그림 14-3).

$$[H_3N{-}Co(NH_3)_4{-}NO_2]^{2+} \underset{}{\overset{h\nu}{\rightleftharpoons}} [H_3N{-}Co(NH_3)_4{-}O{-}N{=}O]^{2+}$$

노란색 붉은색

그림 14-3 나이트로(NO_2^-)와 나이트리토($O-N-O^-$) 이성질체의 변환

시약 및 기구

(1) 시약: 염화 암모늄(NH_4Cl), 암모니아, 염화 코발트(II) 육수화물($CoCl_2 \cdot 6H_2O$), 30% 과산화수소수(H_2O_2), 진한 염산(6 M), 95% 에탄올, 아질산 소듐(sodium nitrite, $NaNO_2$), 활성탄

(2) 기구: 삼각 플라스크(250 mL), 뷔후너 깔때기, 감압 여과기, 뷰렛, UV-VIS 분광광도계, 가열판, 자석 막대, 거름종이, 얼음 중탕, 온도계, 리트머스 시험지

주의 사항

모든 과정을 흄 후드 안에서 수행한다.

실험 방법

A. $[Co(NH_3)_5Cl]Cl_2$의 합성[2]

1. 진한 암모니아 수용액 30 mL와 염화 암모늄 5 g을 250 mL 삼각 플라스크에 넣고 잘 섞는다.
2. 이 용액에 $CoCl_2 \cdot 6H_2O$ 10 g을 조금씩 더하면서 저어 준다.
3. 갈색 반응물에 뷰렛을 이용하여 초당 2방울의 속도로 과산화수소수(30%) 8 mL를 더한다.(과산화수소수의 첨가 속도를 조절하여 거품이 지나치게 생기는 것을 조절한다.)

2) 실험 13-B 참조

4. 끓는 것이 멈추면 계속 저어 주면서 한번에 1~2 mL씩 진한 염산 30 mL를 더하고 60℃까지 가열한다.
5. 55~65℃에서 15분간 유지한 후 증류수 25 mL를 더하고 실온으로 유지시킨다.
6. 보라색 생성물을 거른 후 차가운 증류수 7.5 mL로 3번, 얼음처럼 차가운 에탄올(95%) 7.5 mL로 두 번 세척하고 자연 건조시킨다.
7. 건조된 생성물의 UV-VIS 스펙트럼을 측정한다.

B. $[Co(NH_3)_5(H_2O)]Cl_3$의 합성

1. $[Co(NH_3)_5Cl]Cl_2$ 1.0 g과 5% 암모니아수 15 mL를 250 mL 삼각 플라스크에 넣고 모두 녹을 때까지 가열판에서 가열한다.
2. 얼음 중탕에서 10℃로 유지하면서 저어 주면 빨간색 침전물이 생성된다.
3. 염화 암모늄 증기가 더 이상 형성되지 않을 때까지 진한 염산을 한 방울씩 더한다.
4. 반응 혼합물을 10℃ 이하로 냉각시킨 후 생성물을 거른다.
5. 밝은 붉은색 고체 생성물을 95% 에탄올 5 mL로 두 번 세척한 후 자연건조시킨다.
6. 건조된 생성물의 UV-VIS 스펙트럼을 측정한다.

C. $[Co(NH_3)_5ONO]Cl_2$의 합성

1. 10% 암모니아수 25 mL와 $[Co(NH_3)_5Cl]Cl_2$ 1.67 g을 넣은 250 mL 삼각 플라스크를 가열판에 올려놓고 금속 약숟가락으로 저어서 녹인다.
2. 얼음 중탕에서 반응 용액을 10℃ 이하로 냉각시키고, 중성이 될 때까지 2.0 M 염산을 넣는다.(리트머스 시험지로 중성을 확인한다.)
3. $NaNO_2$ 1.67 g을 넣고, 6 M 염산 1.67 mL를 더한다.
4. 이 혼합물을 얼음 중탕에 한 시간 동안 넣어둔다.
5. 오렌지 색깔의 고체 침전을 거른 후 8.33 mL 냉각수와 25 mL 냉각 에탄올(95%)로 세척한다.
6. 고체 화합물을 거름종이에 올려놓고 자연건조시킨다.
7. 건조된 생성물의 UV-VIS 스펙트럼을 측정한다.

D. $[Co(NH_3)_5NO_2]Cl_2$의 합성

1. 0.6 mL 진한 암모니아수를 넣은 3 mL 뜨거운 물에 $[Co(NH_3)_5ONO]Cl_2$ 0.3 g을 녹인다.
2. 이 용액을 얼음 중탕에 담가 냉각시키고, 3 mL 진한 염산을 더하여 침전물을 생성시킨다.
3. 생성물을 거른 후, 2.5 mL 차가운 에탄올(95%)로 세척하고 자연건조시킨다.
4. 건조된 생성물의 UV-VIS 스펙트럼을 측정한다.

E. $[Co(NH_3)_6]Cl_3$의 합성

1. 10 mL 증류수, $CoCl_2 \cdot 6H_2O$ 1.67 g, 염화 암모늄 1.1 g을 넣은 250 mL 삼각 플라스크에 0.33 g 활성탄과 15 mL 진한 암모니아수를 넣는다.
2. 이 혼합물을 얼음 중탕에서 0℃까지 냉각시킨 후, 뷰렛으로 30% 과산화수소수 1.33 mL를 더한다. 이때 혼합물의 온도가 10℃ 이상으로 올라가지 않도록 해야 한다.
3. 붉은 갈색 용액을 60℃까지 가열한 후 이 온도에서 30분간 유지한다.
4. 이 용액을 0℃로 냉각시키면 고체 생성물이 침전된다.
5. 생성물과 활성탄 혼합물을 거른다.
6. 혼합물을 250 mL 삼각 플라스크에 넣고, 여기에 13.3 mL 뜨거운 증류수와 0.25 mL 6 M 염산을 첨가하여 70℃까지 가열한다.
7. 이 혼합물을 뜨거운 상태로 거른 후, 거른 액을 얼음 중탕에 놓고 여기에 0.33 mL 차가운 염산을 더한다.
8. 생성된 오렌지색 고체를 거른 후, 8.33 mL 냉각 에탄올(95%)로 세척하고 자연건조시킨다.
9. 건조된 생성물의 UV-VIS 스펙트럼을 측정한다.

실험 결과

1. 합성한 다섯 가지 화합물의 UV-VIS 스펙트럼을 중복하여 그리시오.

2. 실험 결과 정리표

화합물	수득량 (g)	수득률 (%)	녹는점 (°C)	색깔	$\lambda_{최대}$ (nm)	ε ($M^{-1}cm^{-1}$)
$[Co(NH_3)_5Cl]Cl_2$						
$[Co(NH_3)_5(H_2O)]Cl_3$						
$[Co(NH_3)_5ONO]Cl_2$						
$[Co(NH_3)_5NO_2]Cl_2$						
$[Co(NH_3)_6]Cl_3$						

문제

(1) 다섯 가지 코발트 화합물의 생성 반응식을 쓰시오.

(2) 위 반응에서 한계 반응물(limiting reagent)은 어느 것인가?

(3) 다섯가지 리간드(Cl, H_2O, ONO, NO_2, NH_3)의 리간드장 세기(ligand-field strength)를 비교하시오.

(4) 배위 화합물의 이성질체 종류와 그 예를 조사하시오.

참고문헌

1. Williams, G. M.; Olmsted, J.; Breksa, A. P. *J. Chem. Educ.* **1989**, *66*, 1043.

실험 15

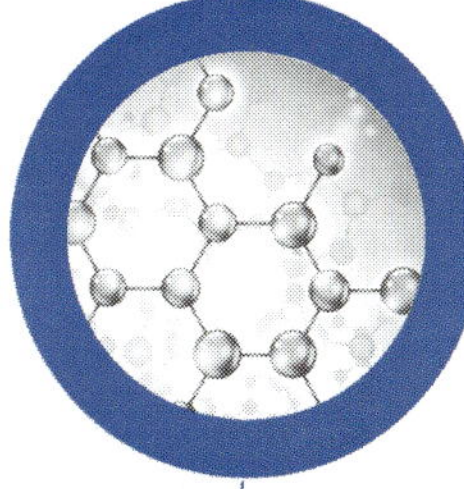

니켈(II) 화합물의 합성 및 자기 특성

목적

전이 금속의 하나인 니켈(II)을 이용하여 팔면체(O_h) 화합물과 사각평면(SP) 화합물을 합성하고, 그들의 자기 특성을 이해한다.

서론

전이 금속에 리간드를 반응시켜 착물을 형성하는 것은 일종의 Lewis 산-염기 반응이다. 전이 금속은 부분적으로 비어 있는 d - 오비탈을 가지고 있어서 리간드로부터 전자를 받아들이게 된다. 이와 같은 현상은 **결정장 이론(Crystal Field Theory)**으로 설명할 수 있다. 리간드가 없는 Ni(II) 이온의 경우 축퇴(degenerate)된 5개의 $3d$ - 오비탈을 가지고 있다. 6개의 리간드가 x, y, z축에 따라 도입될 때, $d_{x^2-y^2}$, d_{z^2}의 경우 축 상에 모여 있으나 d_{xy}, d_{xz}, d_{yz}는 축과 축 사이에 놓여 있다. $d_{x^2-y^2}$, d_{z^2}의 경우 다른 세 오비탈보다 리간드에 가깝다. 각각의 리간드는 2개의 전자를 내놓고 있으므로 d_{xy}, d_{xz}, d_{yz} 궤도에 있는 전자들은 반발력이 작을 것이라 예상할 수 있다. 따라서 NiL_6 화합물의 경우 5개의 d - 오비탈들은 더 이상 축퇴되어 있지 않다(그림 15-1).

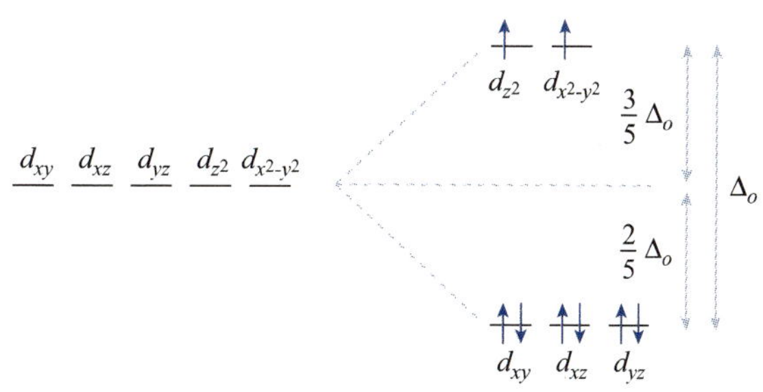

그림 15-1 Ni(II) 이온의 결정장 에너지 분리

전이 금속 화합물에서 $d-$오비탈이 나눠짐으로 안정화되는 에너지는 전이 금속 화합물들의 열역학적 및 반응 속도론적 성질들에 큰 영향을 준다. 이 실험에서는 Ni(II)의 배위 화학을 다루게 되는데, 수용액 속에서는 $[Ni(OH_2)_6]^{2+}$로 존재하며 그림 15-2와 같은 전자 전이 때문에 녹색을 띠게 된다. 리간드가 물이 아닌 다른 리간드로 바뀌는 경우 궤도 분리가 달라지기 때문에 색깔도 변하게 된다.

그림 15-2 수용액에서 Ni(II)의 전자 전이

Ni(II)의 경우 팔면체 화합물을 주로 형성하지만, 4개의 리간드가 붙어서 사각평면 구조를 이루기도 한다. 이는 균등하지 못한 전자 배치를 피하기 위해 화

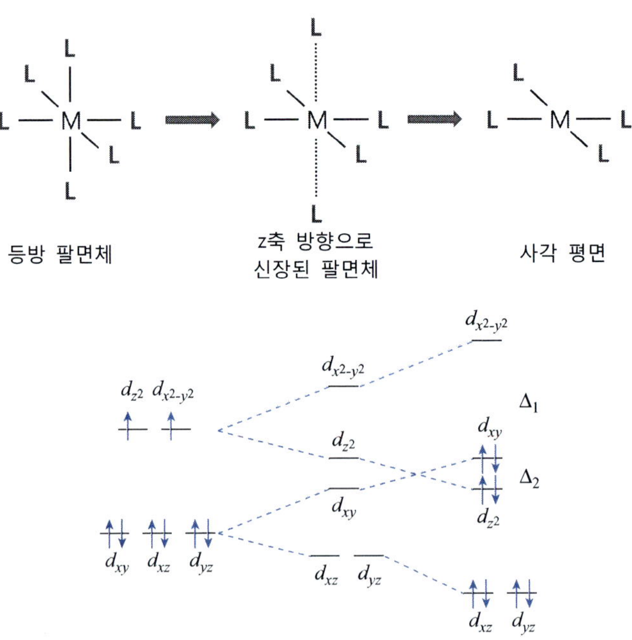

그림 15-3 구조 변화 모식도와 그에 따른 전자 배치

합물의 구조가 변형되면서 동일하던 오비탈의 에너지 준위가 변하게 된다. 이러한 변화를 Jahn-Teller 효과라고 한다(그림 15-3). 특히, CN^-의 경우 매우 안정한 $[Ni(CN)_4]^{2-}$ 화합물을 형성한다. 평면 구조에서의 $d-$오비탈의 분리는 팔면체 구조에서의 분리와 매우 다르며 다음과 같다.

팔면체 구조에서는 쌍을 이루지 못한 전자가 2개 있었으나, 평면 구조에서는 쌍을 이루지 못하는 전자가 없다. 따라서 팔면체 구조와 평면 구조 화합물의 경우 매우 다른 자기적 성질을 가지게 되며, 화합물의 구조가 팔면체인지 혹은 평면 구조인지를 결정하는 여러 실험적 방법들이 있다.

이러한 구조적 차이로 인한 전자 배치의 다양성에 의해 자기적인 성질을 나타낼 수 있다. 반자기성 화합물은 중심 금속 이온의 전자들이 모두 전자쌍을 이루는 반면, 상자기성 화합물은 중심 금속 이온이 홀전자를 가지고 있다.

자유 전자는 궤도 각운동량과 스핀 각운동량 모두가 자기 모멘트를 가지기 때문에 상자기성에 기여가 가능하다. 상자기성에 대한 스핀의 기여가 가장 크기 때문에, 자화율 측정을 통해 홀전자가 얼마나 존재하는지 알 수 있다. 이렇게 홀전자의 수를 유추함으로 고스핀 또는 저스핀 화합물을 구분하여 구조를 예측가능하게 해 준다. 실험적 자기 모멘트 값은 식 (15-1) ~ (15-3)에 의해 계산된다.

$$\mu_{eff} = \sqrt{8\chi_{corr}T} \qquad \text{(식 15-1)}$$

$$\chi_{total} = \chi_{para} + \chi_{dia} \qquad \text{(식 15-2)}$$

$$\chi_{para} = \chi_{corr} = \chi_{total} - \chi_{dia} \qquad \text{(식 15-3)}$$

(χ_{dia}: 리간드나 이온의 반자기성 자기화율은 Pascal 상수를 참조하여 대입)

이론적 자기 모멘트 값은 식 (15-4)에 의해 계산된다.

$$\mu_s = \sqrt{n(n+2)} \quad (n\text{: 홀전자의 개수}) \qquad \text{(식 15-4)}$$

이렇게 계산된 값들에 의해 고스핀 또는 저스핀 화합물을 구분하여 구조 예측이 가능한 이유는 $d-$구역 금속 화합물(특히 1주기 금속 화합물)의 자기 모멘트

μ_{eff}는 그 화합물의 홀전자 수를 기초로 한 스핀만의 자기 모멘트 μ_s와 매우 일치함을 식 (15-5)가 보여 준다.

$$\mu_{eff} = \sqrt{8\chi_{corr}T} \simeq \sqrt{n(n+2)} = \mu_s \quad \text{(식 15-5)}$$

Mass susceptibility 계산

$$\chi_g = \frac{C_{bal}l(R-R_0)}{10^9 m}$$

l = 시료의 길이

m = 시료의 질량

R = 시료를 튜브에 넣었을 때 읽히는 값

R_0 = 빈 튜브를 넣었을 때 읽히는 값

C_{bal} = 저울 보정 상수

시약 및 기구

(1) 시약: $NiCl_2 \cdot 6H_2O$, 에틸렌다이아민, NH_4OH, 에탄올, 아세톤, 증류수

(2) 기구: 비커, 가열판, 거름 장치, 건조 장치, 자화율 측정 장치, 흡광 분광광도계

주의 사항

에틸렌다이아민과 NH_4OH가 피부에 닿지 않도록 주의한다.

실험 방법

A. $[Ni(en)_3]Cl_2 \cdot 2H_2O$의 합성

1. $NiCl_2 \cdot 6H_2O$ 6.0 g을 증류수(3 mL)에 가열하면서 녹인다.
2. 이 용액을 식히면서 에틸렌다이아민 5.6 mL을 서서히 가해 준다.
3. 이 용액에 15 mL의 찬 에탄올을 넣고 10분 동안 식힌다.
4. 거름 장치를 통해 거른 뒤 에탄올(5 mL)로 두 번 씻어 준다.
5. 건조시킨 후 수득량을 잰다.

B. $[Ni(NH_3)_6]Cl_2$의 합성

1. $NiCl_2 \cdot 6H_2O$ 3.0 g을 증류수(5 mL)에 가열하면서 녹인다.
2. NH_4OH 5.8 mL를 가하고 식힌 후, 에탄올(15 mL)을 가해 준다.
3. 거름 장치를 통해 거른 뒤 에탄올(5 mL)로 두 번 씻어 준다.
4. 건조시킨 후 수득량을 잰다.

C. $[Ni(en)_2]Cl_2 \cdot 2H_2O$의 합성

1. $NiCl_2 \cdot 6H_2O$ 1.25 g과 $[Ni(en)_3]Cl_2 \cdot 2H_2O$ 3.02 g을 메탄올(22 mL)과 증류수(1 mL) 혼합액에 넣고 5분간 가열한다.
2. 뜨거운 상태를 유지하여 거른 뒤 뜨거운 메탄올(1.5 mL)로 두 번 씻어 주고 식힌다.
3. 차가운 용액을 저어 주면서 15 mL 아세톤을 2분 동안 가한 후 10 mL 아세톤을 더 가해 준다.
4. 10분간 저어 주고 아세톤을 가한다.
5. 거름 장치를 통해 거른 뒤 아세톤(10 mL)으로 두 번 씻어 준다.
6. 건조시킨 후 수득량을 잰다.

D. 특성 분석

1. 합성한 세 가지 화합물, $[Ni(en)_3]Cl_2 \cdot 2H_2O$, $[Ni(NH_3)_6]Cl_2$, $[Ni(en)_2]Cl_2 \cdot 2H_2O$의 흡광도와 자화율을 측정한다.

실험 결과

1. 흡광도 그래프를 별지에 붙이시오.
2. 실험 결과 정리표

	$[Ni(en)_3]Cl_2 \cdot 2H_2O$	$[Ni(NH_3)_6]Cl_2$	$[Ni(en)_2]Cl_2 \cdot 2H_2O$
수득량(g)			
수득률(%)			
흡광도			
자화율			
홀전자 개수			

문제

(1) 어떤 물질 0.085 g을 1.7 cm 샘플링하여 25℃에서 측정한 R 값이 778이었다. 자화율(χ_g)과 자기 모멘트 값(μ_{eff}) 그리고 홀전자 수를 계산하시오. (R_o: −35, C: 1, MW: 187 g/mol, $\chi_{dia} \approx 0$)

참고문헌

1. Figgis, B. N.; Lewis, J. *Prog. Inorg. Chem.* **1964**, *6*, 112.

실험 16

구리(II) 화합물의 합성 및 EPR 분석

목적

간단한 Cu(II) 화합물을 합성하고 이의 EPR 분석으로부터 Cu(II)의 배위 구조를 추정한다.

서론

1. 전자 스핀과 제만(Zeeman) 상호작용

전하를 가진 입자가 각운동을 하면 자기 모멘트(magnetic moment)를 갖는다.(이는 자기장을 발생시킨다는 것과 같은 의미이다.) 음전하를 가진 전자는 스핀(spin)이라고 불리는 고유한 각운동량(intrinsic angular momentum = spin angular momentum)을 가지고 있어서 자기장을 발생시킨다. 즉 하나의 전자는 그 자체로 막대자석처럼 행동한다. 자장(magnetic field)이 없는 환경에서 막대자석은 어떠한 방향으로도 놓일 수 있지만 외부 자장 속에 있을 때는 외부 자장과의 상호인력 때문에 막대자석의 N극이 외부 자장의 S극 쪽으로 놓이게 된다. 이는 그러한 방향이 외부 자장의 환경에서 막대자석이 가질 수 있는 가장 낮은 에너지 상태이기 때문이다. 막대자석에 힘을 가하면 에너지 상태가 가장 높은 반대 방향으로 돌릴 수 있고, 힘을 가하거나 빼면서 막대자석을 두 방향 사이의 어떠한 방향으로도 놓을 수 있다.

전자도 자장이 없는 환경에서는 스핀의 방향(전자의 자기 모멘트의 방향)이 어떠한 방향으로도 놓일 수 있지만 외부 자장 속에 있을 때는 외부 자장과 상호인력이 작용하게 된다. 이때 전자는 막대자석과는 달리 그림 16-1처럼 두 가지 방향(전자 스핀의 N극이 외부 자장의 S극 방향 또는 N극이 외부 자장의 N극 방향)만이 허용된다. 이는 스핀 각운동량 양자수(S, spin angular momentum quantum number)가 $\frac{1}{2}$이기 때문에 스핀 양자수(m_s, spin quantum number)가 $+\frac{1}{2}$과 $-\frac{1}{2}$의 두 가지만 가능하기 때문이다. $m_s = +\frac{1}{2}$인 상태를 'spin-up' 또는 'α' 상태($|\alpha>$)라 하고, $m_s = -\frac{1}{2}$인 상태를 'spin-down' 또는 'β' 상태($|\beta>$)라 한다. 세기가 B인 자장 속에서 외부 자장과 전자 스핀 사이의 상호작용(이를 제만 상호작용(Zeeman interaction)이라고 한다.)에 의해 $m_s = +\frac{1}{2}$, $-\frac{1}{2}$ 상태의 에너지 준위는 각각 $+\frac{1}{2}g\beta B$, $-\frac{1}{2}g\beta B$로 갈라진다. 여기서 g는 g-인자(g-factor)라 하고 자유 전자의 경우 그 값이 2.0023193(=g_e)이며, β는 보어 마그네톤(Bohr magneton: 5.0507866 × 10^{-23} $ergG^{-1}$) 이라고 하는 상수이다.

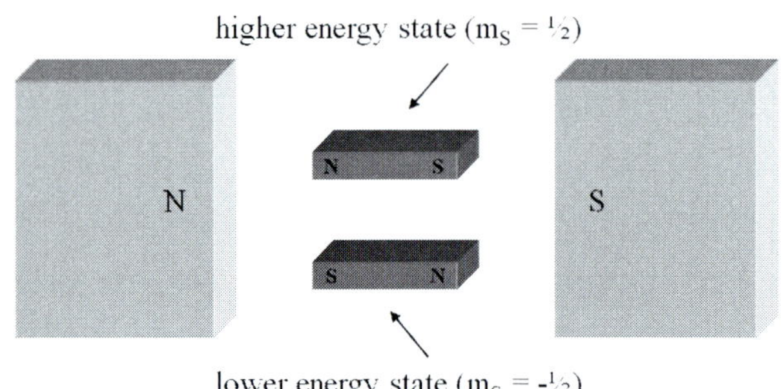

그림 16-1 외부 자장 속에서 전자-스핀의 두 가지 가능한 방향

2. 전자 상자기성 공명(EPR, Electron Paramagnetic Resonance)

분자나 이온에 있어서 전자는 에너지 준위가 낮은 분자 오비탈(MO, molecular orbital)부터 들어간다. Pauli의 배타 원리(Pauli's exclusion principle)에 따라 각 MO에는 두 개까지 전자가 들어갈 수 있고, 두 개의 전자가 들어갈 경우 각각의 스핀 방향은 up과 down이어서 자기 모멘트의 합이 0이 된다. 그러나 홀수개의 전자를 가지고 있는 분자나 이온, 또는 짝수개의 전자를 가지고 있더라도 다중 축퇴(degenerate)되어 있는 HOMO를 가지고 있는 분자나 이온에서는 하나의 전자만을 가지고 있는 MO가 있을 수 있다. 이렇게 짝지어 있지 않은 전자를 외톨이전자 또는 홀전자(unpaired electron)라고 한다. 홀전자를 가지고 있

는 분자나 이온은 홀전자의 스핀 때문에 자기 모멘트를 가지게 된다. 이와 같이 홀전자를 가지고 있어서 자기적 성질을 띠는 물질을 상자기성(paramagnetic) 물질이라고 한다. 상자기성 물질을 외부 자장 속에 놓으면 홀전자의 자기 모멘트와 외부 자장 사이의 제만 상호작용 때문에 $m_s = +\frac{1}{2}, -\frac{1}{2}$ 상태의 에너지 준위가 갈라지고 두 상태의 에너지 차이는 외부 자장(B)의 세기에 비례하여 $g\beta B$가 된다(그림 16-2(a)).

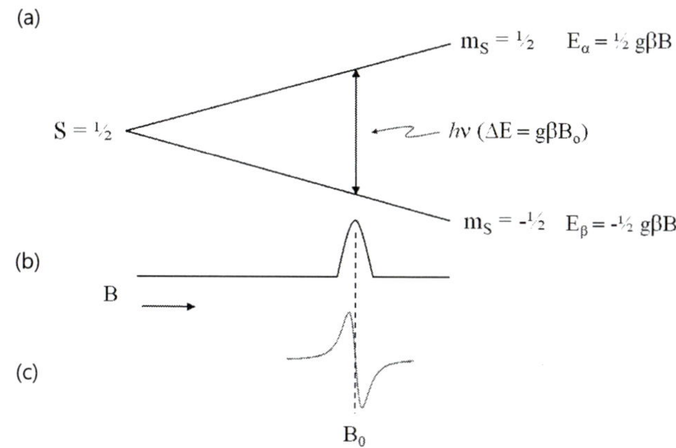

그림 16-2 (a) 외부 자장에 의한 홀전자 스핀 상태의 갈라짐, (b) 공명의 위치, (c) EPR 신호의 모양

EPR 분광법은 외부 자장의 환경 속에 있는 시료에 전자기파(EPR에서는 마이크로파를 사용한다.)를 주사하여 $m_s = +\frac{1}{2}$와 $-\frac{1}{2}$의 두 상태 사이에 전이를 일으키고, 이로부터 홀전자 주변의 물리・화학적 특성을 파악하는 분광법이다. 일반적인 분광법에서는 전자기파의 진동수를 변화시키면서 실험을 한다. 주사한 전자기파가 가지고 있는 에너지($h\nu$)가 원자나 분자에 있는 에너지 상태들 사이의 에너지 차(ΔE)와 같을 때, 시료는 전자기파를 흡수한다. 흡수선의 위치는 전자기파의 진동수 또는 파장으로 주어지고 이로부터 두 상태의 에너지 차를 알 수 있다. 그러나 EPR 분광법에서는 마이크로파의 진동수를 고정한 상태에서 외부 자장의 세기를 변화시키면서 실험한다. 두 상태($m_s = +\frac{1}{2}, -\frac{1}{2}$) 사이의 에너지 차($g\beta B$)가 자장의 세기($B$)에 따라 변하다가 주사하고 있는 전자기파의

에너지($h\nu$)와 일치하면 시료는 마이크로파를 흡수한다. 즉 공명이 일어난다. 따라서 흡수선의 위치는 자장의 세기(B_0)로 주어진다(그림 16-2(b)). EPR 실험에서는 외부 자장의 세기(B)를 변화시킬 때, 신호 검출의 민감도를 높이기 위해 자장의 세기를 좁은 영역(ΔB)에서 보통 100 kHz로 증감($B\pm \Delta B$)시키면서 흡수 신호를 검출한다. 이와 같은 기계적인 효과 때문에 EPR에서 얻어지는 흡수선은 보통의 흡수선 모양이 아니라 흡수선을 1차 미분한 형태로 얻어진다(그림 16-2(c)). 따라서 EPR 신호에서 공명(흡수선) 위치는 신호 값이 양(+)에서 음(-)으로 변하는 중간의 0이 되는 곳이다.

3. g-인자와 EPR 스펙트럼

EPR 실험에서 얻은 신호의 위치는 공명의 조건인 $h\nu = \mathrm{g}\beta B_0$를 만족시키는 위치이다. 이때 h와 β는 각각 플랑크 상수($h = 6.626 \times 10^{-27}$ erg · sec)와 보어 마그네톤으로 상수이고, ν는 마이크로파의 진동수로 실험에서 고정되어 있으며, B_0은 EPR 신호의 위치이다. 결국 EPR 실험에서는 시료의 g-값을 구하게 된다.(식 16-1)

$$\mathrm{g} = \frac{h\nu}{\beta B_0} \qquad \text{(식 16-1)}$$

앞에서 언급하였듯이, 자유 전자의 g-값은 2.0023193(=g_e)이다. g_e 값은 전자 스핀의 자기 모멘트에 의해 나타나는 값이다. 그러나 분자나 이온에 있는 홀전자는 어떤 특정 오비탈에 위치하게 되어, 홀전자는 전자 스핀에 의한 자기 모멘트 외에도 오비탈의 각운동량에 의한 자기 모멘트를 가진다. 따라서 두 자기 모멘트 사이에 자기적인 상호작용이 발생하는데 이를 스핀-궤도 짝지음(spin-orbit coupling)이라고 한다. 스핀-궤도 짝지음 때문에 홀전자를 가지고 있는 분자나 이온의 g-값은 g_e 값에서 벗어나며, 분자나 이온의 물리 · 화학적 특성을 반영한다.

g-값은 홀전자를 가지고 있는 분자나 이온의 전자 구조와 밀접하게 관련되어 있기 때문에 텐서(tensor)의 성격을 갖는다. 즉 방향성을 갖는다. 외부 자장이 분자의 x-축, y-축, z-축 방향에 놓여 있을 때 측정되는 g-값을 각각 g_x, g_y, g_z라고 하며, 세 값이 같은 경우($\mathrm{g}_x = \mathrm{g}_y = \mathrm{g}_z$)를 등방성(isotropic), 두 값이

같은 경우($g_x = g_y \neq g_z$)를 축대칭(axial), 세 값이 모두 다른 경우($g_x \neq g_y \neq g_z$)를 비등축성(rhombic) g-텐서라고 한다.

가루나 얼은 용액에서처럼 분자가 무질서하게 놓여 있는 경우 외부 자장은 분자의 $x-$, $y-$, $z-$축뿐만 아니라 모든 방향으로 놓일 수 있다. 분자의 $x-$, $y-$, $z-$축을 기준으로 외부 자장이 어느 방향에 있는가에 따라 측정되는 g-값(g_{eff})은 그림 16-3(a)와 같이 주어진다. 따라서 가루나 얼은 용액의 EPR 스펙트럼은 넓게 퍼진 형태(이를 powder pattern이라고 한다.)로 나타난다. 그림 16-3(b)와 (c)는 홀전자를 가진 분자나 이온의 EPR 특성에 따른 EPR 스펙트럼의 흡수선의 모양과 1차 미분형의 모양이다. EPR 실험에서는 1차 미분형의 모양으로 스펙트럼을 얻게 된다는 것에 유의해야 한다. EPR 실험에서는 스펙트럼으로부터 구한 세 가지 g-값(g_x, g_y, g_z)을 보고하는데, 이 세 가지 값은 홀전자를 가진 분자나 이온의 전자적 구조, 기하학적 구조, 화학 결합에 대한 중요한 정보를 제공한다.

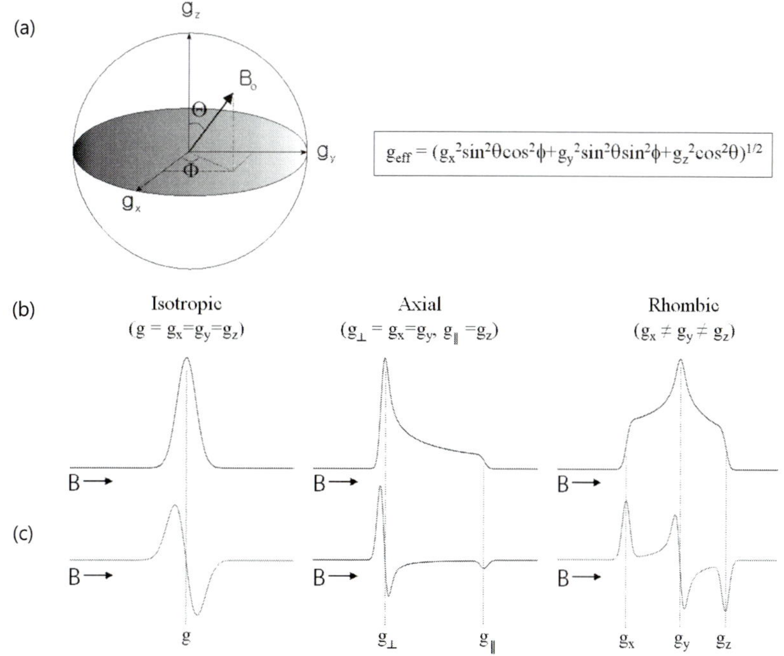

그림 16-3 (a) g_x-, g_y-, g_z-축에 대한 외부 자장(B_0)의 상대적인 위치와 측정되는 g-값(g_{eff}), (b) 등방성, 축대칭, 비등축성 EPR 스펙트럼의 흡수선 모양, (c) 1차 미분형 모양

4. $S=\frac{1}{2}$ 인 전이 금속 착물의 EPR 스펙트럼

전이 금속 착물은 중심 금속 이온의 산화 상태, 리간드 종류, 배위 구조에 따라 다양한 스핀 각운동량 양자수(S)를 갖는다. 따라서 EPR 스펙트럼의 모양은 이들 착물에 대한 여러 가지 정보를 제공한다. 예를 들어 $V^{4+}(d^1)$, 저스핀 $Mn^{2+}(d^5)$, 저스핀 $Mn^{4+}(d^3)$, 저스핀 $Fe^{3+}(d^5)$, 저스핀 $Ni^{3+}(d^7)$, 저스핀 $Co^{2+}(d^7)$, $Ni^{+}(d^9)$, $Cu^{2+}(d^9)$ 등은 $S=\frac{1}{2}$ 의 양자수를 갖는다. 이들을 포함하는 착물에서 $d-$오비탈은 배위 구조에 따라 리간드장(ligand field)이 다르기 때문에 홀전자가 들어있는 $d-$오비탈과 그 밖의 $d-$오비탈의 에너지 준위가 각기 다르다. 이러한 전자 구조의 차이는 EPR 스펙트럼에 영향을 주어 각 금속 이온에 따라 특징적인 EPR 스펙트럼이 나타난다.

$S=\frac{1}{2}$ 인 착물에서 g-값은 단순화하여 식 16-2로 표현될 수 있다. 여기서 λ를 스핀-궤도 짝지음 상수(spin-orbit coupling constant)라고 하며, $i=x$, y, z이고, k는 그림 16-4의 magic pentagon에 의해 결정되는 값이며, E_0는 바닥 상태에서 홀전자가 들어 있는 오비탈의 에너지 준위이고, E_n은 g_x, g_y, g_z 값에 영향을 주는 오비탈의 에너지 준위이다.

$$g_i = 2.0023 + \frac{k\lambda}{E_0 - E_n} \qquad \text{(식 16-2)}$$

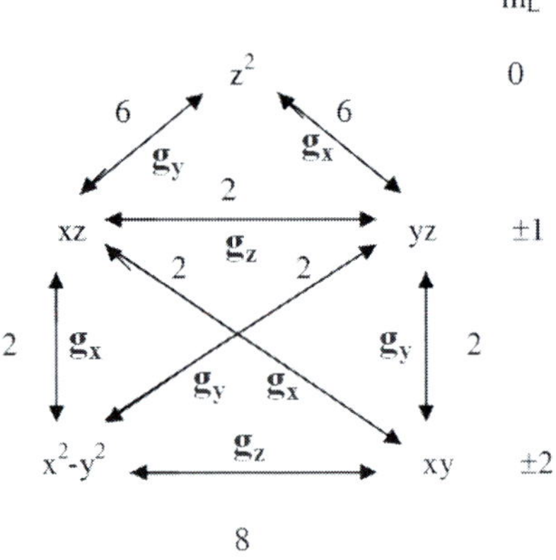

그림 16-4 Magic pentagon. g_x, g_y, g_z 값에 영향을 주는 오비탈 짝과 k 값이 나타나 있다.

예를 들어 저스핀 $Ni^{3+}(d^7)$ 착물이 6배위 z-축 신장(z-axis elongation) 배위 구조를 하고 있다면 d-전자의 배치는 그림 16-5(a1)과 같고, 바닥 상태에서 홀전자는 d_{z^2} 오비탈에 있다. 이 경우 그림 16-4의 magic pentagon에 의하면 g_z 값에 영향을 주는 짝 오비탈이 없기 때문에 g_z 값은 2.0023(=g_e)과 가까운 값을 갖는다. 반면에 g_x, g_y 값에 영향을 주는 짝 오비탈인 d_{yz}, d_{xz}은 축퇴되어 있고 k는 6이기 때문에, g_x, g_y는 그림 16-5(a2)에 나타낸 것과 같이 동일한 값을 갖는다. 즉, 6배위 z-축 신장 배위 구조의 저스핀 $Ni^{3+}(d^7)$ 착물에서 EPR 스펙트럼은 $g_\perp > g_\parallel \cong 2.0023$의 특징을 갖기 때문에 그림 16-5(a3)와 같은 모양을 한다.

Ni^+나 Cu^{2+}처럼 d^9 전자 배치를 하는 착물이 6배위 z-축 신장 배위 구조를 하는 경우, 홀전자는 그림 16-5(b1)와 같이 $d_{x^2-y^2}$ 오비탈에 있게 된다. 따라서 magic pentagon을 적용하면 $g_\parallel > g_\perp > 2.0023$의 특징을 가지고 스펙트럼은 그림 16-5(b3)와 같은 모양을 한다. 반면에 d^9 전자 배치를 하는 착물이 5배위 삼각쌍뿔 배위 구조를 하면, 홀전자는 d_{z^2} 오비탈에 있고 g-값은 d^7 z-축 신

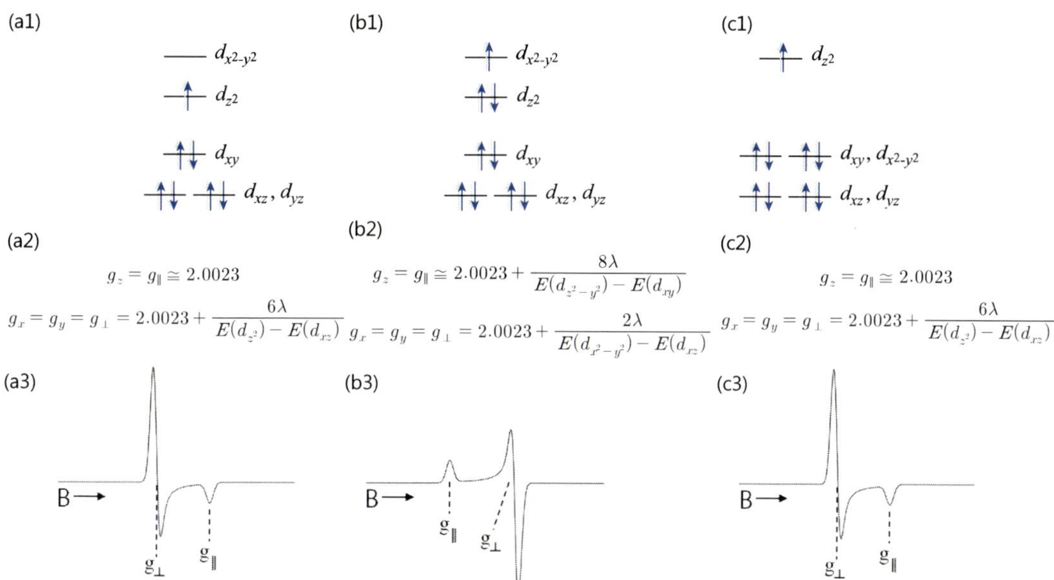

그림 16-5 (a) $d^7 z$-축 신장, (b) $d^9 z$-축 신장, (c) d^9 삼각쌍뿔 전자 배치에서 예상되는 g-값과 EPR 스펙트럼. g-값은 외부 자장의 세기와 반비례 관계에 있기 때문에 자장이 증가할수록 g-값은 감소한다.

장 배위 구조를 하는 착물의 경우와 유사한 경향을 갖는다. 사각평면과 사각피라미드 배위 구조에서의 $d-$오비탈 갈라짐은 그림 16-5(a)와 (b)에 있는 $z-$축 신장의 경우와 비슷하기 때문에 EPR 스펙트럼도 유사한 경향을 갖는다.

5. Cu(II) 착물의 EPR 스펙트럼

원자의 핵은 그 종류에 따라 핵스핀(nuclear spin)을 가지고 있다. 예를 들어 ^{1}H는 I=$\frac{1}{2}$, ^{14}N은 I=1, ^{15}N은 I=$\frac{1}{2}$의 핵스핀을 가지고 있다. 이들 핵스핀 또한 전자 스핀처럼 자기 모멘트를 가지고 있기 때문에, 홀전자 근처에 핵스핀이 있으면 전자 스핀과 핵스핀은 자기적인 상호작용을 하게 된다. 이를 핵 초미세 상호작용(nuclear hyperfine interaction)이라고 한다. 핵 초미세 상호작용은 EPR 스펙트럼에 영향을 주어 그 모양을 변화시킨다. 이를 분석하여 홀전자 근처에 대한 정보를 더 풍부하게 얻을 수 있다.

d^9 전자 배치를 하는 Cu^{2+} 착물은 배위 구조에 따라 그림 16-5(b)와 (c)의 EPR 스펙트럼의 모양을 가질 것으로 예측하였다. 그러나 Cu의 두 동위원소인 ^{63}Cu와 ^{65}Cu는 둘 다 I=$\frac{3}{2}$의 핵스핀을 가지고 있어서 핵 초미세 상호작용의 영향이 EPR 스펙트럼에 나타난다. Cu^{2+} 착물의 경우에는 $g_{\parallel}$ 방향으로 핵 초미세 상호작용의 세기($A_{\parallel}$)가 크지만 $g_{\perp}$ 방향으로는 작다. 따라서 Cu^{2+} 착물의 EPR 스펙트럼에서는 $g_{\parallel}$ 신호가 Cu의 핵스핀 양자수($m_I=+\frac{3}{2}, +\frac{1}{2}, -\frac{1}{2}, -\frac{3}{2}$)에 따라 네 개로 갈라진다.(그림 16-6) Cu^{2+} 착물에서 Cu의 핵 초미세 상호작용에 의한 $g_{\parallel}$ 신호의 갈라짐은 $g_{\parallel}$-값과 $g_{\perp}$-값의 차이, $A_{\parallel}$의 크기에 따라 네 개, 세 개 또는 두 개로 갈라져 관측되며, 실험 온도, 시료의 형태에 따라 갈라짐이 관측되지 않을 수도 있다.

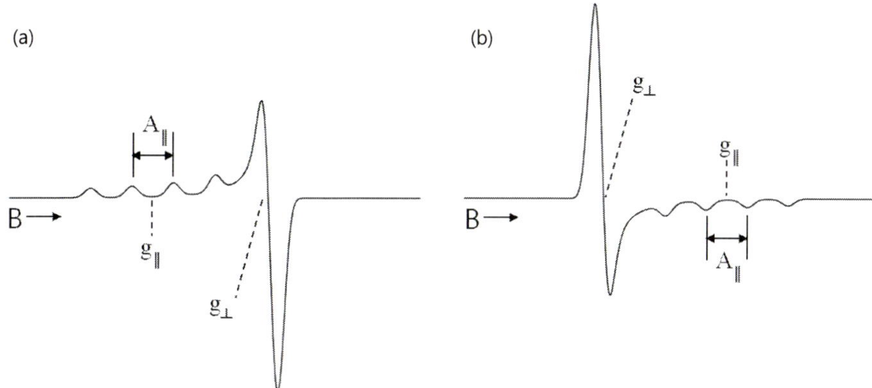

그림 16-6 (a) tetragonal elongation, 사각평면, 사각피라미드 구조와 (b) 삼각쌍뿔 구조의 Cu^{2+} 착물로부터 얻은 EPR 스펙트럼에서 $g_{\parallel}$, $g_{\perp}$ 위치와 $A_{\parallel}$의 크기

6. $S > \frac{1}{2}$인 전이 금속 착물의 EPR 스펙트럼

고스핀 Mn^{2+}(d^5, S=$\frac{5}{2}$), 고스핀 Fe^{3+}(d^5, S=$\frac{5}{2}$), 고스핀 Fe^{2+}(d^6, S=2), 고스핀 Co^{2+}(d^7, S=$\frac{3}{2}$), 고스핀 Ni^{2+}(d^8, S=1) 등은 홀전자를 두 개 이상($S > \frac{1}{2}$) 가지고 있다. 이러한 착물에서는 전자 스핀과 전자 스핀 사이에 자기적인 상호작용이 있을 수 있다. 이를 영자기장 갈라짐(zero-field splitting)이라고 한다. 이들 착물에서는 홀전자의 개수가 짝수인가 홀수인가, 영자기장 갈라짐의 크기는 얼마인가에 따라 여러 가지 형태의 EPR 스펙트럼이 나타난다. 이로부터 다양한 물리·화학적 정보를 얻을 수 있다. $S > \frac{1}{2}$인 화학종에 대한 EPR은 참고문헌을 참조하기 바란다.

시약 및 기구

(1) 시약: 에틸렌다이아민(en), 1,10-페난쓰롤린(phen), $Cu(ClO_4)_2 \cdot 6H_2O$, KCl, 에탄올, 메탄올, 증류수

(2) 기구: EPR 분광기, 100 mL 플라스크, 20 mL 피펫, 마이크로피펫, 교반기, 저울, 거름종이

주의 사항

에틸렌다이아민과 1,10-페난쓰롤린은 피부에 접촉하거나 흡입할 경우 위험하니 취급에 주의한다. 착물 합성의 모든 과정은 흄 후드 안에서 실행한다.

실험 방법

A. $[Cu(en)_2(ClO_4)_2]$의 합성

1. 100 mL 플라스크에 메탄올 23 mL를 넣은 후, 에틸렌다이아민(상온에서 액체) 2 mL를 첨가한다.
2. 100 mL 플라스크에 메탄올 15 mL를 넣은 후, $Cu(ClO_4)_2 \cdot 6H_2O$ 0.0148 mol을 첨가하고 교반하여 Cu(II) 용액을 만든다.
3. 과정 **2**의 플라스크에 과정 **1**의 용액을 넣고 1시간 정도 교반한다.
4. 생성된 침전을 거름종이로 거르고 공기 중에서 말린다.
5. 침전의 질량을 측정하고 수득 백분율을 계산한다.

B. $[Cu(phen)_2Cl]ClO_4$의 합성

1. 100 mL 플라스크에 증류수 10 mL를 넣고 1 mmol의 $Cu(ClO_4)_2 \cdot 6H_2O$를 첨가하여 녹인다.
2. 100 mL 비커에 메탄올 10 mL를 담은 후 1,10-phen 2 mmol을 녹인다.
3. 과정 **1**의 용액에 **2**의 용액을 넣어 섞고 교반한다. 침전이 생기면 거름종이로 거르고 공기 중에 말린다.
4. 100 mL 플라스크에 1:1 v/v H_2O/에탄올 혼합 용매 25 mL를 넣은 후, 과정 **3**의 침전 0.25 mmol을 첨가하고 교반한다. 침전이 잘 녹지 않으면 약간 가열한다. KCl 0.25 mmol을 첨가하고 1 시간 정도 교반한다.
5. 생성된 침전을 거름종이로 거른 후, 에탄올로 씻고 공기 중에서 말린다.
6. 생성물의 질량을 측정하고 수득 백분율을 계산한다.

C. EPR 측정

1. 잘 말린 $[Cu(en)_2(ClO_4)_2]$와 $[Cu(phen)_2Cl]ClO_4$ 가루를 각각 EPR 튜브에 아래에서 2 cm 정도 높이로 채운다. 이때 가루가 잘게 되어 있지 않으면 막자사발에 갈아서 가루 알갱이를 잘게 부순다.
2. 상온에서 다음의 조건으로 EPR 스펙트럼을 얻는다.(field range: 2500~3500 G, modulation amplitude: 4 G, time constant: 0.3 sec, scan time: 4 min, modulation frequency: 100 kHz)

실험 결과

1. $[Cu(en)_2(ClO_4)_2]$의 합성

반응식	$2\ en + Cu(ClO_4)_2 \cdot 6H_2O \rightarrow [Cu(en)_2(ClO_4)_2] + 6H_2O$		
화합물	en	$Cu(ClO_4)_2 \cdot 6H_2O$	$[Cu(en)_2(ClO_4)_2]$
몰질량(g/mol)			
질량(g)			–
몰수(mol)			–
이론적 생성 몰수(mol)	–	–	
이론적 생성 질량(g)	–	–	
실제 생성 질량(g)	–	–	
수득 백분율(%)	–	–	
착물의 색	–	–	

2. $[Cu(phen)_2Cl]ClO_4$의 합성

반응식	$2\ phen + Cu(ClO_4)_2 \cdot 6H_2O \rightarrow [Cu(phen)_2(ClO_4)_2] + 6H_2O$		
화합물	phen	$Cu(ClO_4)_2 \cdot 6H_2O$	$[Cu(phen)_2(ClO_4)_2]$
몰질량(g/mol)			
질량(g)			–
몰수(mol)			–
이론적 생성 몰수(mol)	–	–	
이론적 생성 질량(g)	–	–	
실제 생성 질량(g)	–	–	
수득 백분율	–	–	
착물의 색	–	–	
반응식	$[Cu(phen)_2(ClO_4)_2] + KCl \rightarrow [Cu(phen)_2Cl]ClO_4 + KClO_4$		
화합물	$[Cu(phen)_2(ClO_4)_2]$	KCl	$[Cu(phen)_2Cl]ClO_4$
몰질량(g/mol)			
질량(g)			–
몰수(mol)			–
이론적 생성 몰수(mol)	–	–	
이론적 생성 질량(g)	–	–	
실제 생성 질량(g)	–	–	
수득 백분율(%)	–	–	
착물의 색	–	–	

3. EPR 스펙트럼의 분석

1) $[Cu(en)_2(ClO_4)_2]$와 $[Cu(phen)_2Cl]ClO_4$의 EPR 스펙트럼을 복사하여 별지에 붙여라.

2) EPR 실험 조건

	$[Cu(en)_2(ClO_4)_2]$	$[Cu(phen)_2Cl]ClO_4$
시료 상태		
온도(℃)		
마이크로파 진동수(GHz)		
자장의 범위(G)		
modulation amplitude(G)		
time constant(sec)		
scan time(min)		
modulation frequency(kHz)		

3) EPR 스펙트럼의 분석

		$[Cu(en)_2(ClO_4)_2]$	$[Cu(phen)_2Cl]ClO_4$
자장(B_o)의 위치	$g_\perp$ (G)		
	$g_\parallel$ (G)		
g-값($=\frac{h\nu}{\beta B_0}$)	$g_\perp(=g_x=g_y)$		
	$g_\parallel(=g_z)$		
$A_\parallel$(G)			

문제

(1) EPR 스펙트럼의 분석 결과로부터 $[Cu(en)_2(ClO_4)_2]$과 $[Cu(phen)_2Cl]ClO_4$이 각각 어떠한 배위 구조를 하고 있을지 예측하시오.

(2) $A_\parallel$가 관측되지 않는 경우 왜 관측되지 않는지 설명하시오.

참고문헌

1. Drago, R. S. *Physical Methods for Chemists*; Chapters 9 & 13; 2nd Ed.; Saunders College Publishing: New York, 1992.

2. Weil, J. A.; Bolton, J. R.; Wertz, J. E. *Electron Paramagnetic Resonance*; 2nd Ed.; John Wiley & Sons: New York, 1994.

실험 17

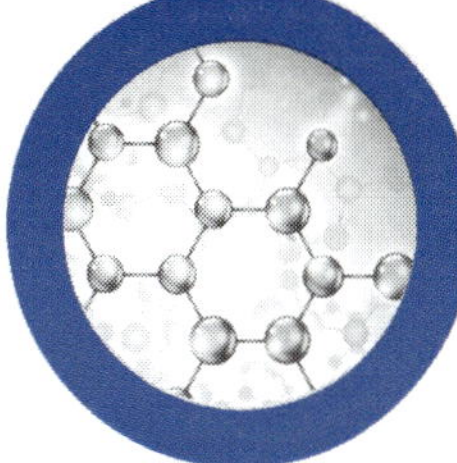

$(\eta^6\text{-}C_6H_3Me_3)Mo(CO)_3$의 합성과 분석

목적

금속과 탄소 결합을 포함하는 유기금속 착물을 합성하고 그 특성을 분석한다.

서론

유기금속 화학은 유기물과 결합된 금속 화합물, 즉 금속과 탄소 결합을 포함하는 화합물의 화학이다. 유기금속 화합물들은 Zeise 염(1827년)과 같이 오래 전부터 알려져 왔다. 1950년대에 페로센이 우연히 발견되면서 유기금속 화학 분야는 무기 화학, 특히 촉매 분야 연구의 중요한 연구 주제가 되었다.

유기금속 화학에서 사용되는 대부분의 리간드는 전통적인 Lewis 염기 대신 아렌(arene)이나 일산화 탄소(CO) 같은 리간드이다. CH_3^- 같이 형식적으로 음이온인 탄소 리간드조차 대부분의 금속과 공유 결합성이 큰 결합을 형성한다. 따라서 유기금속 화합물의 배위 결합은 전형적인 배위 화합물에서의 결합과는 달리 공유 결합성이 커서, 유기 화합물이나 주족 원소 화합물의 성격을 많이 갖고 있다. 주족 원소가 4개의 가용한 오비탈(1개의 s 오비탈과 3개의 p 오비탈)을 채워 팔전자 규칙을 따르는 것과 같이 전이 금속 이온은 9개의 가용한 오비탈(1개의 s 오비탈, 3개의 p 오비탈, 5개의 d 오비탈)을 채워 18-전자 규칙을 따르는 경향성이 크다. 이 실험에서 사용하는 Mo 화합물인 $Mo(CO)_6$도 18-전자 규칙을 따른다.

$$6e^-/Mo + 6 \times 2e^-/CO = 18\ e^-/Mo(CO)_6$$

이 실험에서는 유기 방향족인 메시틸렌(mesitylene)과 카보닐을 포함하는 Mo 착물을 합성하기 위해서 그림 17-1과 같은 반응을 수행한다.

그림 17-1 (η^6-$C_6H_3Me_3$)$Mo(CO)_3$의 합성 과정

생성물로 얻어지는 Mo 착물은 일명 '세 다리 피아노 의자' 구조를 가지며 아렌 고리의 6개 탄소가 Mo과 결합하며, 그 화학식은 (η^6-$C_6H_3Me_3$)$Mo(CO)_3$인데 이 식에서 η는 6개 탄소가 금속과 결합함을 나타낸다. 아렌의 3개의 이중 결합에 존재하는 비편재화한 6개의 π-전자가 Mo에 전자를 제공한다. 3개의 CO 리간드는 각각 그림 17-2(a)와 같이 σ-주개의 역할과 함께, 그림 17-2(b)에서와 같이 역결합(back-bonding)에 의해 π-받개 역할을 한다. π-역결합의 결과 CO 리간드의 결합 차수는 CO 분자에서 보다 감소되며 C-O 결합 길이도 증가한다(그림 17-2).

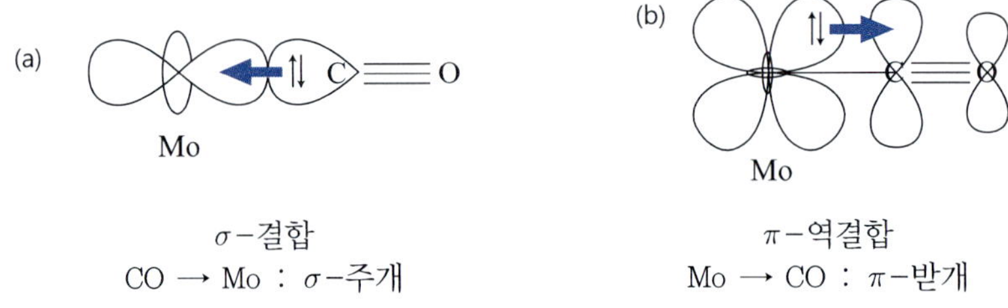

그림 17-2 Mo-CO의 σ-결합(a)과 π-역결합(b)에서의 전자 공여

시약 및 기구 (1) 시약: $Mo(CO)_6$, 메시틸렌(mesitylene), 헥세인, CH_2Cl_2

(2) 기구: 2-구 플라스크(50 mL, 24/40), 자석 막대, 환류 장치, 발포기(bubbler)

주의 사항 금속 카보닐은 독성이 있으므로, 이 실험은 반드시 배연 흡입 장치 안에서 수행되어야만 한다.

실험 방법

50 mL의 둥근 바닥 플라스크와 간단한 환류 냉각기를 이용하여 그림 17-3과 같이 기구들을 조립한다. (물이 냉각기를 통과하여 순환될 필요는 없고, 공기 냉각으로도 충분하다.)

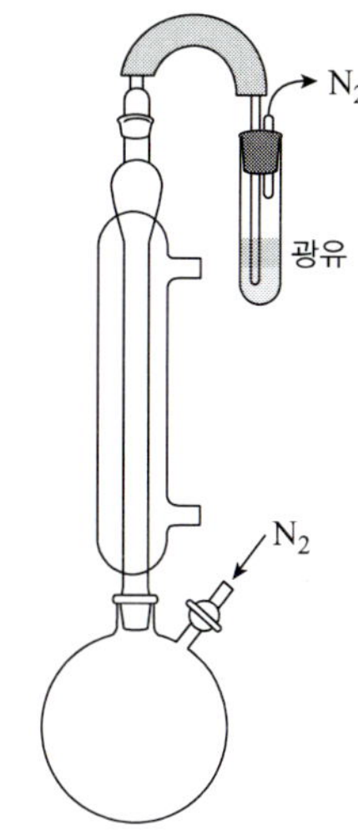

그림 17-3 실험 장치

1. $Mo(CO)_6$ (8 g), 메시틸렌(10 mL), 자석 막대를 환류 장치가 연결된 둥근 바닥 플라스크에 넣고, 용기 내에 약 5분 동안 질소를 적당히 흘려보내 준다.
2. 질소를 흘려보내고 잠금꼭지를 닫은 후, 가열기구나 오일 중탕에서 혼합물을 교반하면서 약 30분 동안 끓인다.
3. 가열을 중단하고 잠금꼭지를 열어 질소를 즉시 흘려보내 준다. 이것은 용액으로부터 반응하지 않은 $Mo(CO)_6$의 제거를 용이하게 하고, 또 메시틸렌의 온도가 낮아져 응축되면서 발포기에 있는 광유(mineral oil)가 반응 용기 안쪽으로 빨려들어 가는 것을 예방한다.
4. 상온에서 혼합물을 식혀 주고 medium frit(aspirator pump)으로 여과하고 15 mL 정도의 헥세인으로 씻어 준 후 건조시킨다.
5. 생성물을 정제하려면 여과된 생성물을 최소한의 뜨거운 CH_2Cl_2에 녹인 후 필터를 하고(medium frit, aspirator pump) 식혀 준다. 레몬색의 결정이 모아지면 medium frit으로 여과하여 건조한다.
6. 누졸법으로 IR 스펙트럼을 측정하고, $CDCl_3$ 용매에서 ^1H NMR을 측정한다.

실험 결과

1. 수득률: ____________ %
2. IR, NMR 스펙트럼을 해석하고 이에 근거하여 생성물의 순도를 평가한다.
3. 반응물의 IR, NMR 스펙트럼을 문헌에서 찾아 생성물의 스펙트럼과 비교한다.

문제

(1) 분광학 결과를 이용하여 그 화합물의 구조를 결정할 수 있는가?
(2) 이 실험에서 합성한 착물은 어떤 대칭군에 속하는가?
(3) 이 착물은 EPR 스펙트럼을 나타내겠는가?

참고문헌

1. Coates, G. E.; Green, M. L. H.; Wade, K. *Organometallic Compounds*; 3rd Ed.; Methuen: London, 1968.
2. Nicholls, B.; Whiting, M. C. *J. Chem. Soc.* **1959**, 551.
3. Cotton, F. A.; Wilkinson, G.; Murillo, C. A.; Bochmann, M. *Advanced Inorganic Chemistry*; 6th Ed.; John Wiley & Sons: New York, 1999.
4. Angelici, R. J. *J. Chem. Educ.* **1968**, *45*, 119.

실험 18

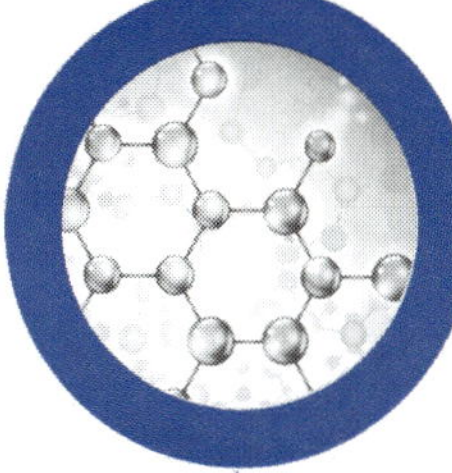

$Pd(COD)Cl_2$와 Pd(COD)MeCl의 합성

목적

치환 반응을 이용하여 금속–탄소 결합을 가진 간단한 유기금속 화합물인 알킬 착물과 알켄 착물을 합성하고 NMR을 이용하여 구조를 분석함으로써 유기물 리간드 도입 방법과 화합물의 구조 해석 방법을 이해한다.

서론

1. 전이 금속과 리간드

배위 결합에서 전이 금속(M)은 전자쌍 받개 역할을 하는 Lewis 산으로, 리간드는 전자쌍 주개 역할을 하는 Lewis 염기로 작용하며, 전자쌍의 종류에 따라 대개 3가지로 분류된다(그림 18-1).

1) **고립 전자쌍**(lone pair)

가장 흔한 리간드의 제공 전자쌍으로 리간드에서 가장 염기도가 높은 전자쌍(보통 HOMO에 위치)이 배위 결합에 참여하며, 보통 σ-결합을 하게 된다.

σ-결합: 고립 전자쌍(L) $\rightarrow$ d_σ-오비탈(M)

2) π-**전자쌍**

리간드의 π-전자쌍이 배위 결합에 사용되며 전이 금속과 σ-결합을 형성한다. 보통 π-역결합(π-back bonding)이 동시에 진행되어 전이 금속으로부터 리간드로 전자 이동이 일어나 과도한 전자 밀도가 전이 금속 중심에 축적되는 것을 방지하며 안정화를 이루게 된다.

σ-결합: π(L) $\rightarrow$ d_σ(M)

π-결합: d_π(M) $\rightarrow$ π^*(L)

3) σ-전자쌍

리간드 내 σ-전자쌍을 이용하여 전이 금속과 σ-결합을 이루게 되며 안정화를 위하여 보통 전이 금속에서 리간드의 σ^*-오비탈로 π-역결합이 일어난다.

σ-결합: $\sigma(L) \rightarrow d_\sigma(M)$

π-결합: $d_\pi(M) \rightarrow \sigma^*(L)$

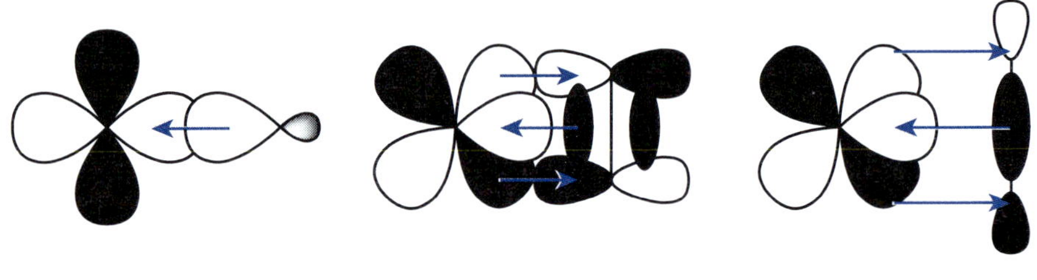

그림 18-1 배위 결합에서 발견되는 세 종류의 결합

2. 알킬 착물

금속 알킬 또는 아릴 화합물은 M-C 결합을 가진 가장 간단한 유기금속 화합물이지만 1960~70년대에 이 화합물들의 안정성에 관한 원리를 이해하기 전까지는 전이 금속 알킬 화합물들이 거의 알려지지 않았다.

문헌상에 보이는 최초의 알킬 화합물은 1757년 프랑스 Cadet이 합성한 cacodyl oxide이고, 이것은 후에 Bunsen에 의해 $Me_2As-O-AsMe_2$로 밝혀졌다. 1848년에는 E. Frankland가 우연히 합성한 $ZnEt_2$라는 무색 액체가 보고되었고, 이 화합물 때문에 Frankland는 유기금속 화학의 기초를 쌓았다고 여겨지고 있다. 이후 1900년에 Grinard가 다양한 유기 합성에 응용될 수 있는 Grignard 시약(RMgX)을 합성하고 응용에 성공함으로써 많은 화학자들이 이 부류의 화합물에 관심을 가지게 되었다. 초기 전형 금속의 알킬 화합물 합성에 성공한 이후 전이 금속의 알킬 화합물 합성이 시도되어 1909년 Pope과 Peachey가 Me_3PtI를 합성하였지만 많은 합성 시도는 대부분 실패로 끝나는 결과가 얻어졌다. 따라서 많은 과학자들은 M-C 결합이 매우 약할 것으로 추정하였지만 이것은 사실이 아니고 생성된 알킬 화합물이 여러 가지 경로로 분해될 수 있기 때문임을 알게 되었다.

가장 중요한 분해 경로는 β-제거 반응(β-elimination)이며, 알킬 리간드에 β-H을 가지고 있을 경우에 특히 불안정함이 발견되었으며, 이 수소가 금속 중심에 가까이 갈 수 있고 상호작용이 가능한 빈 배위 자리를 가질 경우 아래와 같이 M-R 착물은 M(H)(알켄) 착물로 분해된다(그림 18-2).

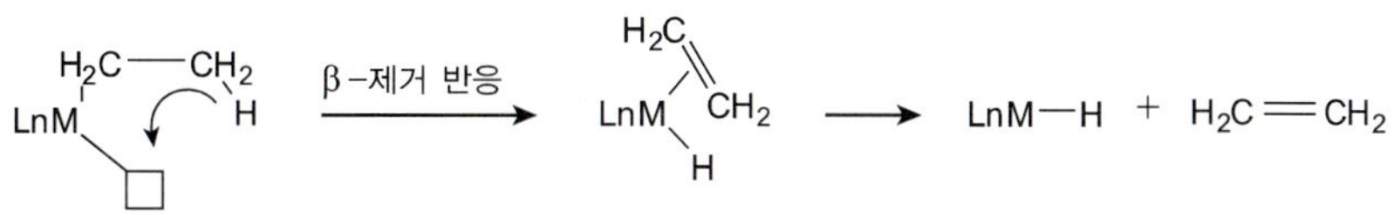

$$L_nM(CH_2CH_2H)(\square) \xrightarrow{\beta\text{-제거 반응}} L_nM(H)(H_2C{=}CH_2) \longrightarrow L_nM{-}H + H_2C{=}CH_2$$

그림 18-2 β-제거 반응

이 외에도 환원성 제거 반응(reductive elimination), 회합성 분해 반응(associative decomposition), α-제거 반응(α-elimination) 등의 분해 경로가 알려져 있다.

이러한 사실을 이해한 이후에는 분해 경로를 차단할 수 있는 조건을 가지는 전이 금속 알킬 착물을 합성할 수 있게 되었고 수많은 알킬, 아릴 착물이 알려지게 되었다.

알킬 화합물의 합성 방법은 보통 다음의 방법이 사용된다.

1) R^- 활용(금속에 친핵성 공격)

$$WCl_6 + 6\ LiMe \longrightarrow WMe_6 + 6\ LiCl \quad (식\ 18\text{-}1)$$

2) R^+ 활용(금속에 친전자성 공격)

$$[Mn(CO)_5]^- + MeI \longrightarrow Mn(Me)(CO)_5 \quad (식\ 18\text{-}2)$$

3) 산화성 첨가 반응(oxidative addition) 활용

$$IrCl(CO)L_2 + MeI \longrightarrow Ir(Me)Cl(CO)IL_2 \quad (식\ 18\text{-}3)$$

4) 삽입 반응(insertion) 활용

$$PtHCl(PEt_3)_2 + CH_2{=}CH_2 \longrightarrow Pt(Et)Cl(PEt_3)_2 \quad (식\ 18\text{-}4)$$

5) R· 활용

$$Pd(COD)Cl_2 + SnMe_4 \longrightarrow Pd(COD)MeCl + SnMe_3Cl \quad (식\ 18\text{-}5)$$

시약 및 기구

(1) 시약: $PdCl_2$, HCl(12 M), COD(1,5-cyclooctadiene), $SnMe_4$, 무수 에탄올, 무수 THF, 무수 다이에틸 에터, 고순도 질소

(2) 기구: 가열교반기, cannula, Schlenk 플라스크(100 mL), glovebox, 진공 배열(vacuum line)

주의 사항

용매는 질소 분위기 하에서 적절한 방법으로 수분을 제거한 후에 사용하며, 진공 배열과 Schlenk 플라스크 등을 이용하여 산소와 수분을 제거한 분위기에서 합성한다. 단, 이 실험에서 합성하는 유기금속 화합물은 산소와 수분에 크게 민감하지는 않다.

실험 방법

A. $Pd(COD)Cl_2$의 합성

$$PdCl_2 + 2HCl \xrightarrow{\text{가열}} H_2[PdCl_4] \xrightarrow[\text{EtOH}]{\text{COD}} Pd(COD)Cl_2 \qquad (\text{식 } 18\text{-}6)$$

1. $PdCl_2$ 3.015 g (0.070 mol)과 진한 HCl(12 M 수용액) 7.5 mL를 Schlenk 플라스크(100 mL)에 넣고 질소 분위기 하에서 녹을 때까지 약하게 가열한다.(짙은 갈색 수용액이 얻어진다.)
2. $PdCl_2$이 모두 녹으면 실온으로 냉각한 다음 무수 에탄올(15 mL)을 이 용액에 첨가한다.
3. COD 5 mL를 이 용액에 추가로 넣고 30분간 더 교반한다.(노란색 현탁액이 얻어진다.)
4. 노란색 고체를 cannula를 이용하여 걸러서 분리한다.
5. 이 고체를 다이에틸 에터로 3회 세척하고 감압 하에서 용매를 제거하여 건조된 노란색 고체를 얻는다.

B. Pd(COD)MeCl의 합성[1)]

$$Pd(COD)Cl_2 + SnMe_4 \longrightarrow Pd(COD)MeCl + SnMe_3Cl \qquad (식\ 18\text{-}7)$$

1. $Pd(COD)Cl_2$ 3 g(10.5 mmol)과 $SnMe_4$ 2.256 g(1.2 eq.)를 각각 100 mL Schlenk 플라스크에 넣는다.
2. 각 플라스크에 25 mL THF를 넣은 후 $Pd(COD)Cl_2$ 용액에 $SnMe_4$ 용액을 주사기를 이용하여 적가한다.
3. 용액이 노란색에서 무색으로 변할 때까지 계속 교반한다.
4. 무색으로 변하면 용매를 감압하여 제거한다.
5. 옅은 회색의 고체를 20 mL 다이에틸 에터로 3회 세척한다. (남아 있는 $SnMe_4$와 생성된 $SnMe_3Cl$을 제거한다.)
6. 고체를 감압하여 건조시키면 생성물이 얻어진다.
7. 생성물은 클로로폼 용액에서 재결정이 가능하다.

실험 결과

1. 수율: $Pd(COD)Cl_2$ __________ %; Pd(COD)MeCl __________ %
2. ^1H NMR($CDCl_3$) 스펙트럼을 별지에 붙이고, 각 피크를 해석하여 합성이 완결되었음을 확인하시오.

문제

(1) glovebox와 진공 배열의 사용법에서 주의 사항은 무엇인가?

(2) 실험에 사용한 용매의 정제법은 무엇인가?

(3) β-제거 반응의 조건을 고려하여 안정한 알킬 착물을 합성할 수 있는 전략을 제시하시오.

(4) 알킬 착물의 분해 경로 중 환원성 제거 반응, 회합성 분해 반응, α-제거 반응의 경로를 확인하시오.

---

1) Pd(COD)MeCl은 공기 중에서 안정하지만 오래 방치하면 Pd(0)가 생성된다. 그러나 순수하지 않은 혼합물은 거름법(filtration)에 의하여 정제가 가능하다.

참고문헌

1. Pd(COD)Cl_2: Chatt, L.; Vallarino, L. M.; Venanzi, L. M. *J. Chem. Soc.* **1957**, 3413.
2. Pd(COD)MeCl: Rülke, R. E.; Erasting, J. M.; Spek, A. L.; Elsevier, C. J.; van Leeuwen, P. W. N. M.; Vrieze, K. *Inorg. Chem*. **1993**, *32*, 5769.
3. Ladipo, F. T.; Anderson, G. K. *Organometallics* **1994**, *13,* 303.
4. Armarego, W. L. F.; Chai, C. L. L. *Purification of Laboratory Chemicals*; 6th Ed.; Butterworth Heinemann Co.: USA, 2003.
5. Shriver, D. F.; Drezdzon, M. A. *Manipulation of Air-sensitive Compounds*; 2nd Ed.; John Wiley & Sons: Canada, 1986.

실험 19

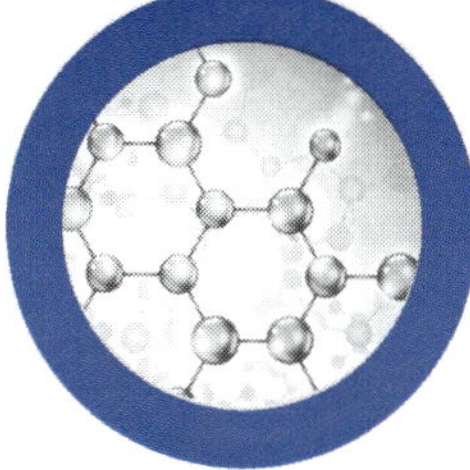

헤모글로빈 모델 화합물의 합성 및 산소 반응성 실험

목적

금속을 포함하는 생화학적 시스템에서 관찰되는 가역적 산소 결합 반응과 유사한 기능을 수행하는 코발트 착물을 합성하고 기체 흡착기를 사용하여 결합되는 산소의 양을 정확하게 관측한다.

서론

생무기 화학은 생체 내에서 금속 같은 무기물이 수행하는 다양한 화학적 기능에 대하여 연구하는 무기 화학의 한 분야이다. 생무기 화학의 연구 방법 중 하나는 복잡하여 정확히 분석하기 매우 어려운 생체 반응을 직접 규명하기보다는 연구실에서 쉽게 합성할 수 있는 간단한 배위 화합물을 이용하여 생체 반응에 대한 중요한 정보를 추론해 내는 생체모방 연구이다. 본 실험에서는 고등생물에서 산소를 운반하거나 저장하는 헤모글로빈과 마이오글로빈 단백질과 유사하게 산소 분자를 가역적으로 결합할 수 있는 배위 화합물을 합성하고 이들의 산소 반응성을 규명해 본다. 많은 전이 금속 배위 화합물이 산소와 반응하지만 대개의 경우 산화–환원 과정을 통하여 LM=O (L은 리간드, M은 전이 금속, O는 말단의 옥소 리간드) 또는 LM–O–ML (다리 μ–옥소 리간드) 화합물이 형성된다. 즉 산소 분자의 O–O 결합이 비가역적으로 끊어지기 때문에 헤모글로빈이나 마이오글로빈같이 산소 분자를 가역적으로 결합하여 산소를 운반하거나 저장할 수 없게 된다. 따라서 산소 분자의 O–O 결합이 끊어지지 않고 금속 이온과 가역적으로 결합할 수 있는 배위 화합물을 디자인하는 것은 쉽지 않은 일이다. 코발트 +2가 착물이 O_2와 결합할 때 2가지 다른 부가 화합물이 얻어진다고 알려져 있는데, Co와 O_2가 1:1로 결합할 때는 LCo–O_2가, 2:1로 결합할 때는 과산화물인 LCo–O–O–CoL가 얻어진다.

생물학적으로 활성이 있는 금속 이온이 종종 펩타이드 같은 생물학적 킬레이트에 배위되어 있는 것을 모방하는 모델 화합물을 합성하고자 할 때 쉽게 합성할 수 있는 여러자리 리간드(킬레이트)를 사용한다. 이 실험에서 사용할 리간드는 tetradentate N,N'-bis(salicylaldehyde)ethylenediimine ($salenH_2$)이며 그림 19-1과 같이 축합 반응으로 얻을 수 있다.

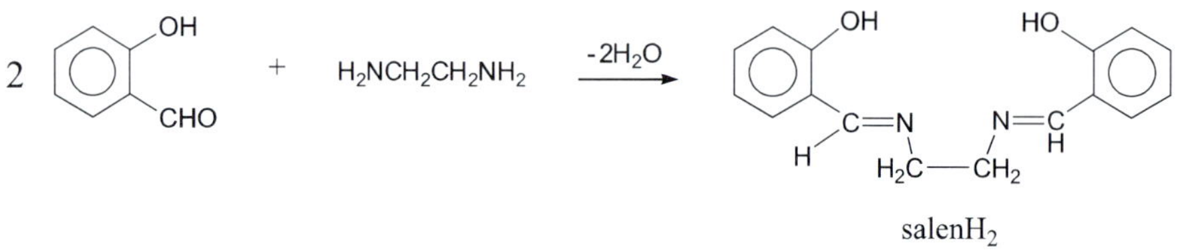

그림 19-1 $SalenH_2$의 합성 과정

$salenH_2$와 당량의 Co^{2+}를 반응시켜 Co(salen) 화합물을 합성한다(그림 19-2).

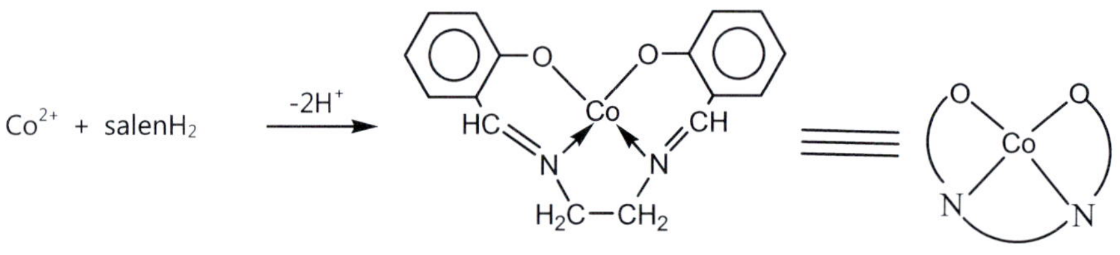

그림 19-2 Co(salen) 화합물의 합성 과정

이 4배위 Co(salen) 화합물은 배위 자리가 포화되어 있지 않기 때문에 다른 리간드와 더 결합하여 5배위 또는 6배위 화합물을 형성할 수 있다. 이 착물은 고체 상태에서 두 가지 다른 상태로 존재한다. 짙은 붉은 색깔의 이성질체 [Co-O]는 산소와 반응하지 않는 반면, 갈색을 띠는 이성질체 [Co-Co]는 산소 분자에 대하여 활성을 띤다(그림 19-3).

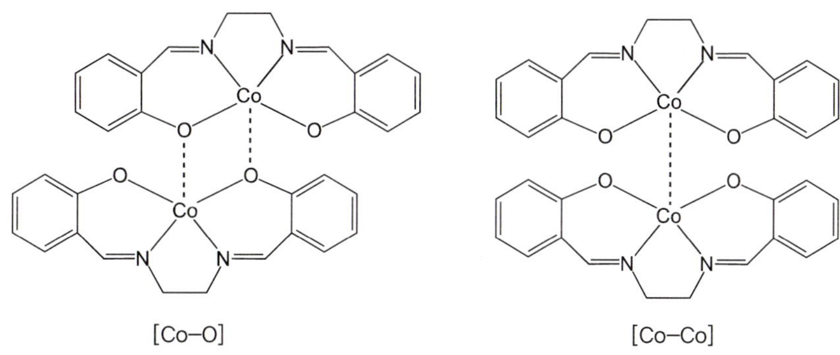

그림 19–3 고체 상태 Co(salen) 화합물의 두 가지 결합 상태

시약 및 기구

(1) 시약: Salicylaldehyde, 에탄올(95%), 에틸렌다이아민, $Co(O_2CCH_3)_2 \cdot 4H_2O$, 다이에틸 에터, DMSO, 클로로폼

(2) 기구: 뷔후너 깔때기, 녹는점 측정 장치, 3–구 플라스크(100 mL, 24/40), 자석 막대, 첨가 깔때기(24/40), 진공건조기($CaCl_2$), 산소 탱크(조절 장치와 호스 포함), 산소–흡수기(O_2–uptake apparatus), 원심분리기, 시험관(1 × 7.5 cm)

주의 사항

Co(salen)은 독성이 있다고 보고된다. DMSO 자체의 독성은 크지 않지만 화합물이 용해된 용액이 피부로 스며들 수 있으므로 DMSO와 피부의 접촉을 피한다.

실험 방법

A. $SalenH_2$의 합성

1. 삼각 플라스크에 95% 에탄올 40 mL를 넣고 끓여 준다.
2. 에탄올을 계속 끓이면서 salicylaldehyde(3.9 g, 3.4 mL)와 에틸렌다이아민(1.0 g, 1.08 mL)을 차례로 넣어 준다. 이때 용액은 계속 저어 준다.
3. 3~4분 동안 위 용액을 교반한 다음 플라스크를 얼음 중탕에 담가 차갑게 하면 노란색 침전이 형성된다.
4. 용액을 뷔후너 깔때기에 여과하여 얻어진 밝은 노란색의 결정을 적은 양의 차가운 에탄올로 씻어 주고 공기 중에서 건조한다.
5. 얻어진 생성물의 녹는점과 수율을 측정하여 기록하고, KBr 법으로 IR 스펙트럼을 얻는다.

B. Co(salen)의 합성

〈주의〉 다음 과정에서 합성되는 착물은 공기 중의 산소와 반응하기 때문에 질소 환경에서 반응을 수행한다. 에탄올에 녹아 있는 산소를 제거하기 위하여 에탄올에 질소 기포를 수분 간 주입한다.

1. SalenH_2(2.0 g)과 자석 막대를 3-구 둥근 바닥 플라스크(100 mL)에 넣고 첨가 깔때기와 질소 기체 주입구가 부착된 응축 장치를 둥근 바닥 플라스크에 연결한다.
2. 95% 에탄올 60 mL를 첨가하고 자석 막대를 사용하여 용액을 교반하면서 질소를 플라스크로 흘려주어 용기 안의 공기를 제거한다.(이 실험은 가능한 산소가 제거된 환경이 요구되지만 완벽하게 제거할 필요는 없다.)
3. 일정한 속도(1초에 한 방울 정도)로 질소를 지속적으로 흘려주면서 동시에 응축 장치에도 물이 흐르도록 한다.
4. 위의 플라스크를 70~80℃가 유지되는 물중탕에 담그고 은박지를 사용하여 시스템을 덮어 온도가 유지되도록 한다.
5. $Co(O_2CCH_3)_2 \cdot 4H_2O$(1.86 g)를 9 mL의 뜨거운 물에 완전히 녹이고 반응 용기에 연결되어 있는 첨가 깔때기에 옮기고 둥근 바닥 플라스크의 용액에 천천히 가해 준다.
6. 한 시간 동안 계속해서 열을 가해 주며 교반하면 붉은색의 침전물이 형성된다.
7. 플라스크를 차가운 물에서 냉각한 후 질소 주입을 중단하고 공기 중에서 여과하여 고체를 얻는다.
8. 5 mL의 물로 3번 씻어 주고 다시 95% 에탄올 5 mL를 사용하여 씻어 준다.
9. 고체를 깔때기 위에서 건조시키고 5 mL의 다이에틸 에터를 이용하여 2번 씻어 준다. 만약 완전히 건조되지 않았으면 진공 건조기를 사용하여 건조시킨다.
10. 실험의 수율을 기록하고 KBr 법으로 IR 스펙트럼을 얻는다.

C. Co(salen)에 의한 산소 결합 실험

1. 그림 19-4와 같이 두 개의 뷰렛(하나는 산소량 측정을, 또 하나는 산소량 측정 뷰렛의 내부 압력을 대기압과 같게 해주는 높이 조절용이다.)을 타이곤 튜브로 연결한 후 각각의 콕을 열고 물을 5 mL 눈금까지 채운다.

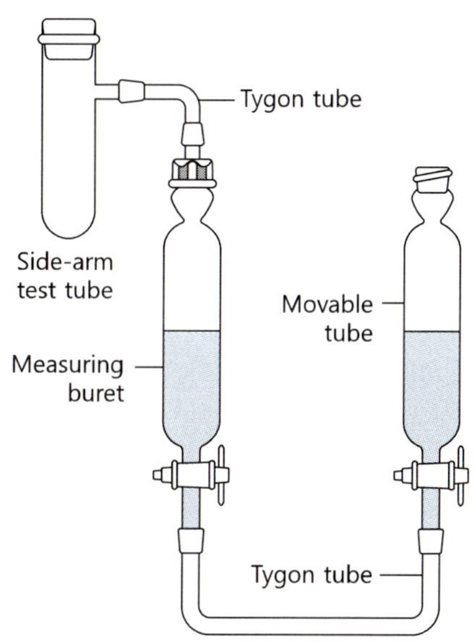

그림 19-4 산소 결합 실험에 사용하는 기구의 설치

2. 가지달린 관의 바닥에 100 mg의 건조된 Co(salen)을 넣는다.
3. 작은 바이알에 5 mL의 DMSO를 넣고 주사 바늘을 통해 산소 기체를 몇 분 동안 주입하여 DMSO를 산소로 포화시킨다.
4. DMSO가 쏟아지지 않도록 조심하면서 바이알을 가지달린 관에 넣어 준다.
5. 산소 기체를 가지달린 관에 잠깐 주입하여 공기를 제거한 다음 고무마개로 입구를 단단히 막고, 관의 가지 부분을 측정용 뷰렛과 타이곤 튜브로 연결한다.
6. 뷰렛 양쪽의 수위가 같아지도록 높이 조절용 뷰렛의 높이를 조절하여 장치의 내부 기압이 대기압과 같게 한다. 이때 측정용 뷰렛의 수위를 읽는다.
7. 조심스럽게 가지달린 관을 거꾸로 눕혀 Co(salen)가 DMSO에 녹도록 한다. 이때 관 또는 DMSO에 녹아 있는 산소가 Co(salen)와 결합하고 따라서 측정용 뷰렛의 수위가 높아지게 된다.

8. 10~20분 정도 더 이상 수위 변화가 없을 때까지 기다린 후 두 뷰렛의 수위가 같아지도록 높이 조절용 뷰렛의 높이를 조절하고 측정용 뷰렛의 수위를 측정한다.
9. 측정용 뷰렛의 최종 수위 값에서 초기 부피를 빼주면 코발트 착물과 결합한 산소의 양을 계산할 수 있다.

실험 결과

1. 사용한 Co(salen)의 몰수: ___________ mol
2. 결합된 O_2의 몰수: ___________ mol

문제

(1) salenH_2와 Co^{2+}가 착물을 형성할 때 salenH_2는 2개의 양성자를 잃는다. 그들은 어떻게 되었는가?

(2) 페놀과 아세트산의 pK_a 값은? 1당량의 페놀을 아세트산 소듐에 첨가할 때 어떤 현상이 일어나는가?

(3) 실험 결과로부터 얻은 Co(salen)과 O_2의 몰수비로부터 추측할 수 있는 이 산소 부가물의 구조는 무엇인가?

(4) 이 실험에서 형성되는 Co−O_2 착물에서 O_2의 결합 차수는? (O_2의 MO 도표를 참고하시오.)

(5) 이 실험에서 형성되는 Co−O_2 착물에서 Co의 산화수, 스핀 상태, 전자 배치는 각각 무엇인가?

(6) 갈색의 Co(salen)은 산소와 결합하는 반면 붉은색은 비활성인 이유는 무엇인가?

참고문헌

1. Ochiai, E. I. *J. Inorg. Nucl. Chem.* **1973**, *35*, 1727, 3375.
2. Jolly, W. L. *The Synthesis and Characterization of Inorganic Compounds*; Waveland Pr Inc: Illinois, 1991; p 466.
3. Diehl, H.; Hach, C. C. *Inorg. Synth.* **1950**, *3*, 196.
4. 실험 내용은 다음 논문에서 발췌함: Appleton, T. G. *J. Chem. Educ.* **1977**, *54*, 443.

실험 20

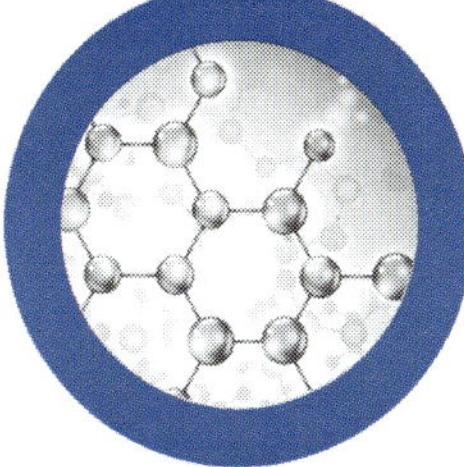

테트라페닐포피린(H_2TPP) 및 구리(II) 착물의 합성

목적

생체 반응, 다양한 촉매 반응, 광화학 반응을 매개하는 물질 등에 널리 사용되는 질소를 포함하는 킬레이트인 포피린과 금속-포피린 착물을 합성하고 여러 가지 분석 방법을 이용하여 이들의 특성을 조사한다.

서론

포피린: 포피린(porphyrin)은 4개의 피롤(pyrrol) 고리가 서로 메틸렌기에 의해 연결된 고리 화합물로(그림 20-1a) 생물계에 널리 존재하며 짙은 적색이나 적갈색을 띤다.

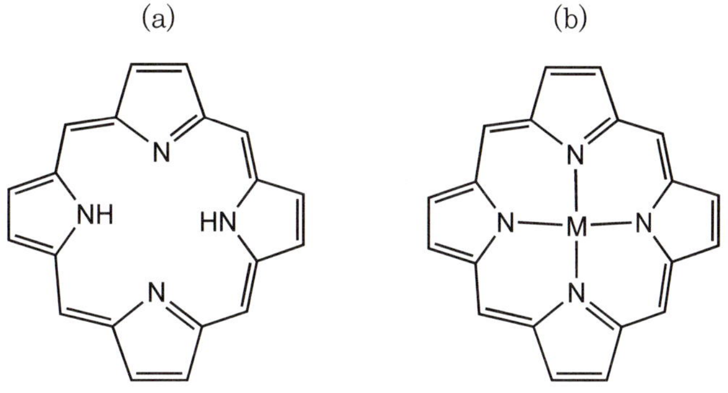

그림 20-1 포피린(a)과 그 금속 착물(b)의 구조

이 포피린 고리 내의 두 N-H기는 쉽게 이온화되어 $N:^-$을 형성하며 고리 안에 있는 4개의 N 원자가 전자 주개로 작용하여 금속(M)과 착물을 형성할 수 있다(그림 20-1b). 이러한 금속-포피린 착물은 자연계에서 여러 가지 중요한 생물학적 작용을 수행한다. 예로 포피린에 철이 배위한 것이 헴(heme)이며, 헴

은 포유동물에서 산소를 운반하거나 저장하는 단백질인 헤모글로빈(hemoglobin)과 마이오글로빈(myoglobin)의 핵심 부위인 활성 자리에서 발견된다. 이때 산소 분자가 가역적으로 철 이온에 배위되어 운반된다. 또한 식물의 광합성 작용을 하는 엽록체의 클로로필(chlorophyll)에는 마그네슘(Mg)이 포피린과 결합되어 있다.

포피린의 합성: 합성할 테트라페닐포피린(tertraphenylporphyrin, H_2TPP)은 그림 20-1에 나타난 포피린의 메소 위치에 수소 원자 대신 페닐기가 치환된 포피린이다. 포피린은 위와 같은 기본 고리 구조에 다양한 치환체를 갖는 많은 종류의 화합물을 총칭하는 이름으로 실제로 수없이 많은 종류의 포피린이 자연계에 존재하거나 합성되었다. H_2TPP는 피롤과 벤즈알데하이드의 축합 반응으로 합성할 수 있다(그림 20-2).

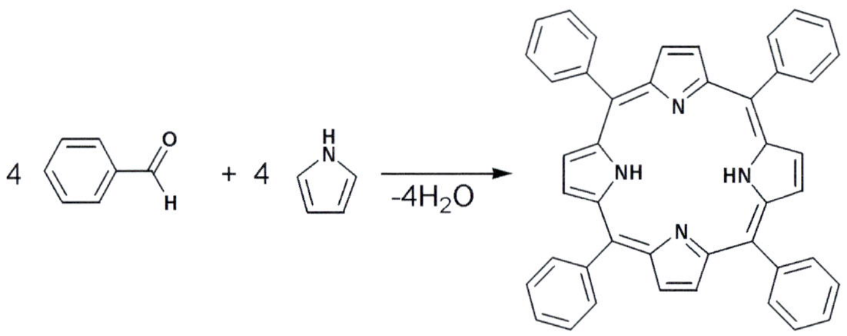

그림 20-2 H_2TPP의 축합 반응

또한, H_2TPP를 같은 당량의 $Cu(O_2CCH_3)_2 \cdot H_2O$와 반응시키면 H_2TPP의 두 NH기의 수소 이온(H^+)이 해리되면서 다음과 같은 반응이 일어난다.

$$Cu(O_2CCH_3)_2 \cdot H_2O + H_2TPP \longrightarrow CuTPP + 2CH_3COOH + H_2O \quad (\text{식 } 20\text{-}1)$$

분광학적 특성: 포피린은 방향족 π-전자의 콘쥬게이션(conjugation) 때문에 자외-가시광선 영역에서 강한 흡광도를 나타내며 매우 짙은 색깔을 띤다. 가시광선 영역에서는 Q-밴드라고 부르는 강한 흡수띠를 나타내며, 자외선 가까운 영역(400 nm 근처)에서는 흡광도가 더욱 큰 쏘렛(Soret)-밴드라고 부르는 흡수띠를 나타낸다(그림 20-3).

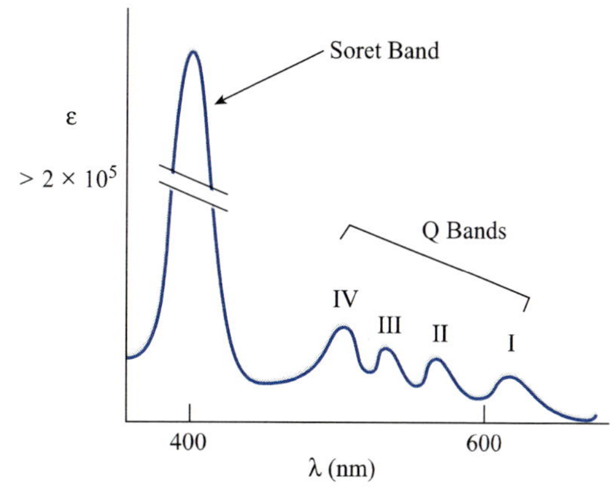

그림 20-3 포피린계 화합물의 전형적인 UV-VIS 스펙트럼

시약 및 기구

(1) 시약: 프로피온산(propionic acid), 벤즈알데하이드(benzaldehyde), 피롤(pyrrol), 아세트산 구리(Ⅱ) 일수화물($Cu(O_2CCH_3)_2 \cdot H_2O$), 메탄올, DMF, CH_2Cl_2, $CDCl_3$, 비등석, 실리카, 알루미나, 솜, 모래(sea sand), TLC, TMS

(2) 기구: 둥근 바닥 플라스크(100 mL, 250 mL), 환류 냉각기, 뷔후너 깔때기, 관 크로마토그래피, 비커(500 mL), 소결 유리 거르개, 회전 감압 증발기, 1 cm 큐벳

실험 방법

A. H_2TPP의 합성

1. 환류 냉각기가 연결된 100 mL 3구 둥근 바닥 플라스크에 프로피온산 50 mL와 비등석(갑자기 끓어오르는 것을 방지하는 돌조각)을 넣고, 거품이 형성될 때까지 가열한다.
2. 거품이 형성되면 가열판을 치우고 플라스크의 마개를 연 후 벤즈알데하이드 2.0 mL와 피롤 1.8 mL를 프로피온산 5 mL에 녹인 용액을 플라스크에 넣는다.
3. 반응 혼합물을 30분 동안 가열한 후 플라스크를 실온으로 냉각한다. 뷔후너 깔때기를 이용하여 여과한 후 여과기에 남은 물질 중 타르를 제거하기 위하여 차가운 메탄올 20 mL로 2~3회 세척한다.

4. 남은 고체 물질을 건조시킨 후 다음 과정에서 관 크로마토그래피를 이용하여 정제한다.

B. H_2TPP의 정제

1. 지름 30 mm의 크로마토그래피 관 바닥에 긴 유리막대를 이용하여 솜을 넣어 주고, 그 위에 모래를 2~3 cm 채워 넣는다.
2. 500 mL 비커에 실리카 젤을 넣고 CH_2Cl_2을 부어 잘 섞어준 곤죽(slurry)을 깔때기를 사용하여 관 크로마토그래피에 넣어 준다. 실리카 젤 내에 기포가 형성되지 않도록 용매를 계속 흘려주면서 관 크로마토그래피를 실리카 젤로 충진시킨다. 이때 사용할 실리카 젤의 높이는 정제할 시료의 양에 따라 결정되며, 실험 조교의 지시에 따른다.
3. 과정 A에서 합성된 H_2TPP 시료를 최소한의 CH_2Cl_2로 완전히 녹인 후 피펫을 이용하여 관 크로마토그래피의 실리카 젤 상단에 조심스럽게 넣어 준다.
4. 시료 위에 약간 양의 모래를 넣은 후 재빨리 전개액 CH_2Cl_2를 붓고 크로마토그래피를 전개시킨다. 전개 용매가 상단의 모래층 아래로 내려가지 않도록 계속 CH_2Cl_2를 공급해 준다.
5. 시간이 지남에 따라 띠가 분리되면 각 띠에 해당되는 용액을 각기 다른 플라스크에 받아둔다.
6. 분리된 용액을 각각 TLC, UV-VIS 스펙트럼으로 확인하여 순수한 H_2TPP를 확인하고, 회전감압 증발기를 이용하여 용매를 제거하고 짙은 보라색의 결정성 고체를 얻는다.
7. 과정 A에서 사용한 반응물의 질량과 위에서 얻어진 순수한 생성물의 질량으로부터 수득률을 계산한다.

C. Cu(II)TPP 착물의 합성

1. DMF 75 mL를 담은 250 mL 둥근 바닥 플라스크에 H_2TPP 0.2 g과 아세트산 구리(II) 일수화물 1.2당량을 녹인다.
2. 플라스크에 자석 젓개를 넣고 환류 냉각기를 연결한 후 30분 동안 환류한다.

3. 소량의 반응 혼합물을 TLC로 전개시킨 후 장파장 UV 램프로 조사하여 H_2TPP의 형광이 사라졌는지 확인한다. 만약 반응하지 않은 H_2TPP가 남아 있으면 소량의 $Cu(O_2CCH_3)_2 \cdot H_2O$를 더 첨가한 후 15분간 환류시킨다.
4. 혼합물을 실온으로 식힌 후 플라스크를 얼음 수조에 10~15분 동안 담가 냉각시킨다.
5. 혼합 용액에 증류수 70 mL를 서서히 가해주면 침전이 생성된다. 침전물을 포함한 용액을 다시 냉각한 후 소결 유리 거르개를 이용하여 침전물을 여과한다.
6. 증류수로 침전물을 여러 차례 세척한 후 다시 소량의 메탄올로 세척하고 건조한다.
7. 실리카 젤 대신 알루미나를 사용하여 실험 B에서와 같은 방법으로 관 크로마토그래피를 수행하여 생성물을 정제한다.
8. 관 크로마토그래피에서 분리된 용액을 각각 TLC, UV-VIS 스펙트럼으로 분석하여 순수한 CuTPP를 포함하는 용액을 확인한다.
9. 회전 감압 증발기를 이용하여 용매를 제거하고 짙은 보라색의 결정성 고체를 얻고 수득률을 계산한다.
10. 톨루엔을 용매로 사용하여 Cu(II)TPP의 UV-VIS 스펙트럼을 얻는다. 소량의 시료를 $CDCl_3$에 녹인 후, TMS을 첨가하고 ^1H NMR 스펙트럼을 얻는다.

실험 결과

1. H_2TPP: 수득률 ____________%
   Cu(II)TPP 착물: 수득률 ____________%
2. 실험에서 얻은 생성물의 UV-VIS와 NMR 스펙트럼을 문헌에서 찾은 스펙트럼과 비교한다.

문제

(1) 벤즈알데하이드와 피롤로부터 H_2TPP가 형성되는 반응 메커니즘을 기술하시오.
(2) H_2TPP 생성 반응에서 용매로 사용하는 프로피온산의 또 다른 역할은 무엇인가?

(3) 아세트산 구리(Ⅱ) 일수화물 대신 $FeCl_3$을 H_2TPP와 반응시킬 때의 생성물은 무엇일까?

(4) 그림은 클로로필 P660의 UV-VIS 스펙트럼이다. 쏘렛-밴드와 Q-밴드의 위치를 확인하시오. Q-밴드는 광합성 과정의 태양광 흡수와 밀접한 관련이 있다. 식물의 잎이 녹색인 이유는 무엇인가?

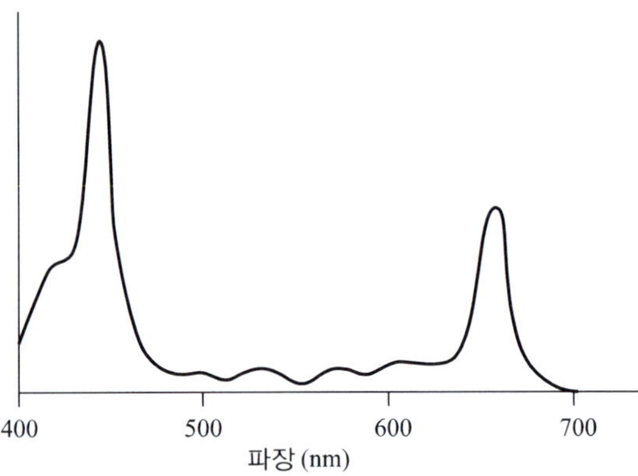

참고문헌

1. Alder, A. D.; Longo, F. R.; Varadi, V. *Inorg. Synth.* **1976**, 16, 213.
2. Suslick, K. S.; van Duesen-Jeffries, S. *Shape Selective Oxidation Catalysis. Comprehensive Supramolecular Chemistry*; Elsevier: Oxford, 1996; vol 5, pp 141-170.
3. Biesaga, M.; Pyrzynska, K.; Trojanowicz, M. *Talanta*. **2000**, *51*, 209.
4. Smith, K. M. *Porphyrins and Metalloporphyrins*; 2nd Ed.; Elsevier: New York, 1975.
5. Dolphin, D. *The Porphyrins*; Academic Press: New York, 1978; Vol I～III.
6. Boucher, L. J. *Coordination Chemistry of Macrocyclic Compounds*; Ed. Melson, G. A.; Plenum Press: New York and London, 1979; Ch. 8.

실험 21

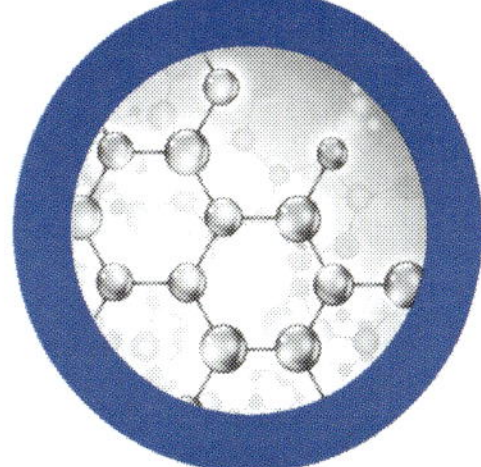

주석-포피린 화합물의 합성 및 NMR 분석

목적

Dihydroxotin(IV) porphyrin($Sn(OH)_2$–TPP)을 합성하고 NMR로 확인한다.

서론

포피린(Porphyrin)은 4분자의 피롤(pyrrole)이 4개의 메틴(methine, =CH–)으로 연결된 거대고리 리간드이다(그림 21–1). 중심에 있는 구멍의 크기는 전이금속을 수용하기에 이상적인 크기인데, 금속 이온과 네 개의 질소 원자가 배위결합을 하는 경우 결합 길이는 약 200 pm 정도이다. 금속 이온의 반경이 큰 경우에는 4개의 질소 원자 평면에서 약간 벗어나서 배위하게 된다. 포피린은 상당히 경직된 구조를 갖는데, 그 이유는 π–전자의 비편재화 때문에 생긴다. 포피린은 11개의 이중 결합을 갖는데 이들 중에서 9개가 재배열될 수 있어서, $(4n+2)\pi$–전자 ($n = 4$)의 Hückel 규칙을 따르는 방향성(aromaticity)을 갖는다. 이렇게 잘 콘쥬게이트된 전자 구조를 가지므로 가시광선의 빛을 잘 흡수하

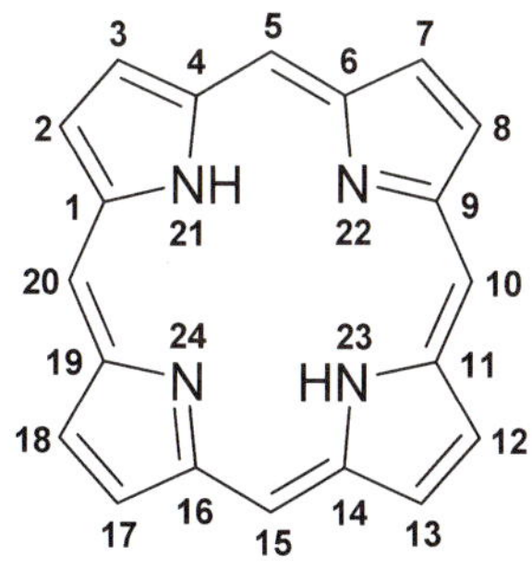

그림 21–1 포피린의 기본 구조와 원자들의 일련 번호

여 매우 진한 색을 띈다.

생체 내에서 포피린은 적혈구나 엽록체의 엽록소에 존재한다. 헤모글로빈 단백질의 Fe-Por는 산소를 운반하는 역할을 한다. 이외에도 프로피린은 집광, 광동력학적 치료, 전자통신시스템 등 다양한 분야에서 소재로서 연구되고 있다.

포피린 중심의 네 개의 질소 중 두 개가 2차 아민인 상태를 포르핀(porphine 또는 free-base porphyrin)이라고 하며, H_2Por으로 표시할 수 있다. 따라서 +2가의 금속 이온, M(II)와 결합하게 되면, 포피린은 −2가의 음이온 리간드가 되어, M-Por는 전기적으로 중성인 분자가 된다. 본 실험에서는 포르핀에 페닐기 4개가 도입된 5,10,15,20-tetraphenylporphyrin(TPP)과 Sn(IV)의 착물을 합성한다. 먼저 dichlorotin(IV) porphyrin을 합성한 후, Sn(IV)에 배위된 염화 이온을 수산 음이온으로 치환하여 dihydroxotin(IV) porphyrin($Sn(OH)_2$-TPP)을 최종 생성물로 얻는다(그림 21-2). Dihydroxotin(IV) porphyrin은 포피린을 이용한 초분자(supramolecule) 합성에 유용하게 이용될 수 있다.

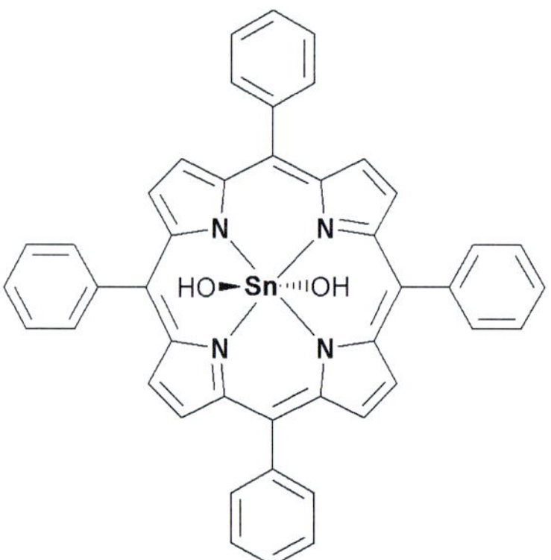

그림 21-2 $Sn(OH)_2$-TPP의 분자 구조

시약 및 기구

(1) 시약: TPP, 피리딘, CH_2Cl_2, KCO_3, $SnCl_2$, THF, 증류수, $MgSO_4$

(2) 기구: 기름 중탕, 둥근 바닥 플라스크, 자석 막대, 비커, 거름종이, 스파튤라, 가열판, 온도계, 응축기, 뷔후너 깔때기, 분별 깔때기, 회전 증발기

주의 사항

- 환류 시 피리딘 증기에 노출되지 않도록 주의한다.
- 실험은 배연 흡입 장치(fume hood) 안에서 진행하며, 마스크를 착용한다.
- 고열의 가열판에 의한 화상에 주의한다.

실험 방법

A. $SnCl_2$–TPP의 합성

1. 둥근 바닥 플라스크(250 mL)에 TPP(470 mg, 0.77 mmol), Sn(II)Cl_2·$2H_2O$ (390 mg, 1.72 mmol), 피리딘(100 mL)을 넣는다.
2. 100℃~110℃에서 2시간 30분 동안 환류한다.
3. 반응 용액에 증류수(100 mL)를 가하여 침전을 유도한다.
4. 침전물을 감압 플라스크로 거른다. 이때 증류수로 피리딘을 잘 씻어 준다.
5. 건조한 후 진한 자줏빛의 $SnCl_2$–TPP를 얻는다.(수득률: 85%)
6. 생성물인 $SnCl_2$–TPP를 ^{1}H–NMR로 확인한다.

B. $Sn(OH)_2$–TPP의 합성

1. 250 mL 크기의 둥근 바닥 플라스크에 [Sn(IV)–TPP]Cl_2 (140 mg, 0.174 mmol), THF (80 mL), H_2O (20 mL), K_2CO_3 (400 mg, 2.9 mmol)을 넣는다.
2. 50℃에서 2시간 동안 환류한다.
3. 반응 용액 중 THF를 회전 증발기로 제거한다.
4. 남은 수용액 중의 생성물을 CH_2Cl_2(60 mL)으로 추출한다.
5. 수용액 층은 버리고, CH_2Cl_2 용액을 증류수(2×40 mL)로 씻는다.
6. CH_2Cl_2 용액에 $MgSO_4$를 넣어 남아 있는 수분을 제거한다.
7. 위의 용액을 감압 플라스크로 거른다.
8. 걸러진 용액에서 CH_2Cl_2를 제거하여 crude 생성물을 얻는다.(수득률: 90%) 순수한 생성물은 헥세인:CH_2Cl_2 = 1:1 혼합 용액에서 재결정하여 얻을 수 있다.
9. 생성물인 $Sn(OH)_2$–TPP를 ^{1}H–NMR로 확인한다.

실험 결과

1. 수득률 계산

① TPP의 몰수: $\frac{0.470\,g}{614.749\,g/mol} = 7.65 \times 10^{-4}\,mol$ (한계 반응물)

② $SnCl_2 \cdot 2H_2O$의 몰수: $0.390\,g \times \frac{1\,mol}{225.65\,g} = 1.73 \times 10^{-3}\,mol$

③ $SnCl_2$-TPP의 몰수: ________ $\times \frac{1\,mol}{802.366\,g/mol} =$ ________ mol

④ 수득률: $\frac{③\,mol}{7.65 \times 10^{-4}\,mol} \times 100 =$ ________ %

2. ^{1}H-NMR 분석

① TPP

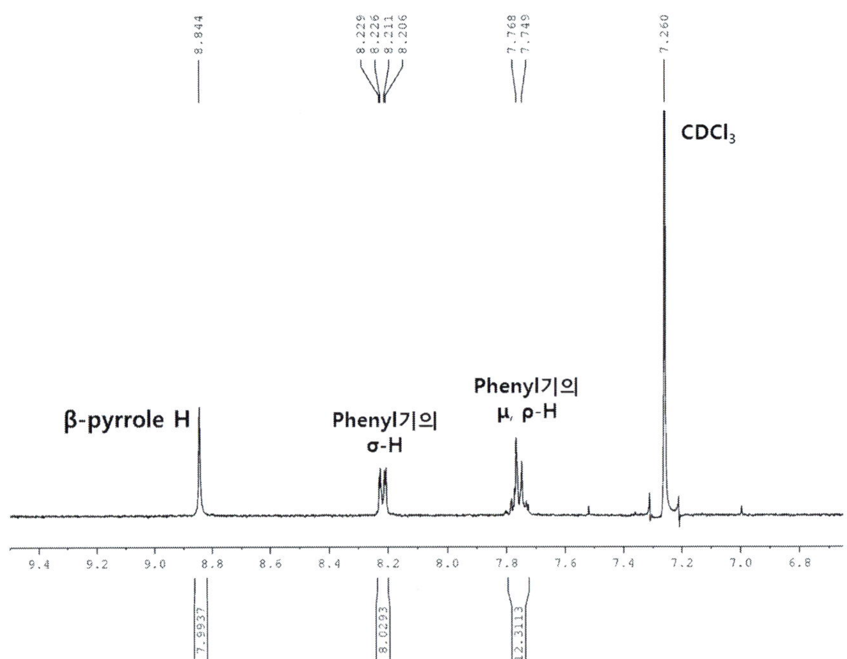

② $SnCl_2$-TPP

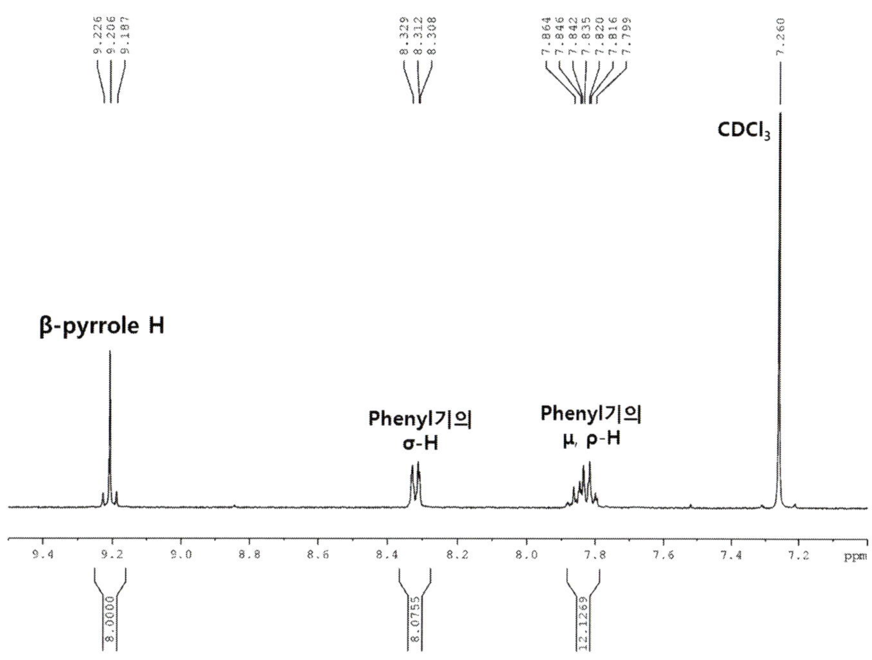

문제

(1) 전체 반응의 흐름도를 그리시오.

(2) 포피린의 가능한 공명 구조들을 그리시오.

(3) ^{1}H-NMR 스펙트럼에서 $Sn(OH)_2$-TPP 양성자 시그널의 위치 변화를 설명하시오.

(4) UV-VIS 분광법으로 TPP와 $Sn(OH)_2$-TPP의 차이점을 확인하시오.

참고문헌

1. Crossley, M. J.; Thordarson, P.; Wu, R. A. S. *J. Chem. Soc. Perkin Trans. 1* **2001**, 2294.

참고자료

핵자기 공명 분광법(NMR, Nuclear Magnetic Resonance Spectroscopy)

NMR은 유기 화합물의 구조를 분석하는 데에 매우 유용한 분석 방법이다. IR이나 UV 분광법과 같은 분석법에서는 시료에 빛만 조사하여 검출되는 빛의 변화를 관찰한다. 이와 달리 NMR 분광법에서는 빛과 더불어 외부 자기장이 신호를 얻는데 모두 필요하다.

많은 원소들의 동위원소는 특정한 핵스핀(I, nuclear spin)을 갖는다. 1/2의 배수 (I = 1/2, 3/2, 5/2...), 자연수(I = 1, 2, 3...), 또는 I = 0인 경우도 있다. 유기 화합물에서 특히 관심이 있는 핵종인 ^{1}H, ^{13}C, ^{19}F, ^{31}P의 I는 1/2을 갖는다. 이 경우 2개($2I$ + 1 = 2)의 스핀 에너지 상태가 존재한다.

^{1}H과 같이 I = 1/2을 갖는 핵종에서는, 외부 자기장(B_0)이 가해지면 스핀 에너지는 바닥 상태와 들뜬 상태로 나뉘게 된다. 자기장 방향과 같은 방향으로 자기 모멘트를 갖는 상태는 낮은 에너지를 가지며, 반대 방향의 경우는 높은 에너지 상태가 된다. 두 스핀 에너지 상태는 외부 자기장의 세기에 따라서 그 에너지 간격이 달라진다. 외부 자기장의 세기가 B_x인 상황에서 그 에너지 차이는 $\Delta E = mB_x/I$가 된다(I = 1/2, m = 특정 핵종의 자기 모멘트. ^{1}H의 경우 2.7927).

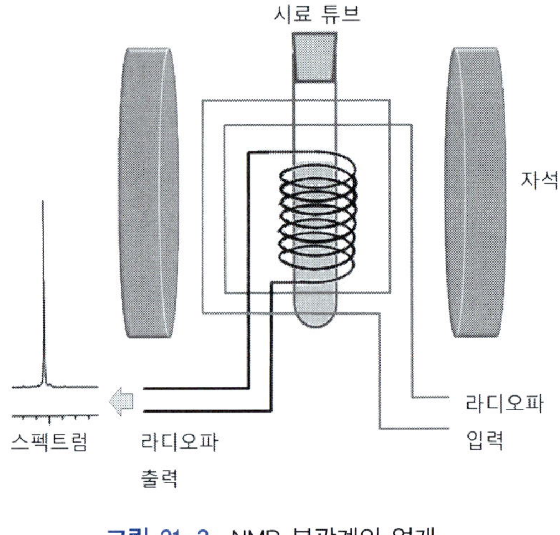

그림 21-3 NMR 분광계의 얼개

이 에너지 차이(ΔE)는 0.1 cal/mol 정도인데, 적외선 흡수 에너지가 1 ~ 10 kcal/mol이라는 것을 고려하면 매우 작다는 것을 알 수 있다. 따라서 충분한 에너지 간격을 확보하기 위해서는 강한 외부 자기장이 필요하다. 외부 자기장의 세기는 자속 단위인 테슬라(tesla, T)로 나타내는데 보통의 NMR 기기는 1 ~ 20 T의 세기를 갖는 자석을 장착하고 있다. 이 조건에서의 에너지 차이는 20 ~ 900 MHz 정도에 상당하는데, 바로 라디오파의 주파수(RF, radio frequency)가 가진 에너지 대역이다. 즉 시료에 RF를 조사하면 가령 ^{1}H의 핵스핀은 +1/2 상태에서 −1/2 상태로 변하여 들뜬 상태의 에너지를 갖게 된다.

NMR 분광기의 작동 원리를 쉽게 이해하기 위해서 CW(continuous wave) 법을 살펴보자. 시료 용액이 담긴 5 mm 직경의 유리 튜브를 자석 사이에 위치시킨다. 그리고 이 시료 튜브를 빠른 속도로 회전시켜서 용액이 일정한 자장을 느끼도록 한다. 시료 튜브 주위에는 두 종류 코일이 감겨 있어서, 하나는 RF 빛을 방출하고, 다른 하나는 시료의 흡수에 따라 변화된 RF를 감지한다. 외부 자기장의 세기를 조금씩 변화시키면 RF 흡수를 관찰할 수 있고, 이는 NMR 신호로 나타난다. 반대로 외부 자기장의 세기를 고정하고 RF 진동수를 변화시켜도 마찬가지 효과를 거둘 수 있다.

시료 중의 물 분자를 감지하는 경우를 예로 들어보자. RF 100 MHz 빛을 시료에 조사하면서 외부 자기장을 2.3487 T에서 천천히 조금씩 증가시켜 2.3488 T까지 변화시키면, 물 분자의 수소 원자핵들은 이 범위에서 RF 에너지를 흡수하여 공명 신호를 발생시킨다. 그런데 2.3487 T ~ 2.3488 T 범위는 외부 자장의 세기를 기준으로 42 ppm 밖에 되지 않는다. ($(2.3488 - 2.3487)/2.3487 = 0.000042 = 42 \times 10^{-6}$) 대부분의 유기 화합물 수소 원자는 12 ppm 범위에서 공명을 일으켜 신호를 나타낸다. 이 ppm 단위의 정밀도를 알기 쉽게 표현하자면, 마치 1 km 거리 범위 내에서 1 mm 정도의 차이를 감지하는 정도라고 할 수 있다.

IR이나 UV 분광법에서는 흡수 신호가 특정한 빛의 파장이나 진동수로 정해진다. 하지만 NMR 공명 신호들의 위치는 외부 자기장의 세기와 RF 진동수에 모두 의존한다. 어떤 자석도 똑같은 자장 세기를 제공하지 않기 때문에 공명 주파수는 일정하지 않다. 그래서 표준 시료의 신호에 대한 상대적인 위치로 시료의 신호를 지정한다. 이를 화학적 이동(chemical shift)이라 하고 δ로 표시한다. 흔히 NMR 용매에 첨가되는 표준 시료는 tetramethylsilane (TMS)이다. 또한 NMR 용매로는 중수소(deuterium)가 표지된 화합물을 사용한다. Deuterium oxide (D_2O), chloroform−d ($CDCl_3$), benzene−d_6 (C_6D_6), acetone−d_6 (CD_3COCD_3), DMSO−d_6 (CD_3SOCD_3) 등이 흔히 사용되는 용매이다.

실험 22

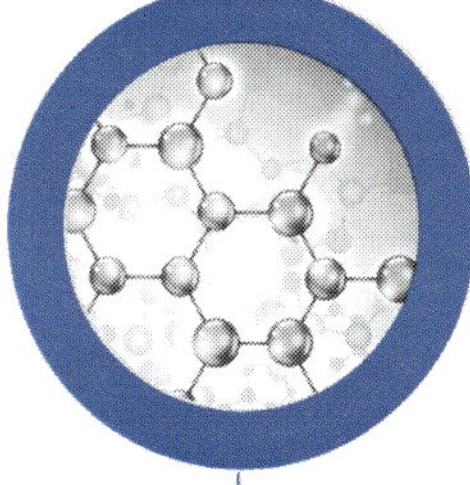

니켈(II)-거대고리 화합물의 합성

목적

주형 효과를 이용하여 니켈(II)-거대고리 화합물을 합성하고, IR 분광법으로 분석한다.

서론

1. 거대고리 효과와 거대고리 리간드

고리 화합물(cyclic compound) 중에 고리(ring)가 3개 이상의 주개 원자를 포함하여 9개 이상의 원자로 이루어져 있는 화합물은 특정 금속과 선택적으로 강하게 결합하는 성질을 가지고 있다. 이를 거대고리 효과(macrocyclic effect)라고 하며 그러한 화합물을 거대고리 리간드(macrocyclic ligand)라고 한다. 거대고리 리간드는 포피린(porphyrin), 코린(corrin) 등과 같이 자연에서 발견되는 중요한 생화학적 리간드들의 성격을 흉내낼 수 있으며(그림 22-1), 작은 크기의 리간드를 가지고 있는 금속 착물에서는 보이지 않는 열역학적 또는 속도론

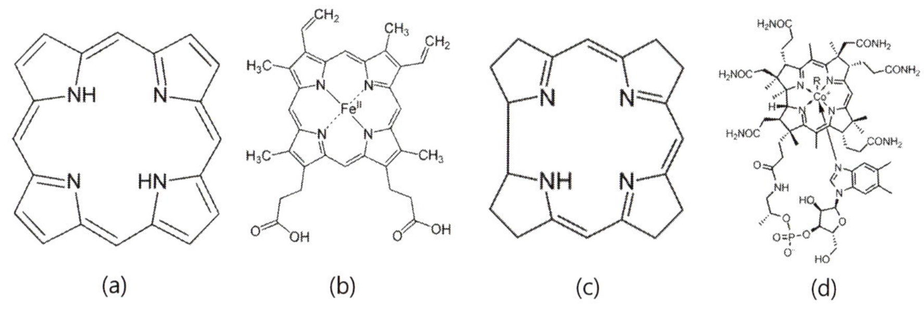

그림 22-1 자연에서 발견되는 거대고리 리간드와 그것을 포함하는 금속 착물. (a) 포피린(porphyrin), (b) 헴 B(heme B), (c) 코린(corrin), (d) 비타민 B12

적 안정성을 가지는 금속 착물을 만들어 낼 수 있다. 이러한 이유로 거대고리 리간드는 전이 금속 배위 화학을 연구하는 데 있어서 매우 중요하며, 그동안 다양한 종류가 개발되어 분석용, 산업용, 의학용 약품으로 사용되고 있다.

2. 거대고리 리간드의 종류

거대고리 화합물은 주개 원자에 따라 다양한 종류가 합성, 연구되었다. N-주개 원자를 포함하는 화합물을 polyaza macrocycle, S-주개 원자를 포함하는 화합물을 polythia macrocycle, P-주개 원자를 포함하는 화합물을 polyphospha macrocycle, As-주개 원자를 포함하는 화합물을 polyarsa macrocycle이라고 하며 O-주개 원자를 포함하는 화합물을 polyoxa macrocycle이라고 한다. 그 밖에 두 종류 이상의 주개 원자를 포함하는 거대고리들도 개발되었다. 그림 22-2는 몇 가지 대표적인 거대고리 리간드로서, 이들 고리의 중앙에는 금속이 들어갈 수 있다.

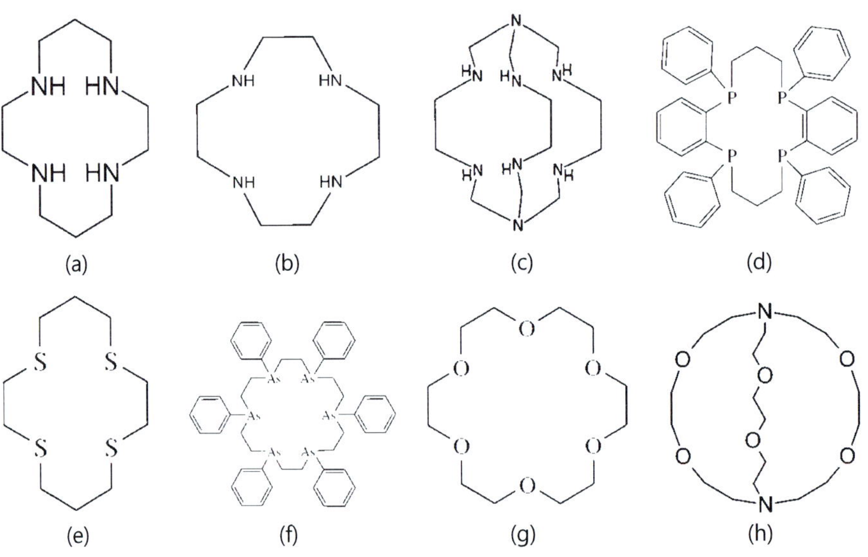

그림 22-2 다양한 거대고리 리간드

3. 거대고리 리간드의 합성: 주형 효과(Template effect)

금속 이온과 작은 크기의 리간드가 반응하여 금속 착물이 형성되면, 이를 주형(template)으로 하여 다시 작은 크기의 리간드가 이미 형성된 금속 착물에 배위하고, 이와 같은 반응의 반복으로 큰 크기의 리간드를 가진 금속 착물로 자라는 효과가 있다. 이를 주형 효과라고 한다. 주형 효과를 이용하면 부반응에 의한 부산물 생성 없이 거대고리 화합물을 효과적으로 합성할 수 있다. 그림 22-3은 그림 22-2(g)에 있는 18-crown-6 ether를 합성하는 과정을 보여 주는 것으로서, 포타슘 이온이 없을 때는 사슬형 화합물이 생성되나, 포타슘 이온이 있을 때는 주형 효과에 의해 거대고리 화합물이 형성되는 것을 보여 준다. 주형 효과는 열역학적(화학 평형) 효과 또는 속도론적 효과에 의해서 발생한다.

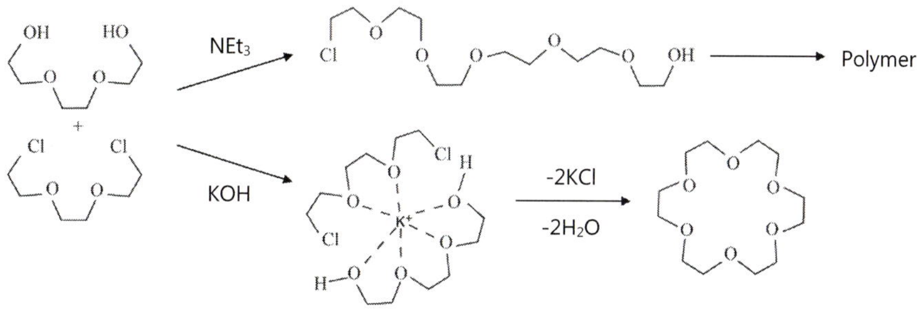

그림 22-3 주형 효과를 이용한 18-crown-6 ether의 합성

4. Ni(II)-거대고리 착물의 합성

이번 실험에서는 위에서 설명한 주형 효과를 이용하여 14-membered hexaaza 거대고리 리간드(L = 1,8-Dimethyl-1,3,6,8,10,13-hexaazacyclotetradecane)를 가지고 있는 Ni(II) 착물을 합성하고자 한다. 그림 22-4는 합성 개략도로서 먼저 에틸렌다이아민(en)과 Ni^{2+} 이온 사이의 반응에 의해 생성된 $[Ni(en)_2]^{2+}$를 주형으로 하여 합성을 진행한다(a). 착물에 배위되어 있는 en과 폼알데하이드는 축합 반응하여 쉬프 염기(Schiff base)인 이민을 형성하고(b), 이민의 탄소는 메틸아민의 공격을 받아 *gem*-다이아민을 만든다(c). en과 폼알데하이드에 의해 두 번째로 생성된 이민(d)을 *gem*-다이아민이 공격하면 축합 반응하여 $[Ni(L)]^{2+}$이 만들어진다.

$$Ni^{2+} + 2\ en + 4\ CH_2O + 2\ CH_3NH_2 \longrightarrow [Ni(L)]^{2+}$$

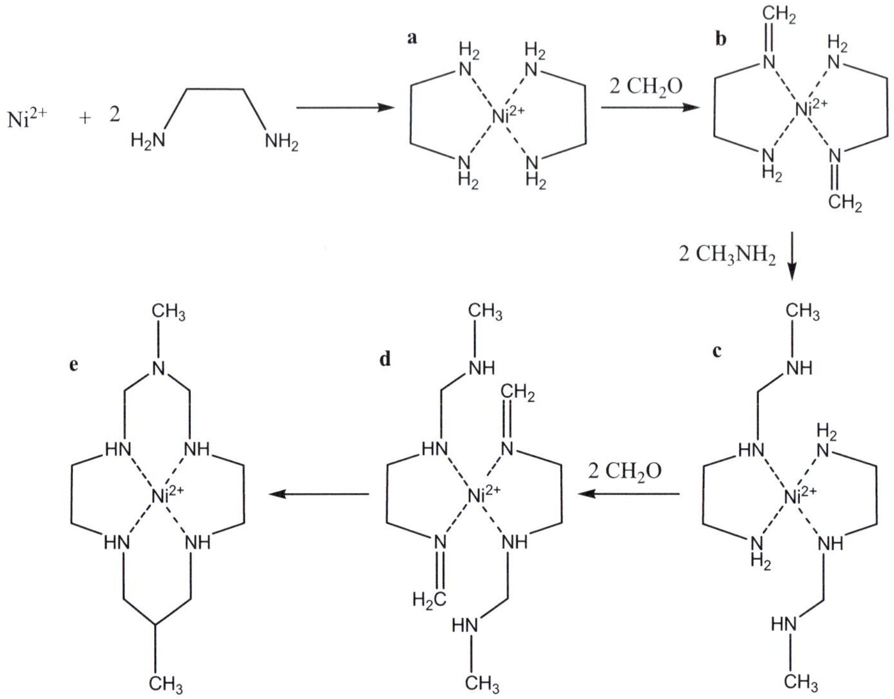

그림 22-4 $[Ni(L)]^{2+}$의 합성 개략도
(L=1,8-Dimethyl-1,3,6,8,10,13-hexaazacyclotetradecane)

시약 및 기구

(1) 시약: $NiCl_2 \cdot 6H_2O$, 메탄올, 99% 에틸렌다이아민(en), 36% 폼알데하이드, 40% 메틸아민, 과염소산($HClO_4$), KSCN

(2) 기구: 둥근 바닥 플라스크(500 mL), 삼각 플라스크(250 mL, 100 mL), 피펫(100 mL, 10 mL), 마이크로 피펫, 자석 젓개 막대, 가열교반기, 저울, 거름종이, 환류 장치, 진공증발기

주의 사항

- 과염소산 음이온(ClO_4^-)을 포함하고 있는 화합물은 폭발의 가능성이 있으니 다룰 때 주의한다.
- 에틸렌다이아민, 폼알데하이드, 메틸아민, KSCN은 피부에 접촉하거나 흡입할 경우 위험하니 취급에 주의한다.
- 착물 합성의 모든 과정은 흄 후드 안에서 실행한다.

실험 방법

A. $[Ni(L)](ClO_4)_2$의 합성

1. 500 mL 둥근 바닥 플라스크에 메탄올 100 mL와 $NiCl_2 \cdot 6H_2O$ 5.75 g을 넣고 교반하여 녹인다. 99% en 3.4 mL를 천천히 넣으면서 20분 동안 교반한다. 36% 폼알데하이드 10 mL를 천천히 넣으면서 20분 정도 교반한다. 40% 메틸아민 4.3 mL를 천천히 넣으면서 20분 정도 교반한다.
2. 과정 1의 혼합 용액을 80~90°C에서 짙은 주황색 용액이 얻어질 때까지 24시간 동안 환류한다.
3. 용액을 상온에서 방치하여 식힌 후, 거름종이로 걸러 $Ni(OH)_2$를 제거한다.
4. 진공증발기를 이용하여 거른 용액의 부피를 $\frac{1}{3}$ 정도로 줄인다.
5. 과량의 과염소산(60%, 7 mL)을 천천히 첨가한 후, 노란색 결정이 생성될 때까지 혼합 용액을 냉장고(4°C)에 보관한다.
6. 결정을 거름종이로 거른 후, 메탄올로 씻고 공기 중에 말린다.
7. 얻은 결정의 질량을 측정하고 수득률을 계산한다.
8. 얻은 결정의 IR 스펙트럼을 얻고 분석한다.

B. $[Ni(L)(NCS)_2]$의 합성

1. 250 mL 삼각 플라스크에 증류수와 실험 A에서 얻은 결정을 넣은 후, 가열 교반하면서 포화 용액을 만든다.
2. 100 mL 삼각 플라스크에서 KSCN을 뜨거운 증류수에 넣어 녹인다.(증류수는 KSCN을 녹일 수 있을 만큼의 최소 부피를 사용한다.)
3. KSCN 용액을 과정 1의 용액에 더한다. 이때 KSCN의 양(mol)은 $[Ni(L)](ClO_4)_2$의 양(mol)에 비해 과량으로 들어가야 한다.
4. 혼합 용액을 분홍색 침전이 생길 때까지 상온에 방치하여 식힌다.
5. 침전을 거른 후, 증류수 : 메탄올(= 1 : 2) 혼합 용매로 씻고 진공에서 건조시킨다.
6. 얻은 결정의 IR 스펙트럼을 얻고 분석한다.

실험 결과

1. $[Ni(L)](ClO_4)_2$의 합성 및 분석

반응식	$NiCl_2 \cdot 6H_2O$ + 2 en + 4 CH_2O + 2 CH_3NH_2 + 2 $HClO_4$ → $[Ni(L)](ClO_4)_2$ + 2 Cl^- + 10 H_2O + 2 H^+					
화합물	$NiCl_2 \cdot 6H_2O$	en	CH_2O	CH_3NH_2	$HClO_4$	$[Ni(L)](ClO_4)_2$
몰질량(g/mol)						
질량(g)						–
몰수(mol)						–
이론적 생성량 (mol)	–	–	–	–	–	
이론적 생성량 (g)	–	–	–	–	–	
실제 생성량(g)	–	–	–	–	–	
수득 백분율(%)	–	–	–	–	–	
착물의 색	–	–	–	–	–	

2. $[Ni(L)](ClO_4)_2$와 $[Ni(L)(SCN)_2]$의 IR 스펙트럼 비교

$[Ni(L)](ClO_4)_2$와 $[Ni(L)(SCN)_2]$의 IR 스펙트럼을 복사하여 붙인다.

$[Ni(L)](ClO_4)_2$			$[Ni(L)(SCN)_2]$		
흡수선의 위치 (cm^{-1})	신호 세기	진동 모드	흡수선의 위치 (cm^{-1})	신호 세기	진동 모드

문제

(1) 그림 22-2에 있는 거대고리 리간드의 IUPAC 이름을 조사하시오.

(2) 주형 효과를 일으키는 두 가지 요소인 열역학적(화학 평형) 효과와 속도론적 효과에 대해 설명하고, 각각의 예가 되는 반응을 조사하여 반응 메커니즘을 그리시오.

(3) $[Ni(L)](ClO_4)_2$를 합성하는 과정에서 $Ni(OH)_2$를 제거하였다. 왜 $Ni(OH)_2$가 생성되는지 설명하시오.

(4) $[Ni(L)](ClO_4)_2$와 $[Ni(L)(SCN)_2]$의 IR 스펙트럼 비교로부터 얻을 수 있었던 정보에 대해 서술하시오.

참고문헌

1. Steed, J. W.; Atwood, J. L. *Supramolecular Chemistry*; 2nd Ed.; John Wiley and Sons: Chichester, 2009.
2. Suh, M. P.; Kang, S. G. *Inorg. Chem.* **1988,** *27,* 2544.

실험 23

Cucurbit[6]uril의 합성 및 금속 이온과의 반응

목적

내부에 손님 분자를 가둘 수 있는 공간이 있으며, 금속 이온과 배위 결합을 할 수 있는 쿠커비투릴을 합성한 다음, 금속 이온과의 착물을 형성시킨다.

서론 쿠커비투릴(cucurbituril)은 위아래가 뚫려 있는 거대고리 화합물이다. 글리콜우릴(glycoluril) 6조각이 12개의 메틸렌으로 연결되면서 속이 빈 원통형 구조를 형성한다(그림 23-1). 내부에 지름 5.5 Å의 공간이 있어서 작은 손님 분자를 담을 수 있다. 쿠커비투릴의 위와 아래쪽 입구에는 각각 6개의 카보닐기가 있어서 유기 암모늄 이온이나 금속 이온을 강하게 붙잡을 수 있다. 유기 암모늄 이온은 입구의 카보닐 산소 원자들과 효과적인 수소 결합을 형성한다. 반면 이웃하는 산소 원자들이 킬레이트처럼 작용하여 금속 이온에 배위한다. 쿠커비투릴은 글리콜우릴 6개가 연결된 cucurbit[6]uril 외에도 cucurbit[n]uril (n = 5, 7, 8, 10) 등 다양한 크기로 합성될 수 있다. 간략하게 쿠커비투릴을 CB[n] (n은 글리콜우릴의 개수)으로 나타내기도 한다. 쿠커비투릴과 유사하게 손님 분자를 가둘 수 있는 주인 분자로 싸이클로덱스트린(cylodextrin, CD), 카릭사렌(calixarene) 등이 있다. 쿠커비투릴은 산성 수용액에 녹으며 그 밖의 용매에는 잘 녹지 않는다. 그러나 중성 수용액에서 금속 이온과 착물을 형성하면 용해도가 증가한다.

H_2SO_4

n = 6

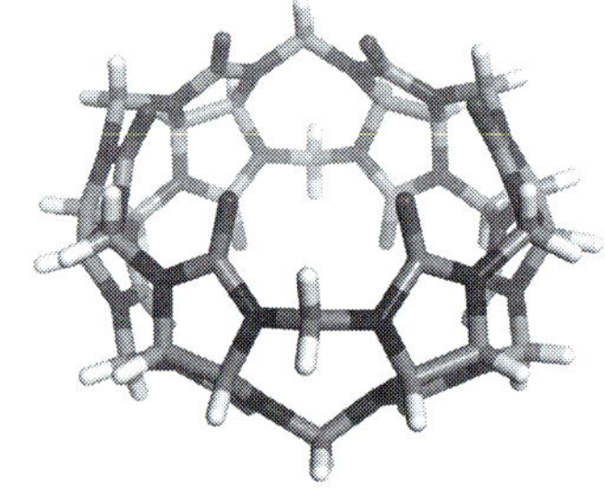

그림 23-1 Cucurbit[6]uril의 합성 과정과 분자 구조

시약 및 기구

(1) 시약: 글리콜우릴(glycoluril), 폼알데하이드, 염산, 황산

(2) 기구: 비커(1 L, 100 mL), 유리막대, 가열판, 뷔흐너 깔때기

주의 사항

강산을 사용하므로 폴리 글러브와 보안경을 꼭 착용한다.

실험 방법

A. Cucurbit[6]uril의 합성[3]

1. 비커(100 mL)에 글리콜우릴(8.0 g)과 폼알데하이드(8.7 mL), 진한 염산(0.35 mL), 증류수(3.5 mL)를 넣는다.
2. 70~80°C로 가열하면서 유리막대로 섞어 준다.
3. 용액이 점성을 띠어 검(gum)이 되면 진한 황산(15 mL)을 천천히 넣어서 완전히 녹여 준다. 이때 흰색 침전이 생성될 수도 있다.
4. 이 용액을 증류수 600 mL가 담긴 1 L 비커에 천천히 넣어 준다.
5. 형성된 침전을 거른 후 씻어낸 증류수의 pH가 6 이상 되도록 충분히 씻어 준다.

6. 침전을 공기 중에서 건조한다. 원소 분석(CHN 분석)이나 TGA 분석을 통해서 침전에 포함된 물 분자의 개수를 정할 수 있으나, 실험의 편의를 위하여 얻어진 침전은 순수한 쿠커비투릴로 간주한다.
7. D_2SO_4/D_2O에 쿠커비투릴을 녹여서 ^{1}H-NMR로 확인한다.

B. Cucurbit[6]uril과 금속 이온과의 반응[4]

1. 쿠커비투릴 100 mg을 증류수 20 mL에 분산시킨다.
2. 쿠커비투릴 몰수의 1/2에 상당하는 Na_2SO_4를 가한다.
3. 혼합물을 섞어주면 일부 쿠커비투릴이 녹고 일부는 녹지 않는다.
4. 녹지 않는 쿠커비투릴을 제거하여 맑은 용액을 취한다.
5. 맑은 용액에 과량의 아세톤을 가하여 침전을 형성시킨다.
6. 침전을 거른 다음 아세톤으로 씻은 후 공기 중에서 건조한다.
7. D_2O에 쿠커비투릴-Na 황산염을 녹여서 ^{1}H-NMR로 확인한다.

실험 결과

– 수득률 계산

① 글리콜우릴: $\dfrac{8.0\ \text{g}}{142.107\ \text{g/mol}} = 0.056\ \text{mol}$ (한계 반응물)

② 폼알데하이드:

$$8.7\ \text{mL} \times \frac{1.09\ \text{g}}{1\ \text{mL}} \times \frac{1\ \text{mol}}{30.206\ \text{g}} \times 0.30(\text{Assay}) = 0.094\ \text{mol}$$

③ 쿠커비투릴: $\dfrac{(\qquad)\text{g}}{996.83\ \text{g/mol}} \times \dfrac{1}{0.056\ \text{mol}} \times 100 = \underline{\qquad\qquad}\ \%$

문제

(1) 글리콜우릴과 폼알데하이드와의 축합 반응 과정을 설명해 보시오.

(2) 쿠커비투릴은 어떤 점군(point group)에 속하는가?

(3) 중성 수용액에는 녹지 않는 쿠커비투릴이 금속 이온과 반응하면 산을 가하지 않아도 녹게 되는 이유는 무엇일까?

(4) 쿠커비투릴-Na 착물에 대한 ^{1}H-NMR 스펙트럼과 쿠커비투릴만의 스펙트럼을 비교하여 그 차이점을 설명하시오.

참고문헌

1. Freeman, W. A.; Mock, W. L.; Shih, N. Y. *J. Am. Chem. Soc.* **1981,** *103*, 7367.
2. http://en.wikipedia.org/wiki/Cucurbituril
3. Kim, J.; Jung, I. S.; Kim, S. Y.; Lee, E.; Kang, J. K.; Sakamoto, S.; Yamaguchi, K.; Kim, K. *J. Am. Chem. Soc.* **2000,** *122*, 540.
4. Jeon, Y. M.; Kim, J.; Whang, D.; Kim, K. *J. Am. Chem. Soc.* **1996**, *118*, 9790.

실험 24

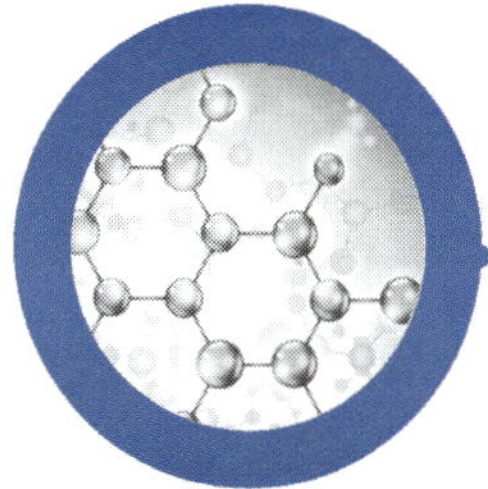

구리 이온과 피라진으로 구성된 배위 고분자의 합성

목적

다리 리간드인 피라진이 구리 이온과 배위 결합을 형성하면 단순한 착물이 아닌 배위 고분자가 얻어진다. 반응 조건에 따라 서로 다른 구조의 배위 고분자 화합물이 얻어질 수 있다는 것을 확인한다.

서론

일반적으로 착물은 금속 이온과 리간드가 배위 결합을 형성하며 이루어진 분자나 이온을 일컫는다. 배위 고분자(coordination polymer)도 착물의 일종이지만 마치 고분자처럼 착물 단위체가 반복적으로 계속 연결된 구조를 갖는 차이점을 보인다. 따라서 일반 착물과 달리 용매에 녹지 않으며, 고체 화합물 그 상태로 고유한 성질을 갖는다. 배위 고분자는 금속-유기 골격체(metal-organic framework, MOF)라고도 불린다. 테레프탈산과 같이 방향족 카복실산 리간드와 금속 이온으로 형성된 배위 고분자는 매우 큰 비표면적을 가지며 다양한 작용기를 골격에 도입할 수 있어서 산업적으로 유용한 소재로 연구가 되고 있다.

배위 고분자는 금속 이온과 이를 연결하는 다리 리간드가 적절한 배위 결합을 연결할 수 있으면 쉽게 형성될 수 있다. 본 실험에서는 Cu(II) 이온과 피라진(pyrazine)으로 형성된 배위 고분자를 합성하고, 반응물의 비율에 따라서 다양한 구조가 형성될 수 있음을 확인한다. $Cu(NO_3)_2 \cdot 2.5H_2O$와 피라진의 배위를 통하여 배위 중합체를 합성하는데, $Cu(NO_3)_2 \cdot 2.5H_2O$와 피라진의 비율에 따라 배위 중합체의 구조가 달라진다.

$$Cu(NO_3)_2 \cdot 2.5H_2O + \text{pyrazine} \longrightarrow [Cu(pyz)(NO_3)_2]_n \qquad (식\ 24\text{-}1)$$

$$Cu(NO_3)_2 \cdot 2.5H_2O + 6\ \text{pyrazine} \longrightarrow [Cu(pyz)_2(NO_3)_2]_n \qquad (식\ 24\text{-}2)$$

$$Cu(NO_3)_2 \cdot 2.5H_2O + 12\ \text{pyrazine} \longrightarrow [Cu(pyz)_3(NO_3)_2]_n \qquad (식\ 24\text{-}3)$$

배위 고분자 결정 구조는 단결정 X-선 회절법을 통하여 규명할 수 있다. 그리고 배위 고분자의 조성은 원소 분석을 통해서 확인할 수 있지만, 본 실험에서는 TGA를 통한 열분석으로 구조와 조성을 추정해 본다(그림 24-1). 배위 고분자 (1)과 (3)은 1차원, (2)는 2차원 구조를 갖는다. 구리 이온 1개당 질산 이온 2개가 존재하여 전하 균형을 맞추고 있다. 시료를 가열하면 이탈되기 쉬운 피라진이 먼저 휘발하고, 나머지 구성 성분은 함께 타서 CuO를 남기게 된다. 특히

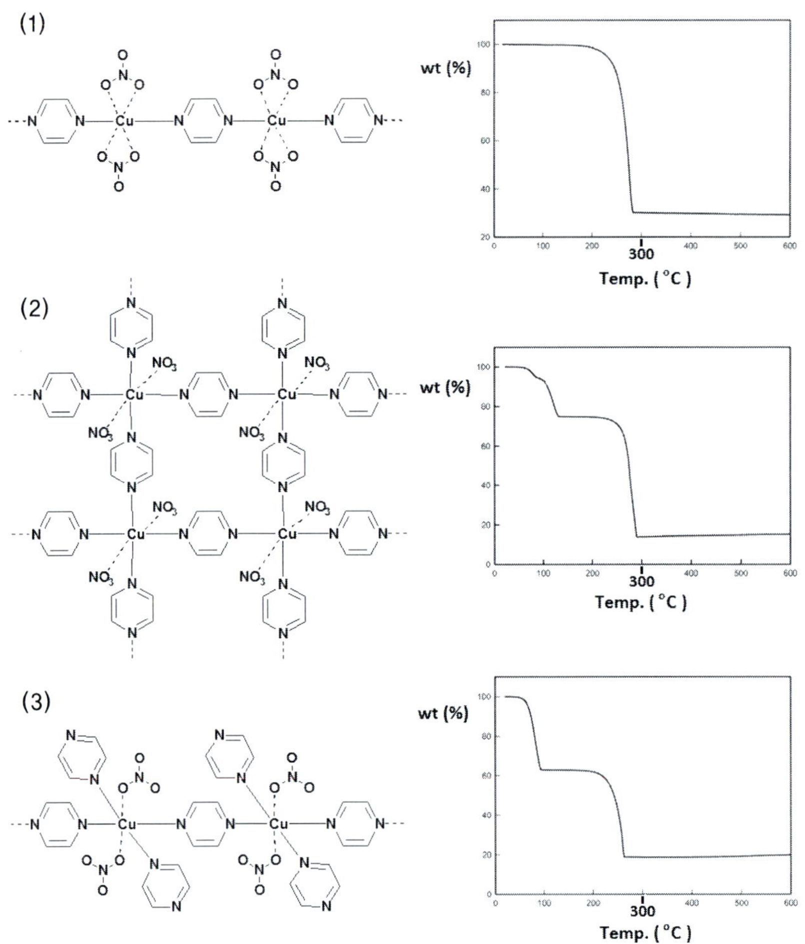

그림 24-1 $[Cu(pyz)_1(NO_3)_2]_n$ (1), $[Cu(pyz)_2(NO_3)_2]_n$ (2), $[Cu(pyz)_3(NO_3)_2]_n$ (3)의 구조와 각각의 TGA 열분석도

(3)에서 피라진이 두 개 이탈하면 약 200°C에서 (1)로 변하게 될 것으로 예상할 수 있다. 실제로 (3)을 공기 중에서 하루 동안 방치하면 (1)로 변하는 것을 관찰할 수 있다. 이러한 변화는 분말 X-선 회절 장치를 이용하여 시료들의 회절 패턴을 얻고, 이들 사이의 변화를 관찰하여 확인할 수 있다.

시약 및 기구

(1) 시약: $Cu(NO_3)_2 \cdot 2.5H_2O$, 피라진, 에탄올

(2) 기구: 비커(100 mL), 스포이트, 피펫, 깔때기, 감압 플라스크, 뷔흐너 깔때기, 여과지, 20 mL 바이알, 약숟가락

주의 사항

- 용액이 피부에 닿지 않도록 한다.
- (2)와 (3)은 공기 중에서 변성되기 때문에, 공기와의 접촉을 피한다.

실험 방법

1. $Cu(NO_3)_2 \cdot 2.5H_2O$ (1.0 g)을 에탄올(10 mL)에 녹인다. 이때 동일한 용액 3개를 준비한다.
2. 피라진(각각 0.34 g, 2.06 g, 4.13 g)을 각각 에탄올(5 mL)에 녹여서 세 가지 용액을 만든다.
3. 구리 이온 용액과 피라진 용액을 각각 섞어서 총 3가지 반응 용액을 만든다. (1)의 경우 용액이 섞이면 바로 보라색 침전으로 형성된다. (2)는 옅은 파란색 침전으로 형성된다. (3)은 자줏빛 파란색 침전으로 형성된다.
4. 아르곤 가스 분위기에서 여과하여 침전물을 분리한다. 이때 소량의 차가운 에탄올로 침전을 씻어 주고, 아르곤 가스를 이용하여 표면의 에탄올을 증발시켜 시료를 건조한다.
5. 회수된 침전물이 공기와 접촉하지 않도록 바이알에 밀봉하여 보관한다.
6. 시료를 분석할 때에는 되도록 공기와의 접촉 시간을 줄이도록 주의한다.

실험 결과

(1) 실험 결과 정리 표

화합물	(1)	(2)	(3)
화학식	$[Cu(pyz)(NO_3)_2]_n$	$[Cu(pyz)_2(NO_3)_2]_n$	$[Cu(pyz)_3(NO_3)_2]_n$
$Cu(NO_3)_2 \cdot 2.5H_2O$ 사용한 양 (g)			
피라진 사용한 양 (g)			
생성물의 양 (g)			
수득률 (%) (피라진 기준)			

(2) IR과 TGA 데이터는 별지에 붙이고 참고문헌의 값과 비교한다.

문제

(1) TGA 자료를 배위 고분자의 구조와 비교하여 해석하시오.

(2) IR 스펙트럼에서 질산 이온과 피라진의 특징적인 밴드들을 구분하시오.

(3) 왜 과량의 피라진을 사용한 **(3)**이 2차원, 3차원이 아닌 1차원 배위 고분자 구조를 갖게 되었는지를 추정하시오.

참고문헌

1. http://en.wikipedia.org/wiki/Coordination_polymer
2. http://en.wikipedia.org/wiki/Metal-organic_framework
3. Hutchison, A. R.; Atwood, D. A.; Krepps, M. K.; Otieno, T. *J. Chem. Educ.* **2002**, *79*, 1355.
4. Harris, J, D.; Rusch, A, W. *J. Chem. Educ.* **2013**, *90*, 235.

실험 25

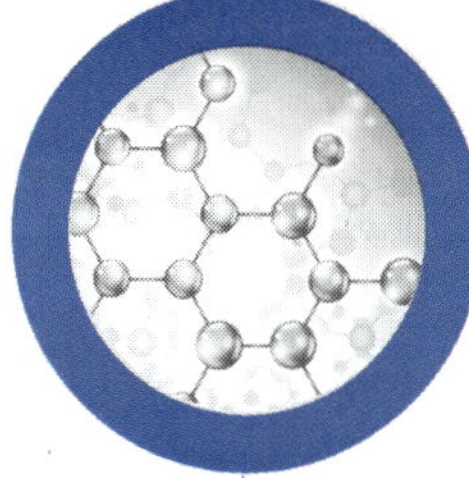

MOF-5 합성 및 기체 흡착 분석

목적

아연(II) 이온과 테레프탈산과의 반응으로 형성되는 미세다공성 배위 고분자인 MOF-5를 합성하고, 그들의 물성을 분석한다.

서론

MOF(metal-organic framework)는 금속 이온이나 금속 뭉치가 배위 결합을 통해서 다리 리간드로 연결된 고체 화합물이다. 다양한 금속 이온과 다리 리간드의 조합으로 합성될 수 있어서 그 종류는 매우 많다. 금속 이온을 포함하고 있어서 특징적인 자기적 성질, 광학적 성질을 가질 수 있다. 또한 금속 이온은 Lewis 산으로 작용하여 촉매 역할을 할 수 있다. 금속이 산화-환원을 하는 동안 골격이 변성되지 않는다면 산화-환원 촉매로도 이용될 수 있다. 다리 리간드는 다양한 종류의 작용기를 가질 수 있어서 기공의 크기와 성질을 조절하는 데 적절하게 이용된다. 금속 이온과의 결합자리 개수 및 이들의 상대적 위치도 조절할 수 있기 때문에, 골격의 모양을 다르게 만드는 데에 매우 유용하다.

MOF는 골격의 구성 성분이 대부분 기공에 노출되기 때문에 제올라이트에 비하여 비표면적이 크다. MOF-5의 비표면적은 $>3000\ m^2/g$으로 제올라이트의 비표면적보다 3배 이상 크다. 비표면적이 크기 때문에 같은 부피당 더 많은 손님 분자나 이온을 가둘 수 있다는 장점이 있다. MOF는 배위 결합으로 네트워크가 형성되기 때문에 리간드를 치환할 수 있는 용매, 가령 물속에 오래두면 골격이 무너지는 약점이 있다. 하지만 이미 알려진 MOF 가운데는 물에 매우 안정한 것도 있다. 따라서 응용 분야에 적절한 MOF를 합성하기 위해서는 금속 이온의 배위 결합 성질을 잘 이해할 필요가 있다.

MOF-5는 'Metal-Organic Framework #5'의 줄임말이다. Zn(II) 이온과 테레프탈산(terephthalic acid = 1,4-benzenedicarboxylic acid = H_2BDC)이 반응하여 $Zn_4O(BDC)_3$의 조성을 갖는 전하 중성의 결정성 고체 화합물로 얻어진다. $Zn_4O(COO)_6$의 꼭짓점을 서로 직교하는 여섯 방향으로 페닐렌 작용기가 연결하여 3차원의 단순 입방(primitive cubic) 연결 방식을 가진 3차원 네트워크 구조로 설명할 수 있다(그림 25-1).

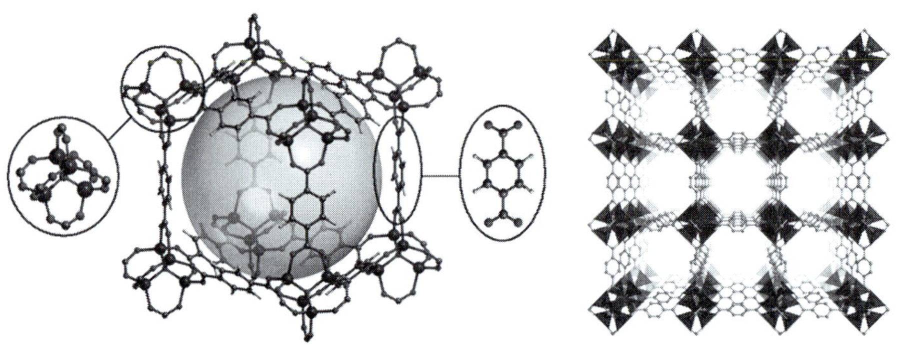

그림 25-1 MOF-5의 구조

MOF는 수열 반응(hydrothermal reaction)이나 용매열 반응(solvothermal reaction)으로 쉽게 제조할 수 있다. 하지만 1단계 반응으로 생성물을 얻어야 하기 때문에, 반응물 간의 몰 비율, 반응물의 농도, 용매의 종류, pH, 반응 온도, 반응 시간과 같은 변수를 최적화하는 시행착오가 필요하다.

MOF-5의 표면적 측정을 위해서는 흡착 장비가 필요하다. 흡착 장비는 부피법 또는 중량법 중 하나로 작동한다. 부피법의 경우는 MOF가 흡착한 기체의 부피를 측정하는 것이고, 중량법은 흡착된 기체의 질량을 측정한다. 두 경우 모두 흡착된 기체의 몰수를 계산하여 이를 표면적으로 환산하게 된다. 흔히 77 K에서 약 1기압까지 질소 기체의 흡착 및 탈착 등온선을 측정한다. 질소 분자 1개의 단면적(16.4 $Å^2$)을 흡착된 질소 분자의 개수로 곱해 주고 이를 시료 1 g당 면적으로 환산하면 MOF의 표면적(m^2/g)을 얻을 수 있다. 기공의 크기가 2 nm 이하인 다공성 물질은 IUPAC의 Type I 흡착 등온선을 가지는데, 이를 미세다공성 물질이라고 한다. 대부분의 MOF는 미세다공성 물질에 속한다. 이 등온선은 히스테리시스가 없는 흡착/탈착 등온선을 가진다. 또한 매우 낮은 압력 ($< P/P_0 = 0.1$)에서 MOF 표면 및 기공을 기체가 채우게 된다. 표면적에 따라 다르지만 보통 50 ~ 100 mg 정도의 시료가 필요하며, 측정을 시작하기 전에 진공에서 수시간 동안 가열하여 MOF 내부에 존재하는 용매를 제거하는 전처리 과정을 거친다. TGA 분석에서 골격이 분해되기 전보다 약 50°C 정도 낮은 온도로 가열하여 시료의 손상을 피한다. 부피법 측정의 경우, 헬륨 기체를 이용하여 무용 부피(dead volume)를 결정하여 측정 오차를 줄인다. 중량법의 경우는 흡착 등온선을 얻은 후 부력 보정을 해 주어야 한다. 비표면적은 흔히 BET 표면적과 Langmuir 표면적으로 표현된다. 전자는 흡착된 기체가 모두 한 층을 이루고 있다는 가정을, 후자는 다층으로 흡착된다는 가정 아래 계산된다. 따라서 BET 표면적은 MOF 표면의 실제 면적에 근접하며, Langmuir 표면적은 세공 부피(pore volume)를 계산하는 데에 유용하다. 미세다공성 물질인 경우 두 표면적 값은 거의 비슷하다.

시약 및 기구

(1) 시약: $Zn(NO_3)_2 \cdot 6H_2O$, 테레프탈산, N-methyl pyrrolidone(NMP), DMF, CH_2Cl_2

(2) 기구: 오븐, 스포이트, 피펫, 바이알(20 mL), 약숟가락

주의 사항

- 용액이 피부에 닿지 않도록 주의한다.
- 오븐에서 시료를 꺼낼 때 화상에 주의한다.
- 반응 용기가 압력을 이기지 못하고 폭발할 수 있기 때문에 오븐의 온도가 설정 온도 이상으로 상승하지 않도록 주의한다.

실험 방법

A. MOF-5의 합성

1. $Zn(NO_3)_2 \cdot 6H_2O$(0.67 g)과 테레프탈산(0.125 g)을 NMP(20 mL)에 녹인 다음 20 mL 바이알에 옮긴다.
2. 바이알 뚜껑을 잘 닫고, 이음새 부분을 테플론 테이프로 감싸서 밀봉한다.
3. 온도가 95°C로 고정된 오븐에 반응 용기를 넣고 하루 동안 가열한다.

(주의! 바이알에 용액이 거의 채워진 상태이기 때문에, 반드시 온도를 설정 값 이하로 유지시켜야 한다. 안전한 방법으로는 모래가 채워진 깡통에 바이알을 파묻어서 가열한다.)

4. 반응 후 반응 용액을 상온에서 식힌다. 결정이 반응 용기 벽면에 생성된 것을 확인할 수 있다.
5. 반응 용액을 따라낸 후 DMF(3×20 mL)로 씻어 준다. 결정을 보관할 때는 결정이 용액 안에 잠기게 하여 되도록 공기 중의 수분과 접촉하는 것을 방지한다.
6. MOF 내부의 용매를 휘발성 용매인 CH_2Cl_2으로 치환하고자 할 때에는, DMF를 따라 내어 버린 다음 CH_2Cl_2(3×20 mL)로 씻어 준 후, 다시 CH_2Cl_2을 바이알에 채운 후 하루 동안 방치한다. 이때에도 바이알의 뚜껑을 밀봉하여 공기와의 접촉을 피한다.

B. MOF-5의 분석

1. 분말 X-선 회절법(PXRD) 측정을 통해서 회절 패턴이 결정 구조로부터 모사한 패턴과 같은지 확인한다.
2. TGA를 통해서 손님 분자의 휘발 온도, MOF-5 골격의 분해 온도, ZnO의 양을 확인한다.
3. IR 분석을 통해서 카복실레이트의 대칭성(symmetric) 밴드와 비대칭성(asymmetric) 밴드의 위치를 확인한다.

C. MOF-5의 표면적 측정(부피법)

1. CH_2Cl_2에 담긴 MOF-5(100 mg)를 흡착 장비의 셀로 용매와 함께 이송한다.
2. 진공 라인을 이용하여 CH_2Cl_2를 휘발시킨다.
3. 건조된 MOF-5 시료가 담긴 셀을 흡착 장비에 장착하고, 진공을 유지하면서 150°C에서 적어도 3시간 이상 가열하여 잔존하는 용매나 흡착된 물을 제거한다.
4. 전처리가 끝나면 시료를 액체 질소에 담가 77 K를 유지한다.
5. 헬륨으로 무용 부피를 보정한다.

6. 질소로 흡착 및 탈착 실험을 하여 등온선을 얻는다.
7. 측정이 종료되면 시료가 담긴 셀의 무게를 측정한다. 실험 전에 측정하였던 빈 셀의 무게를 감하여 시료의 무게를 결정한다.
8. 흡착 장비의 프로그램에 시료의 무게, 측정 기체의 물리적 상수 등을 입력한 후 표면적, 세공 부피 등을 계산한다.
9. 측정을 마친 시료에 대해 다시 원소 분석, IR, TGA, PXRD을 측정하여 원래 시료 상태와 비교를 할 수 있다.

실험 결과

1. $Zn(NO_3)_2 \cdot 6H_2O$의 무게: ___________ g
2. 테레프탈산의 무게: ___________ g
3. NMP의 부피: ___________ mL
4. 반응 후 생성된 MOF-5의 양: ___________ g
5. MOF-5 수득률(테레프탈산 기준): ___________ %
6. IR, TGA, PXRD 데이터를 참고문헌의 값과 비교한다.
7. 흡착 장비로 측정된 표면적과 세공 부피를 문헌값과 비교한다.

문제

(1) Zinc oxy acetate 착물과 MOF-5는 구조면에서 어떤 관계가 있는가?

(2) MOF-5의 결정 구조 좌표를 CCDC(Cambridge Crystallographic Data Centre)에서 구한 다음 결정 구조를 그려보시오.

(3) MOF-5의 단위 세포 한 개에는 8개의 $Zn_4O(BCD)_3$가 존재한다. MOF-5의 밀도를 계산해 보시오.

(4) MOF-5 단위 세포 1개에는 몇 개의 NMP 또는 CH_2Cl_2이 채워질 수 있는가?

(5) DMF에 보관된 MOF-5와 CH_2Cl_2에 보관된 MOF-5의 TGA 열분석도를 얻고 그 결과를 비교해 보시오.

(6) BET 표면적과 Langmuir 표면적을 계산하는 식을 검토해 보시오.

참고문헌

1. http://en.wikipedia.org/wiki/Metal-organic_framework
2. Li, H.; Eddaoudi, M.; O'Keeffe, M.; Yaghi, O. M. *Nature* **1999**, *402*, 276.
3. Kaye, S. S.; Dailly, A.; Yaghi, O. M.; Long, J. R. *J. Am. Chem. Soc.* **2007**, *129*, 14176.
4. http://en.wikipedia.org/wiki/Adsorption

실험 26

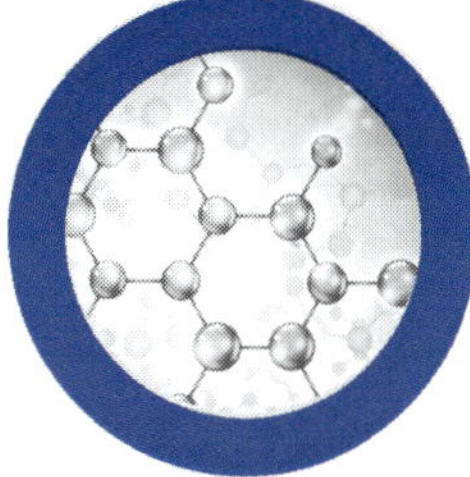

컴퓨터 소프트웨어를 활용한 고체 결정 구조 학습

목적

결정성 확장 구조를 기술하는 규칙에 대해 알아보고, 윈도우즈나 매킨토시 작업환경의 컴퓨터 프로그램을 이용하여 3차원 결정 구조를 효과적으로 이해한다.

서론

고체 상태 물질은 원자 배열의 규칙성 여부에 따라 결정성 확장 구조(extended crystalline structure)와 비정질 구조(non-crystalline structure)로 나뉜다. 결정성 구조 내에는 원자 배열의 반복 단위가 존재하며 이를 단위 세포(unit cell)라고 부른다. 많은 경우에 고체의 3차원 결정 구조는 다소 복잡한 원자 배열로 여겨질 수 있지만 어느 경우에나 다음의 두 가지 기본 내용들을 이용하여 표현될 수 있다.

(i) 단위 세포의 기하학적 형태를 나타내는 격자 상수
(ii) 단위 세포를 구성하는 원자의 종류와 각각의 위치

결정 구조 정보를 표준화된 형식으로 통용하기 위해 정해진 서식의 컴퓨터 파일을 이용하는데, 그 중 대표적인 것이 CIF(Crystallographic Information File)이다.[1] CIF는 국제 결정학협회(IUCr; International Union of Crystallography)의 주도로 창안되었으며, 해당 결정 구조에 관련된 각종 정보를 담고 있는 텍스트 파일이다. 기존에 알려지지 않은 신규 구조가 밝혀질 때마다 그것의 구조 정보가 CIF 형태로 데이터베이스화된다. 표 26-1에 zinc blende 타입 CdS의 구조를 예로 하여 CIF의 구성 내용을 나타내었다.

1) cif 이외의 파일 유형으로 pdb, mol, ins 등이 있다.

표 26-1 CdS 결정 구조의 CIF 구성 내용

CIF 내용	내용 설명
#### CIF created by Crystallographica 2 ####	
data_CadmiumSulfide	주석
_audit_creation_method 'Crystallographica 2' _cell_angle_alpha 90 _cell_angle_beta 90 _cell_angle_gamma 90 _cell_formula_units_Z 4 _cell_length_a 5.811 _cell_length_b 5.811 _cell_length_c 5.811 _cell_volume 196.224	격자 상수 정보
_cgraph_comments 'Zincblende-Wurtzite polytypism in semiconductors'	주석
_cgraph_title 'Cadmium Sulfide'	화합물 명
_chemical_formula_sum 'Cd S'	화학식
_symmetry_space_group_name_H-M 'F -4 3 m' _symmetry_space_group_name_Hall ' F -4 2 3'	공간군
loop_ _symmetry_equiv_pos_as_xyz 'x, y, z' 'x, y+1/2, z+1/2' 'x+1/2, y, z+1/2' 'x+1/2, y+1/2, z' (중략) 'z, y, x' 'z, y+1/2, x+1/2' 'z+1/2, y, x+1/2' 'z+1/2, y+1/2, x'	원자좌표 대칭성
loop_ _atom_site_label _atom_site_type_symbol _atom_site_fract_x _atom_site_fract_y _atom_site_fract_z _atom_site_U_iso_or_equiv _atom_site_thermal_displace_type _atom_site_occupancy Cd1 Cd2+ 0 0 0 0 Uiso 1 S2 S 0.25 0.25 0.25 0 Uiso 1	원자좌표
_eof	
#### End of Crystallographic Information File ####	

등록된 CIF는 웹-기반 데이터베이스로부터 검색 열람하고 내려 받을 수 있으며, 가장 널리 사용되고 있는 웹사이트들은 다음과 같다.(2013년 현재)

- 무기결정 구조 데이터베이스 (http://icsd.kisti.re.kr/icsd/first.jsp)
- American Mineralogist Crystal Structure Database (http://rruff.geo.arizona.edu/AMS/amcsd.php)
- Crystallography Open Database (http://www.crystallography.net)
- Inorganic Crystal Structure Database (http://icsd.fiz-karlsruhe.de/)
- The Cambridge Crystallographic Data Centre (CCDC) (http://www.ccdc.cam.ac.uk/)

CIF에 담겨진 결정 구조 정보는 컴퓨터 소프트웨어 프로그램을 이용하여 도표로 변환될 수 있다. 이러한 기능을 갖는 공개 소프트웨어로는 VESTA[2),]Mercury[3)] 등이 있으며 상용 소프트웨어로 CrystalMaker,[4)] Diamond[5)] 등이 있다. 응용 소프트웨어 프로그램을 숙달하여 활용한다면 고체 결정 내의 원거리 원자 배열, 특정 원자의 국부 결합 환경, 특정 원자쌍의 결합 거리, 다면체 네트워크 등을 보다 쉽게 파악할 수 있을 것이다. 이 단원에서는 소프트웨어 VESTA의 사용법을 간략히 소개하고, 추가 예제를 통해 결정성 확장 구조에 대한 공간 인지학습 요령을 익힌다.

시약 및 기구 사용자 PC에 VESTA 최근 버전을 설치하고, 살펴보고자 하는 결정 구조의 CIF를 웹 데이터베이스로부터 내려 받아 저장한다.

실험 방법

VESTA 기본 사용법 (Ver. 3.1.1 기준)

A. 결정 구조 그림의 생성

1. VESTA 프로그램 초기 메뉴에서 [File]-[Open]을 실행한 후 〈CdS.CIF〉를 선택한다.

2) http://jp-minerals.org/vesta/en
3) http://www.ccdc.cam.ac.uk/Solutions/CSDSystem/Pages/Mercury.aspx
4) http://www.crystalmaker.com/crystalmaker/index.htmL
5) http://www.crystalimpact.com

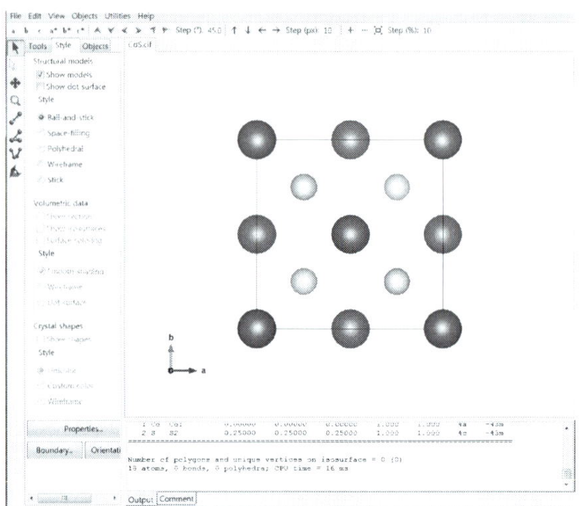

그림 26-1 CdS 단위 세포 내 좌표

2. CIF를 열면 구조가 자동 생성된다.
3. 원자 위 영역을 이중 클릭하면 그 원자의 속성(종류, 단위 세포 내 좌표)이 하단 표시창에 나타난다.
4. 현재 작업 창에서는 큰 구가 Cd 원자, 작은 구가 S 원자에 해당한다(그림 26-1).
5. 마우스를 이용해 다양한 방향으로 구조를 회전시키면서 어떤 구조적 특성을 갖는지 살펴본다.

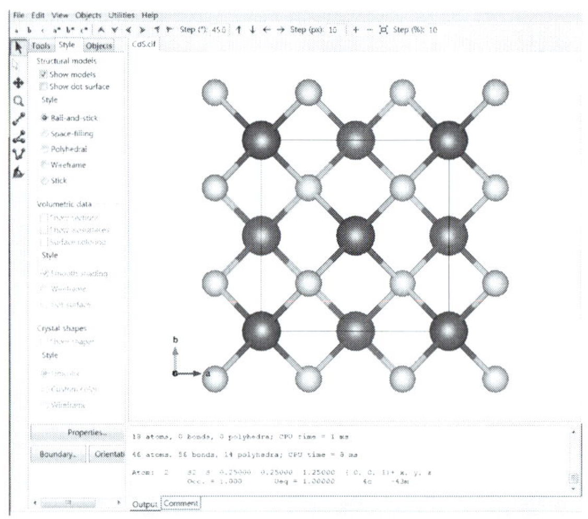

그림 26-2 CdS 단위 세포 내 결합

B. 결합 그려주기

1. 메뉴에서 [Edit]-[Bonds]를 실행하고, 팝업 창에서 [New]를 선택한다.
2. A1:Cd, A2:S를 선택하고 Max. Length를 2.8로 변경한다.(A1을 중심으로 A2가 결합된 것들을 모두 찾으며, 그 결합 거리의 최댓값을 2.8 Å으로 하는 설정)
3. 팝업 창 메뉴에서 [Apply]-[OK]를 선택한다.
4. 각 Cd에 4개의 S, 각 S에 4개의 Cd가 결합되어 있음을 볼 수 있다(그림 26-2).

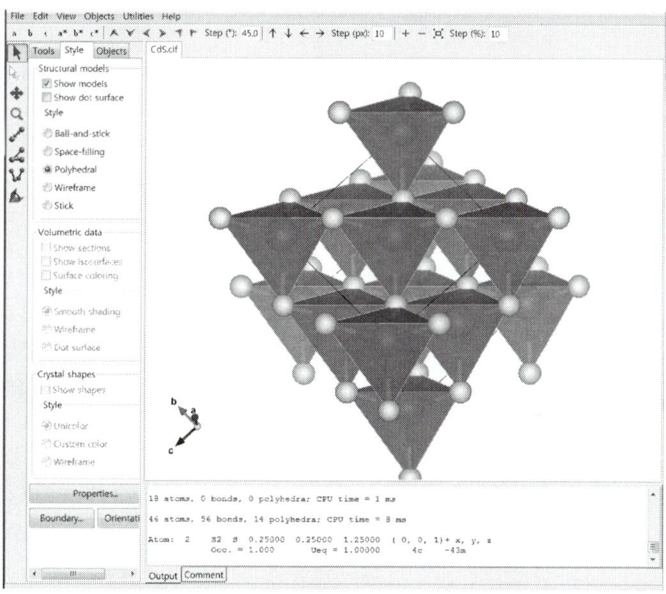

그림 26-3 CdS의 다면체 구조

C. 구조 내의 다면체 요소 그리기

1. 메뉴에서 [Style]-[Polyhedral]을 선택한다.
2. CdS_4 사면체의 모든 꼭짓점이 공유되어 있고, Cd, S 원자들이 각각 입방 조밀 쌓임되어 있음을 발견할 것이다(그림 26-3).

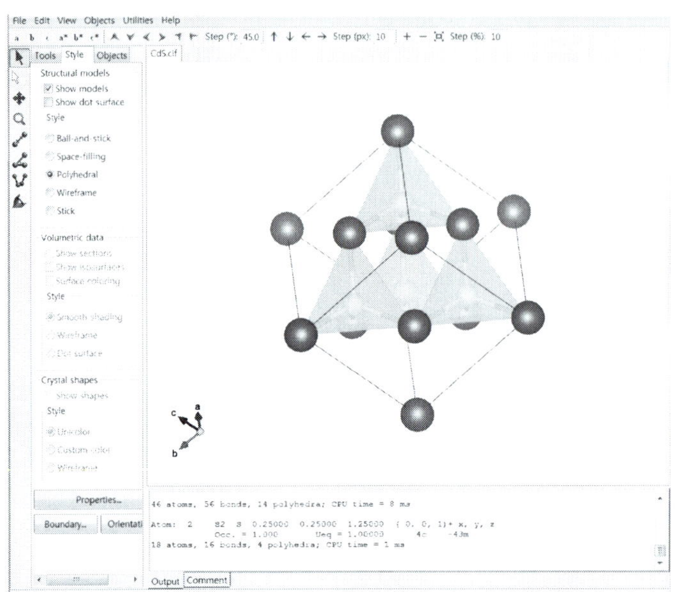

그림 26-4 CdS 배위 다면체 구조의 편집

D. 배위 다면체의 변경

1. 메뉴 [Edit]-[Bonds]을 실행하고 결합 목록에서 A1:S, A2:Cd로 변경한다.
2. 결합 목록을 편집하여 결합 표시를 추가/제거할 수 있다(그림 26-4).

E. 결합 거리

1. 메뉴에서 [Style]-[Ball-and-stick]을 선택하여 다면체 표시를 없앤다.
2. Cd를 중심으로 한 S 배위구에 대해 알아보기 위해 [Edit]-[Bonds]로 이동하여 A1:Cd, A2:S로 편집한다.
3. 구조를 여러 방향으로 회전시키면서 모든 Cd 원자들이 동일한 결합 환경을 갖는지 살펴본다. 주어진 원자 타입의 결합 환경이 모두 동일한지 확인하기 위해서는 다른 정보를 사용하지만 현 단계에서는 육안으로 비교한다.
4. 좌측의 메뉴 아이콘 중 [Distance]를 찾아 실행한 후 결합 거리를 찾고자 하는 원자쌍을 정해 하나씩 차례로 클릭한다. 선택된 결합 원자의 표시 색이 바뀌고 하단 표시창에 두 원자 간 거리가 표시될 것이다.(2.5162 Å)

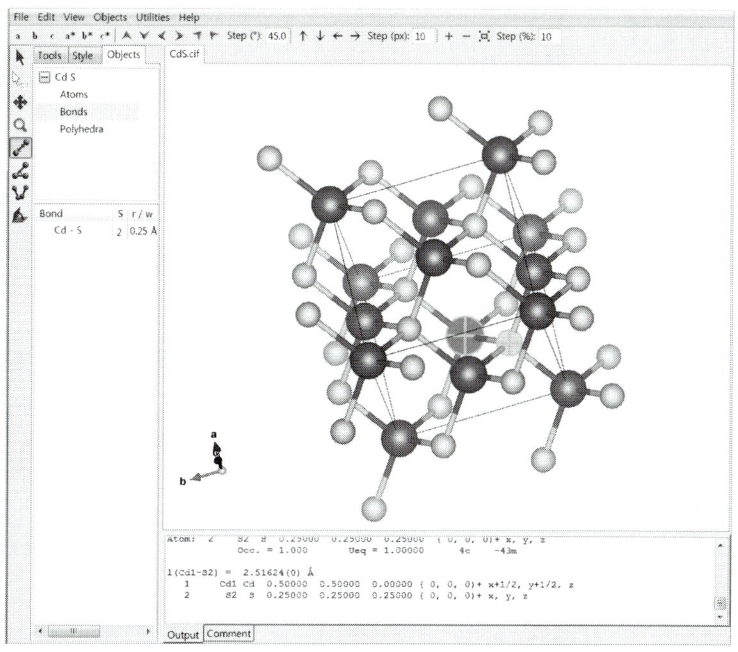

그림 26-5 CdS ball-and-stick 구조와 결합 거리

5. 화면에 보이는 Cd 원자들 중 하나를 선택하여 주위의 4개 S까지의 거리를 하나하나 살펴본다(그림 26-5).

F. 결합 각도

1. 좌측 메뉴 아이콘 중 [Angle]을 찾아 실행한 후 결합각을 알고자 하는 원자 세 개를 차례로 클릭한다. S-Cd-S의 결합각을 알고 싶다면 연결된 S, Cd, S를 순서대로 클릭한다.

2. Cd 원자를 중심으로 한 결합각 크기가 109.47°로 표시될 것이다.

문제 3성분 산화물 $SrTiO_3$의 표준 상태 결정 구조에 대한 CIF을 웹에서 구하고, VESTA 프로그램을 이용하여 그 구조를 살펴보라.

(1) 결정계와 격자 상수를 찾으시오.

(2) 단위 세포 당 화학식량을 쓰시오.

(3) Sr 중심 배위 다면체를 이루는 원자의 종류, 개수, 결합 거리는 각각 얼마인가?

(4) Ti 중심 배위 다면체를 이루는 원자의 종류, 개수, 결합 거리는 각각 얼마인가?

(5) 전체 결정 구조를 적절히 나타낼 수 있는 그림을 인쇄하고, 다면체 관점에서 구조를 간결하게 묘사하시오.

참고문헌

1. Hall, S. R.; Allen, F. H.; Brown, I. D. *Acta Crystallogr*. **1991**, *A47*, 655.
2. Momma K.; Izumi, F. *J. Appl. Crystallogr*. **2011**, *44*, 1272.

실험 27

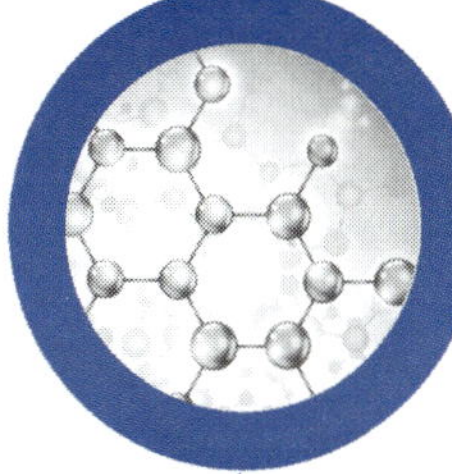

고체 화합물의 X-선 회절 분석

목적

X-선의 원리에 대해 이해하고, 그 특성 중 하나인 회절을 통해 물질의 구조를 파악한다.

서론

1. 격자평면과 밀러 지수

다수의 3차원 점들(lattice points)이 있는 격자(lattice) 위에 결정 구조를 나타냈다고 생각해 보자(그림 27-1). 격자는 서로 다른 방향으로 향해 있는 평면의 집합으로 나눌 수 있다. 한 집합에 있는 모든 평면은 동일하고 가상의 평면이며, 평면과 평면 사이 수직거리가 면간 거리(d-spacing)이다.

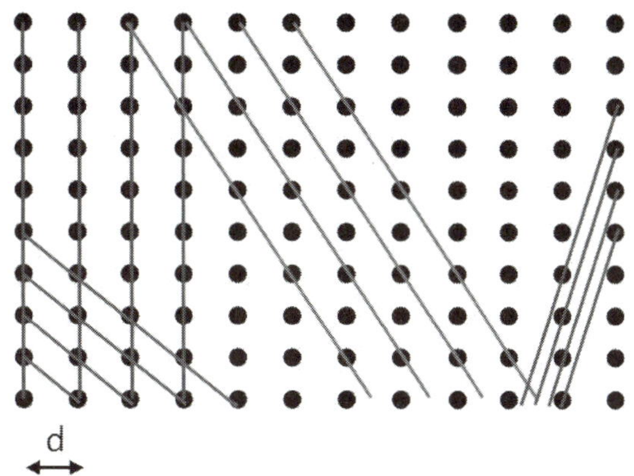

그림 27-1 격자점과 격자평면

평면을 구분하기 위해서 '밀러 지수(Miller index)'를 사용한다. 밀러 지수는 $(h\ k\ l)$로 표시하며 $\frac{a}{h}$, $\frac{b}{k}$, $\frac{c}{l}$에서 교차할 때 $(h\ k\ l)$이 평면의 밀러 지수이다. (밀러 지수는 둥근 괄호를 쓰고, 콤마를 찍지 않는다.)

밀러 지수를 구하는 방법은 다음과 같다. (그림 27-2)

① $a-$, $b-$, $c-$축과 만나는 절편을 찾는다.: $\frac{1}{4}$, $\frac{2}{3}$, $\frac{1}{2}$

② 역수를 취한다.: 4, $\frac{3}{2}$, 2

③ 정수가 되도록 알맞은 수를 곱해 준다.: 8, 3, 4

따라서 평면의 밀러 지수는 (8 3 4)이다.

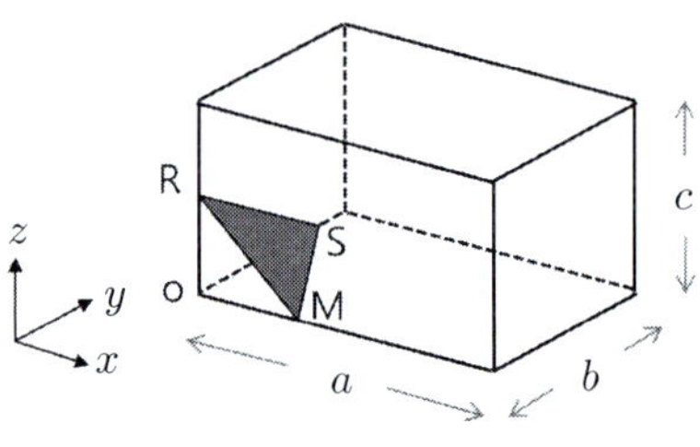

그림 27-2 밀러 지수

2. 면간 거리 공식(d-spacing formula)

결정계	공식
입방정계 $(a=b=c,\ \alpha=\beta=\gamma=90°)$	$\frac{1}{d^2}=\frac{h^2+k^2+l^2}{a^2}$
사방정계 $(a\neq b\neq c,\ \alpha=\beta=\gamma=90°)$	$\frac{1}{d^2}=\frac{h^2}{a^2}+\frac{k^2}{b^2}+\frac{l^2}{c^2}$
정방정계 $(a=b\neq c)$	$\frac{1}{d^2}=\frac{h^2+k^2}{a^2}+\frac{l^2}{c^2}$

3. 회절

그림 27-3에서와 같이 회절 격자에는 좁은 틈이 많이 있다. 전형적으로 500 lines/mm인 격자를 생각해 보자. 이 경우는 영(Young)의 이중 슬릿 실험과 같은 방식으로 분석할 수 있다. b-c 거리가 λ라면 a와 b에서 시작하는 파동

은 법선에서 θ 방향인 지점으로 보강 간섭할 것이다. 만약 b−c가 λ라면 d−e는 2λ, f−g는 3λ가 될 것이다. 그러므로 수백 개의 슬릿에서 퍼지는 파동은 보강 간섭할 것이고, 뚜렷한 회절 패턴이 최대로 생성되고 회절 무늬를 만든다. b−c = 2λ, 3λ...일 때도 또 다른 회절 패턴이 최대로 생긴다. 격자 틈의 폭이 $\frac{1}{500}$ mm이기 때문에 무늬 사이 간격은 Young의 실험에서 보다 훨씬 넓다. 즉, θ는 작은 각도가 아닌 것이다. 그러므로 회절 무늬가 최대인 각도를 찾기 위해서 다음의 식을 이용한다.

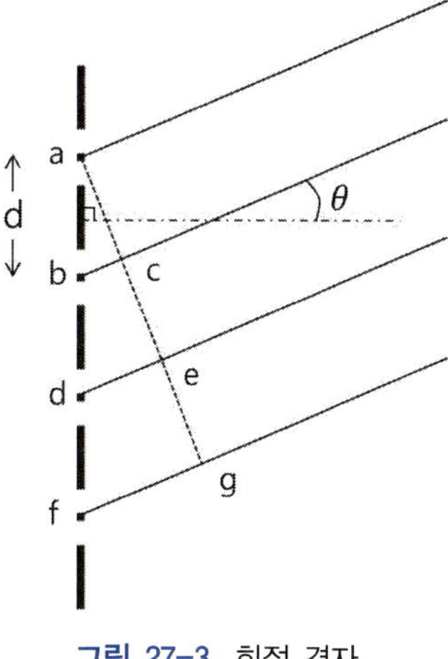

그림 27-3 회절 격자

$$n\lambda = d\sin\theta \ (n = 1, 2, 3... \ ; \text{회절 차수}) \quad (\text{식 } 27\text{-}1)$$

4. Bragg 법칙

결정에서 X−선이 회절되는 모습을 살펴보면(그림 27−4), 2번 광선은 1번 광선보다 X−Y−Z 만큼 경로 차이가 생기는데 이는 $2d\sin\theta$와 같다. 따라서 결정에서 나타나는 회절에 대해서 다음과 같은 식을 얻을 수 있다.

$$n\lambda = 2d\sin\theta \ (\text{Bragg 법칙}) \quad (\text{식 } 27\text{-}2)$$

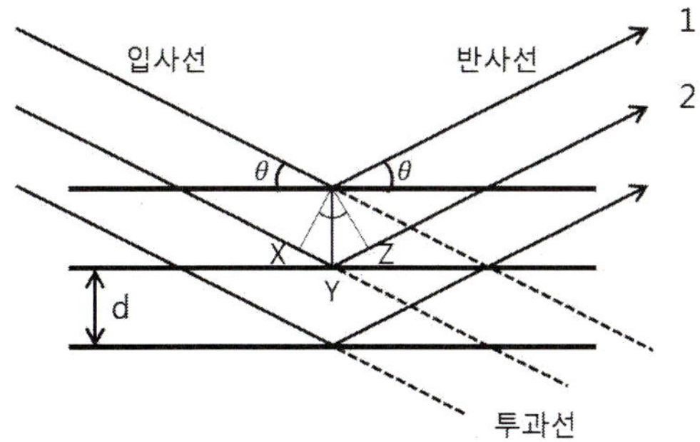

그림 27−4 결정에서 X−선이 회절되는 모습

시약 및 기구

(1) 시료: CsCl, Y_2O_3, NaCl

(2) 기구: 막자사발, 분말 X-선 회절기

주의 사항

- 시료 홀더를 세워서 측정하므로 시료가 떨어지지 않도록 샘플링을 해야 한다.
- XRD의 'Door'를 열기 전에는 반드시 'Door' 버튼을 누른다.

실험 방법

1. 세 가지 시료를 막자사발을 이용하여 30분 이상 충분히 갈아 준다.
2. 시료를 홀더에 밀착시킨 후 조교의 지시에 따라 XRD 패턴을 측정한다.
3. 사용한 홀더와 도구는 깨끗이 정리한다.

실험 결과

1. 측정된 세 가지 시료의 XRD 패턴을 별지에 붙이시오.
2. 실험 결과를 아래 표에 정리하시오.

순서	CsCl			Y_2O_3			NaCl		
	$2\theta(°)$	$d(Å)$	$(h\,k\,l)$	$2\theta(°)$	$d(Å)$	$(h\,k\,l)$	$2\theta(°)$	$d(Å)$	$(h\,k\,l)$
1									
2									
3									
4									
5									
6									
7									
8									
9									
10									
타깃	Cu K_α; λ = ______ Å					Mo K_α; λ = ______ Å			
격자상수	a = ______ Å b = ______ Å c = ______ Å α = ______ ° β = ______ ° γ = ______ °			a = ______ Å b = ______ Å c = ______ Å α = ______ ° β = ______ ° γ = ______ °			a = ______ Å b = ______ Å c = ______ Å α = ______ ° β = ______ ° γ = ______ °		
결정계									

문제 (1) 다음 평면의 밀러 지수를 구하시오.

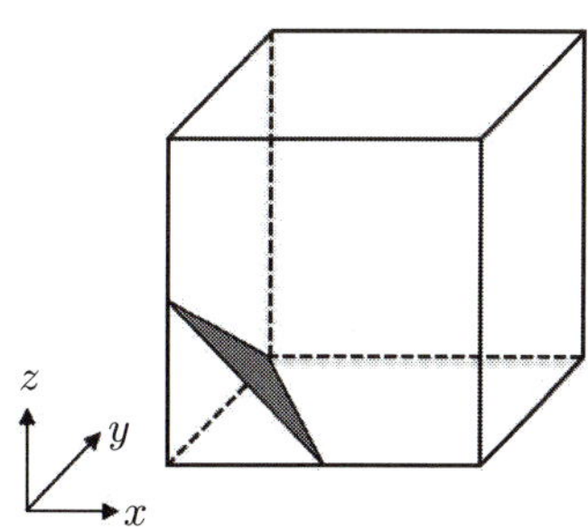

(2) Bragg 법칙을 이용하여 각 시료의 면간 거리를 구하시오.

(3) 각 시료의 (h k l)을 구하시오. (선택사항)

- Cu K_α의 $\lambda = 1.54184$ Å
- 격자 상수(CsCl: a = 4.115 Å, Y_2O_3: a = 10.60 Å, NaCl: a = 5.615 Å)

참고자료 X-선 회절 (X-ray Diffraction)

원자 반지름은 ~1 Å 범위에 있기 때문에 원자 수준에서 구조를 관찰하기 위해서는 파장이 ~1 Å 이어야 한다. X-선은 금속 타깃(Cu 또는 Mo)에 가속된 전자가 충돌해서 생성된다.(K-껍질에서 전자가 이온화하게 된다. 이때 Cu K_α=1.54178 Å, Mo K_α=0.71069 Å 이다.) 분말 시료는 무한대로 무질서하게 배열된 미세한 결정을 포함한다. Bragg 법칙에 따르면 각 격자 평면의 (h k l)는 대략 2θ 각도에서 산란한다. 미세 결정이 배열할 수 있는 방식은 다양하기 때문에 각각의 값에서 원뿔 모양의 산란이 만들어지게 된다.

단위 세포 내에 주기적으로 배열된 원자에 의한 산란은 모두 원자들에 의한 산란 후 X-선 빔 위상의 결이 맞아야 하므로 Bragg 법칙을 만족하는 방향에서만 발생한다. 결정에 의해 회절된 X-선 빔의 강도 값을 알기 위해서는 결정의 구성 기본 단위인 단위 세포 내 원자들의 배열에 따른 회절 빔 강도 값을 알아야 한다. 한 원자 내에서 전자들에 의해 산란된 X-선 빔이 경로 차에 따른 위상차와 산란된 파의 진폭에 영향을 주는 것처럼, 단위 세포 내 여러 원자들에 의해 산란된 파도 경로 차를 수반하므로 이를 자세히 살펴보고 각 구조에 따른 회절 강도 값의 변화를 고찰하자.

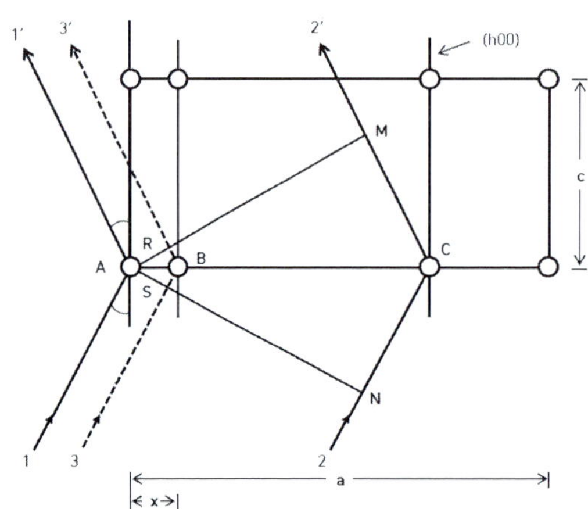

그림 27-5 회절에서의 경로차 발생

원점에 위치한 원자 A와 x축 방향으로 일정 거리만큼 떨어져 있는 원자에 의해 산란할 때 경로 차를 고려해 보자. 그림 27-5에서 (h00)면에 의해서 회절이 발생한다면 산란된 파 1´와 2´ 사이의 경로 차는 MCN이고 이는 파장과 같다.

$$\delta_{2'1'} = 2d_{h00}\sin\theta = \lambda$$

$$\text{밀러 지수 } d_{h00} = \frac{a}{h} \ (a\text{는 } x\text{축 격자 상수})$$

만일 원점으로부터 x축 방향으로 x만큼 떨어진 B 원자를 포함한 면에 의한 산란 3'를 고려하면 1´와 3´ 사이의 경로차, RBS는 $\delta_{3'1'} = \{AB/BC\} \cdot \lambda = x/(a/h) \cdot \lambda$이다. 이 경로차를 위상차로 바꾸면 다음과 같다.

$$\Phi_{3'1'} = \frac{\delta_{3'1'}}{\lambda} \cdot 2\pi = \frac{2\pi hx}{a}$$

B 원자 위치를 분수 좌표계(fractional coordinate)로 표시하면 $u = x/a$가 되고 따라서 경로차 $\Phi_{3'1'}$는 $\Phi_{3'1'} = 2\pi hu$가 된다. 만일 B 원자가 x축 상의 $(x/a,\ 0,\ 0)$ 위치에 있지 않고 임의의 위치 $(x/a,\ y/b,\ z/c)$에 있다면 위와 마찬가지 방법으로 계산하면 위상차 $\Phi = 2\pi(hu + kv + lw)$가 된다. $u,\ v,\ w$는 B 원자 위치를 분수 좌표계로 표시한 것으로 $u = x/a,\ v = y/b,\ w = z/c$이다.

만일 A, B 원자가 같은 원자라면 위상만 다를 것이고 서로 다른 원자라면 원자산란계수 f가 다르므로 진폭까지 다를 것이다. 이와 같은 방법으로 단위 세포 내 모든 원자들에 의한 파를 합성하면 최종 산란된 파의 진폭과 강도를 알 수 있게 된다. 그러나 모든 파를 합성하는 것은 파를 복소 지수 함수(complex exponential function)로 표시한 뒤 계산하는 것이 편리하므로 간단히 복소 지수 함수를 이용한 파의 합성을 살펴보자.

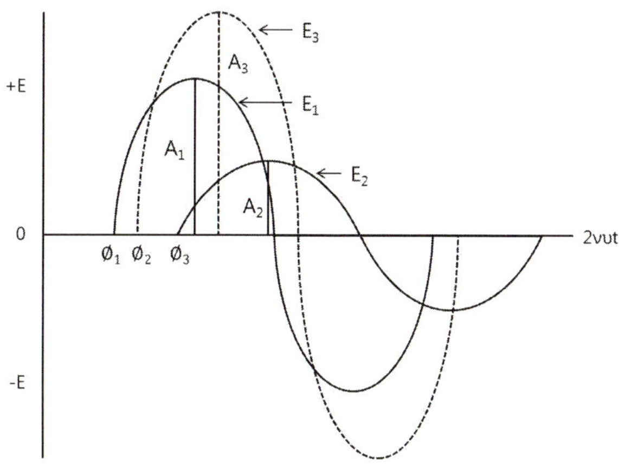

그림 27-6 복소 지수 함수를 이용한 파의 합성

그림 27-6에 실선으로 표시된 파 E_1과 E_2가 회절된 빔이라고 하자. 각 파의 전기장은 $E_1 = A_1 \sin(2\pi\nu t - \Phi_1)$, $E_2 = A_2 \sin(2\pi\nu t - \Phi_2)$로 표시하자. 같은 파장을 가지나 진폭 A와 위상 Φ가 다른 2개의 파를 합성하면 E_3의 파가 되는데 벡터를 이용하여 합성할 수 있다.

파의 진행 중 한 시점에서 파의 진폭의 크기를 가지고 x축에 대하여 위상각도만큼 회전된 벡터를 그린 다음 2개의 벡터를 합하면 합성된 파의 진폭과 위상을 알 수 있다. 한편, 벡터 연산은 그림을 그려서 하기 보다는 복소수 평면(complex plane)에서 생각하면 쉽게 계산이 가능하다. 그림 27-7에서 벡터 크기를 A라고 하고 실수축과 Φ의 각도를 가지는 복소수 평면의 벡터는 $A\cos\Phi + iA\sin\Phi$로 표시할 수 있다. 또한 $e^{ix} = \cos x + i\sin x$임을 상기하면 다음 식으로 나타낼 수 있다.

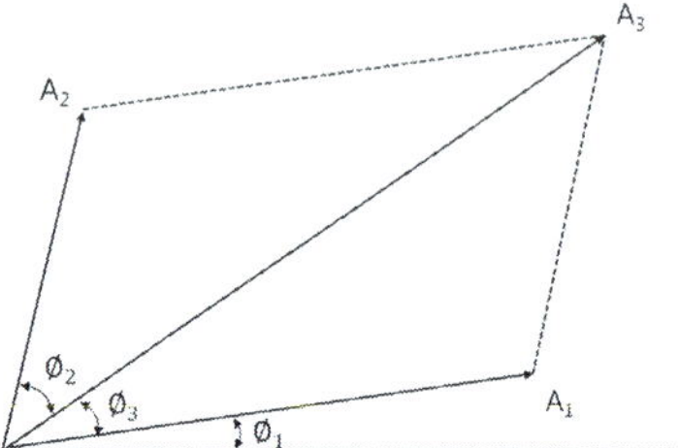

그림 27-7 복소수 평면의 벡터

$$A\cos\Phi + iA\sin\Phi = Ae^{i\Phi}$$

이와 같이 파를 나타내는 벡터를 $Ae^{i\Phi}$의 복소지수함수로 표시할 수 있다. 어떤 파의 강도 값은 진폭의 제곱 A^2에 비례하고, 측정 가능한 것도 진폭이 아니라 산란된 X-선 빔의 강도 값이므로 A^2 값을 구해보도록 하자.

$$|Ae^{i\Phi}|^2 = Ae^{i\Phi} \cdot Ae^{-i\Phi} = A^2$$

이를 이용하여 단위 세포 내 각 원자들에 의하여 산란된 파를 합성해 보자. 각 원자에 의해 산란된 파는 원자의 종류와 $\frac{\sin\theta}{\lambda}$ 값에 따른 진폭을 가지며 $(h\ k\ l)$ 면에 의해 회절 된 파의 위상은 분수좌표계 u, v, w에 따른 위상을 갖게 된다. 이를 복소 지수함수로 나타내면 다음과 같다.

$$Ae^{i\Phi} = f \cdot e^{2\pi i(hu + kw + lv)}$$

또한, 단위 세포 내 모든 원자들에 의해 산란된 파는 구조 인자(structure factor) F로 나타내는데 다음은 각 원자들에 의한 파를 합한 것이다.

$$F_{hkl} = \sum_{1}^{n} f_n e^{2\pi i(hu_n + kv_n + lw_n)}$$

$$F = f_1 e^{2\pi i(hu_1 + kv_1 + lw_1)} + f_2 e^{2\pi i(hu_2 + kv_2 + lw_2) + \cdots}$$

F는 복소수 형태로서 단위 세포에서 회절된 파의 진폭과 위상을 나타낸다. $|F|$는 합성파의 진폭을 전자 1개에 의해 산란된 진폭으로서 표시한 것이다.

Bragg 법칙을 만족하는 특정 방향으로 단위 세포 내 모든 원자들에 의해서 회절된 X-선 빔의 강도는 $|F|^2$에 비례하고 $|F|^2$은 $F \cdot F^*$로서 구할 수 있다. (F^*는 F의 공액 복소수이다.)

격자 유형에 따른 회절 조건

(1) 단순 격자

단위 세포가 단 1개의 원자를 가지고 있다. 원자의 위치를 원점으로 놓으면 분수좌표계에서 원자 위치는 (0, 0, 0)이다. 따라서 구조 인자 F는

$$F = fe^{2\pi i(hu_0 + kv_0 + lw_0)} = f\,F^2 = f^2$$

이며, 이 경우 I ($|F|^2$에 비례)는 모든 h, k, l에 무관하다.

(2) 체심 격자

원자 위치 : (0, 0, 0), (1/2, 1/2, 1/2)

$$F = fe^{2\pi i(h\cdot 0 + k\cdot 0 + l\cdot 0)} + fe^{2\pi i(h\cdot\frac{1}{2} + k\cdot\frac{1}{2} + l\cdot\frac{1}{2})}$$

$$= f\left[1 + e^{\pi i(h+k+l)}\right]$$

i) $(h+k+l)$이 짝수일 경우, $F = 2f$, $F^2 = 4f^2$

ii) $(h+k+l)$이 홀수일 경우, $F = 0$, $F^2 = 0$

(3) 면심 입방 격자

원자 위치 : (0, 0, 0), (1/2, 1/2, 0), (1/2, 0, 1/2), (0, 1/2, 1/2)

$$F = fe^{2\pi i(0)} + fe^{2\pi i(\frac{h}{2}+\frac{k}{2})} + fe^{2\pi i(\frac{h}{2}+\frac{l}{2})} + fe^{2\pi i(\frac{k}{2}+\frac{l}{2})}$$
$$= f\left[1 + e^{\pi i(h+k)} + e^{\pi i(h+l)} + e^{\pi i(k+l)}\right]$$

i) h, k, l 모두 짝수이거나 홀수일 때, $F = 4f$, $F^2 = 16f^2$

ii) h, k, l 모두 짝수, 홀수가 섞여 있을 때, $F = 0$, $F^2 = 0$

실험 28

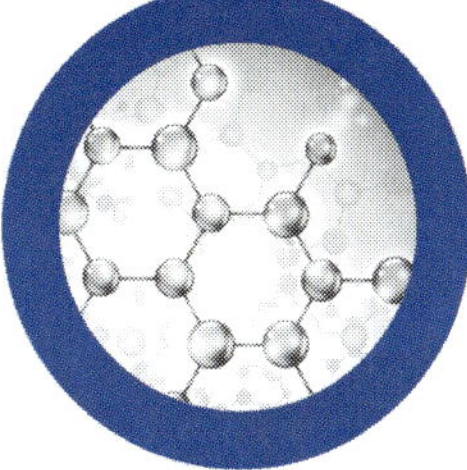

$Zn_{0.9}Mg_{0.1}O$ 고용체의 분말 합성 및 격자 상수, 띠간격 측정

목적

옥살산 공침법에 의해 고용체(solid solution)를 저온 합성하고 X-선 분말 회절을 이용하여 결정성 고체의 격자 상수를 결정한다. 분말 상 시료의 반사율을 측정한 후 흡광도를 산출하고 반도체 띠간격을 측정한다.

서론

주기율표 상 12족–16족 (ZnO, ZnS, CdS, ZnSe, CdSe,...), 13족–15족 (GaN, GaAs, InSb, GaP,...) 원소 간의 2성분 화합물들은 중요한 화합물 반도체 물질군을 이루며, 광전소자, 전자소자, 광촉매 등의 다양한 응용 범위를 가진다. 이들 반도체 물질의 조성을 미세 조절할 경우, 띠간격과 결정 격자 크기를 조작할 수 있어 그 응용 범위를 훨씬 넓힐 수 있다. 예를 들어 $GaN_{1-x}As_x$나 $In_{1-x}Ga_xN$와 같은 3성분 조성에서 $x = 0 \sim 1$ 범위로 균일계를 얻는 것이 가능하고, 그와 함께 띠간격(band gap)이나 격자 크기를 점진적으로 증감시킬 수 있다. 위와 같이 구조 성분의 일부가 혼합 원자로 구성되면서 특정되지 않은 일반 조성식을 갖는 경우 고용체(solid solution)라고 부른다. $GaN_{1-x}As_x$는 $(GaN)_{1-x}(GaAs)_x$로 표현되듯이 두 2성분 화합물 간 고용체에 해당한다. 혼합 대상 원자의 크기나 산화수가 비슷할수록 고용체가 형성되기 쉬우며, 그렇지 않은 경우 혼합 상이 얻어지게 된다.

고용체의 합성에서는 반응물 입자를 고도로 균질하게 혼합하는 것이 중요하며, 이를 위한 방법의 한 가지로 공침법(공동 침전법)을 들 수 있다. 공침법은 반응 선구체를 얻는 단계에 적용되는데, 크게 다음 두 과정을 포함한다.

(i) 목표 조성에 해당하는 양이온 혼합을 수용액 상태로 준비한다.

(ii) 조성 양이온들 모두와 침전을 잘 형성하는 음이온 종을 첨가한다.

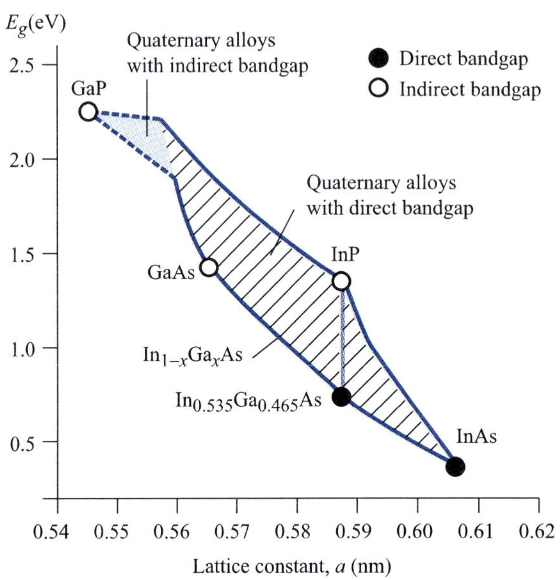

그림 28-1 화합물 반도체들의 고용체 조성에 따른 띠간격과 격자 크기 변화

잘 설계된 공침 과정은 반응 요소가 원자 차원으로 혼합된 선구체를 제공하게 되므로, 고온 고상 합성법에 비해 현저히 낮은 열처리 온도에서도 고순도의 생성물이 얻어질 수 있다. 공침법은 침전을 일으키는 음이온 종에 따라 옥살산 공침법, 구연산 공침법, 수산화 공침법 등으로 세분화되는데, 침전 대상 양이온 종의 조합에 따라 그 적용이 제한될 수도 있다.

산화 아연(ZnO)의 양이온인 Zn가 Mg으로 부분 치환된 $Zn_{1-x}Mg_xO$ 조성을 합성하고자 한다면, (i) 단계에서는 Zn와 Mg의 수용성 염을 선택할 필요가 있다. 두 금속 모두 아세트산염의 용해도가 매우 크므로 혼합 수용액을 얻기에 적합하다. (ii) 단계에서는 Zn와 Mg 모두와 불용성 염을 형성하는 옥살산을 이용할 수 있다. 25℃에서 ZnC_2O_4와 MgC_2O_4의 용해도곱 상수는 각각 2.7×10^{-8}, 8.5×10^{-5}이다.

ZnO를 바탕으로 한 고용체는 $Zn_{1-x}Mg_xO$ 외에도 $Zn_{1-x}Be_xO$, $Zn_{1-x}Cd_xO$ 등이 알려져 있다. 위의 세 경우 모두 x의 상한값(약 0.2)이 존재하는데, 이는

Zn^{2+}와 Mg^{2+}, Be^{2+}, Cd^{2+}의 이온 크기와 배위 속성이 다르기 때문으로 볼 수 있다.

시약 및 기구

(1) 시약: $Zn(CH_3CO_2)_2 \cdot 2H_2O$, $Mg(CH_3CO_2)_2 \cdot 4H_2O$, $H_2C_2O_4 \cdot 2H_2O$, 증류수

(2) 기구: 자석교반기, 뷔후너 여과 장치, 유발, 알루미나 도가니, 건조 오븐(60℃), 전기로(550℃), 분말 X-선 회절기, (적분구가 장착된) 자외선-가시광선 분광기, 열분석기

실험 방법

A. ZnO의 합성

1. $Zn(CH_3CO_2)_2 \cdot 2H_2O$ 40.0 mmol을 250 mL 비커에 담고 증류수 100 mL를 더한 후 교반하여 완전히 용해시킨다.
2. 이 용액을 교반하면서 $H_2C_2O_4 \cdot 2H_2O$ 42.0 mmol을 서서히 첨가하여 백색 혼탁액을 얻는다.
3. 5분간 교반을 계속한 후 중단하여 백색 미세 침전이 비커 바닥에 가라앉게 한다.
4. 뷔후너 여과 장치를 이용하여 백색 침전을 걸러내고 60°C에서 4시간 동안 건조시킨다.
5. 건조된 고체의 절반을 유발에서 곱게 분쇄한 후 도가니에 담아 550°C에서 20시간 가열하고, 나머지 절반은 따로 보관한다.

B. $Zn_{0.9}Mg_{0.1}O$의 합성

1. $Zn(CH_3CO_2)_2 \cdot 2H_2O$ 36.0 mmol과 $Mg(CH_3CO_2)_2 \cdot 4H_2O$ 4.00 mmol을 250 mL 비커에 담고 증류수 100 mL를 더한 후 교반하여 완전히 용해시킨다.
2. 이 용액을 교반하면서 $H_2C_2O_4 \cdot 2H_2O$ 42.0 mmol을 서서히 첨가하여 백색 혼탁액을 얻는다.
3. 5분간 교반을 계속한 후 중단하여 백색 미세 침전이 비커 바닥에 가라앉게 한다.

4. 뷔후너 여과 장치를 이용하여 백색 침전을 걸러내고 60°C에서 4시간 동안 건조시킨다.
5. 건조된 고체의 절반을 유발에서 곱게 분쇄한 후 도가니에 담아 550°C에서 20시간 가열하고, 나머지 절반은 따로 보관한다.

C. $Zn_{0.9}Mg_{0.1}C_2O_4 \cdot 2H_2O$와 $Zn_{0.9}Mg_{0.1}O$의 상 확인

1. 과정 **A-5**와 **B-5**에서 얻어진 분말의 X-선 회절 패턴을 얻는다. 2θ 범위 20~100°에서 관찰된 피크 위치를 이용하여 격자 상수를 결정한다.[1] 이때 wurtzite 타입 ZnO (육방정계, $a \approx 3.25$ Å, $c \approx 5.2$ Å)의 구조를 모델로 한다.
2. 과정 **A-5**와 **B-5**에서 얻어진 분말의 확산-반사 분광도를 파장 220~600 nm 범위에서 얻는다. 얻어진 반사율을 흡광도로 변환하고 띠간격을 결정한다.
3. 과정 **A-4**와 **B-4**에서 얻어진 분말의 X-선 회절 패턴을 얻고 데이터베이스 탐색 기능을 이용하여 상을 확인한다.
4. 과정 **A-4**와 **B-4**에서 얻어진 분말에 대해 상온~700°C에서 열중량 분석을 시행한다.

실험 결과

A. ZnO의 합성

1. $Zn(CH_3CO_2)_2 \cdot 2H_2O$의 질량: ____________ mg
2. $H_2C_2O_4 \cdot 2H_2O$의 질량: ____________ mg
3. 가열 후 생성물의 양: ____________ mg

---

1) UnitCell(http://www.ccp14.ac.uk/ccp/web-mirrors/crush/astaff/holland/UnitCell.htmL) 등의 프로그램을 이용한다.

B. $Zn_{0.9}Mn_{0.1}O$의 합성

1. $Zn(CH_3CO_2)_2 \cdot 2H_2O$의 질량: ___________ mg
2. $Mg(CH_3CO_2)_2 \cdot 4H_2O$의 질량: ___________ mg
3. $H_2C_2O_4 \cdot 2H_2O$의 질량: ___________ mg
4. 가열 후 생성물의 양: ___________ mg

C. $Zn_{0.9}Mn_{0.1}C_2O_4 \cdot 2H_2O$와 $Zn_{0.9}Mn_{0.1}O$의 상 확인

1. ZnO의 격자 상수:

   $a=$____ Å, $b=$____ Å, $c=$____ Å, $\alpha=$____°, $\beta=$____°, $\gamma=$____°
2. $Zn_{0.9}Mg_{0.1}O$의 격자 상수:

   $a=$____ Å, $b=$____ Å, $c=$____ Å, $\alpha=$____°, $\beta=$____°, $\gamma=$____°
3. ZnO의 띠간격: ________ eV
4. $Zn_{0.9}Mg_{0.1}O$의 띠간격: ________ eV
5. ZnO의 열분석도에서 관찰된 단계별 질량 감소:

   _______ °C, _______ % ; _______ °C, _______ % ; _______ °C, _______ %
6. $Zn_{0.9}Mg_{0.1}O$의 열분석도에서 관찰된 단계별 질량 감소:

   _______ °C, _______ % ; _______ °C, _______ % ; _______ °C, _______ %

문제

(1) 구연산 공침법과 비교하여 옥살산 공침법의 장단점을 조사하시오.

(2) ZnO와 MgO를 몰비 9:1로 혼합한 후 550°C에서 20시간 가열한다면, 어떤 생성물이 예상되는가? 본 실험 과정과의 차이점을 논하시오.

(3) Kubelka-Munk 관계식에 대해 조사하시오.

참고문헌

1. Patnaik, P. *Dean's Analytical Chemistry Handbook*; 2nd Ed.; McGraw-Hill: New York, 2004.
2. Kim, Y. I.; Seshadri, R. *Inorg. Chem.* **2008**, *47*, 8437.

실험 29

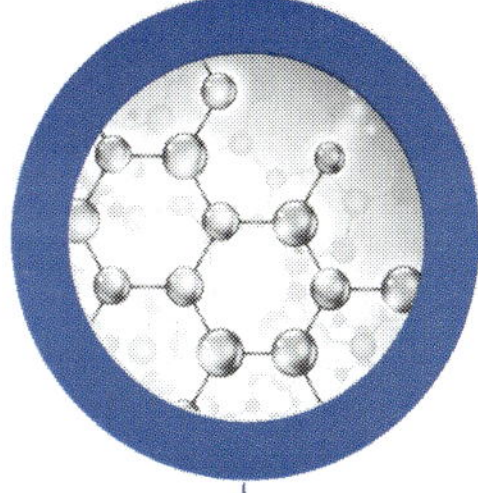

강유전체 $BaTiO_3$의 합성과 상전이

목적

대표적인 강유전성 물질인 $BaTiO_3$를 합성하고 TG, DSC, XRD 분석을 하여 큐리 온도(Curie temperature)와 상변화에 대하여 알아본다.

서론

강유전체(强誘電體, ferroelectrics)는 외부의 전기장이 없이도 스스로 분극(자발 분극, spontaneous polarization)을 가지는 재료로서 외부 전기장에 의하여 분극의 방향이 바뀔 수 있는 물질을 뜻한다. 주로 산화물에 많이 응용되고 있으며 $BaTiO_3$가 가장 대표적인 재료이다. $BaTiO_3$는 상온에서는 정방정(tetragonal) 결정 구조를 가지며 양이온 Ti^{4+}가 음이온 O^{2-}의 중심보다 약간 다른 위치에 있어서 자발 분극을 갖게 된다. 그런데 약 120°C 이상의 온도가 되면 결정 구조가 입방정(cubic)으로 바뀌면서 자발 분극이 사라지게 된다. 이렇게 강유전성(ferroelectricity)을 잃어버리는 온도를 큐리 온도(Curie temperature)라고 한다. 이러한 강유전 상전이는 고체 상전이의 하나로 큐리 온도를 상전이 온도라고도 부른다.

강유전체는 강자성체와 비슷한 이력곡선(hysteresis loop) 특성을 보여 준다. 외부 전기장(E)에 따른 분극값(P)의 변화를 나타낸 그래프가 이력 곡선이다(그림 29-1). 상온에서 강유전체이더라도 강유전체는 강유전분역(ferroelectric domain)으로 나뉘어 있기 때문에 외부 전기장이 없을 경우 분극 값은 0에서 시작한다. 외부 전기장이 강해짐에 따라 분극값이 증가하는데 이는 외부 전기장과 같은 방향의 분역이 넓어지기 때문이다. 일정한 전기장 이상이 되면 분극값이 포화되고 외부 전기장에 따른 선형적인 증가만 보여 주게 된다. 이때의 분극값을 포화 분극(P_{sat}, saturation polarization)이라고 한다. 다시 전기장을 내려주면 분극값이 영으로 돌아가지 않고 외부 전기장이 없더라도 일정한 분극값을 가지게 된다. 이를 잔류 분극(P_r, remanent polarization)이라고 부른다. 분극값이 0이 되기 위해서는 반대 방향의 전기장을 더 가해주어야 하는데 이때의 전기장의 크기를 항전기장(E_c, coercive field)라고 부른다. 반대 방향으로 전기장을 더 가해주면 처음에 전기장을 가해준 것과 비슷한 모양으로 분극값이 포화되고 다시 원래의 방향으로 전기장을 가해주면 포화 분극이 될 때 하나의 폐곡선(loop)을 이루게 된다. 이러한 이력곡선은 강자성체의 이력곡선과 매우 유사하며 강유전체를 나타내는 가장 대표적인 특성이다.

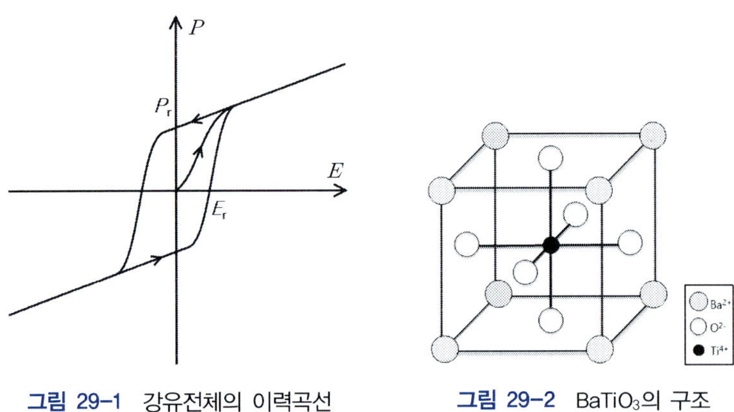

그림 29-1 강유전체의 이력곡선 **그림 29-2** $BaTiO_3$의 구조

$BaTiO_3$(Barium Titanate)는 페로브스카이트(perovskite) 구조의 강유전성을 띠는 물질로 널리 알려져 있다. 큐리 온도(120°C) 이상에서는 입방정 페로브스카이트 구조를 나타내지만 큐리 온도 이하에서는 Ti^{4+}과 O^{2-}가 이동하여 정방정 구조의 형태를 띠게 된다. 0℃ 부근에서는 사방정(orthorhombic) 결정 구조를, −90℃에서는 삼방정(trigonal) 구조를 갖게 된다(그림 29-2와 그림 29-3). 이는 Ti^{4+}이 O^{2-}의 중심보다 약간 다른 위치에 있어 자발분극을 갖는데, 큐리 온도 이상에서는 입방정 구조를 갖게 되면서 자발 분극이 사라지기 때문이다.

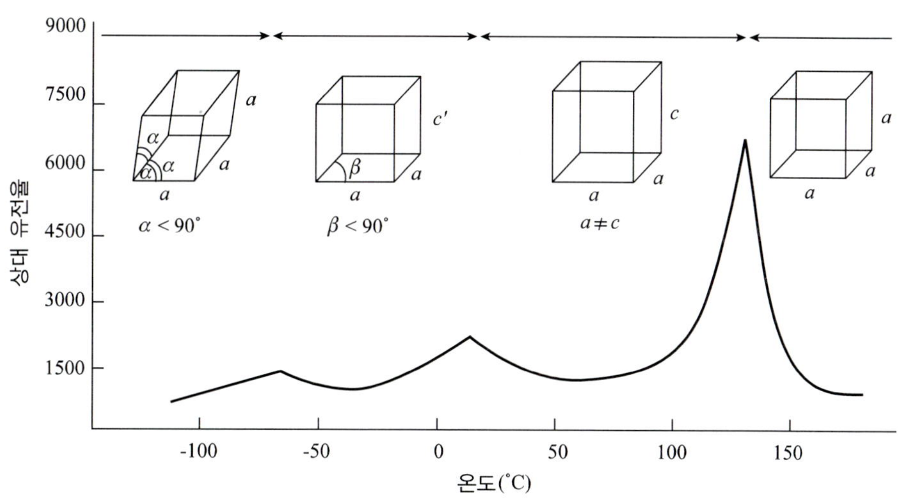

그림 29-3 온도에 따른 $BaTiO_3$의 상대 유전율

시약 및 기구

(1) 시약: TiO_2, $BaCO_3$

(2) 기구: 막자와 사발, 도가니, 전기로, XRD, TG-DSC

주의 사항

전기로의 온도가 높으므로 화상에 주의한다.

실험 방법

A. $BaTiO_3$의 합성

1. $BaCO_3$와 TiO_2을 각각 2 mmol씩 사발에 넣고 갈아 준다.
2. 과정 1에서 얻은 분말을 도가니에 넣고 1000℃에서 8시간 반응시킨다.
3. 과정 2에서 얻은 분말을 다시 한 번 갈아 1200℃에서 12시간 반응시킨다.

B. $BaTiO_3$의 분석

1. 분말 X-선 회절(PXRD)을 이용하여 합성물의 순도와 구조를 분석해 본다.
2. DSC를 통해 온도에 관한 열량 출입 그래프를 얻고 큐리 온도를 확인한다.

실험 결과

1. PXRD 결과

n	$2\theta(°)$	$\sin\theta$	$\lambda(Å)$	$d(Å)$	d^2	h	k	l	$a(Å)$

2. DSC 그래프를 별지에 붙이시오.

문제

(1) DSC를 통해 큐리 온도를 확인한 후 $BaTiO_3$의 상변화를 예측하시오.

참고문헌

1. Hippel, V. A. *Rev. Mod, Phys.* **1950**, *22*, 221.

실험 30

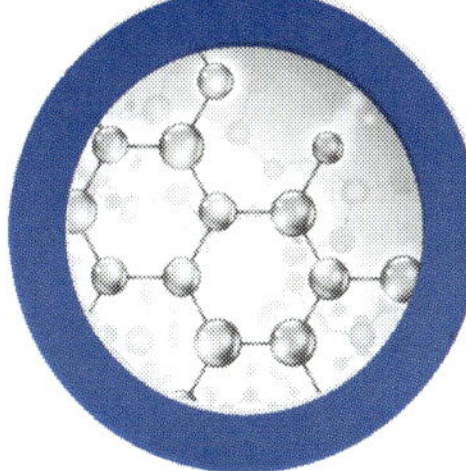

제올라이트 A의 합성과 X-선 회절을 이용한 구조 분석

목적

마이크로파를 사용하여 제올라이트 A를 빠르게 합성하고, X-선 회절 결과를 이용하여 제올라이트 A의 결정 구조 분석을 배운다.

서론

고체 산화물인 제올라이트(Zeolite)는 가열할 때 수증기가 발생하는 모양이 마치 끓는 것처럼 보여 끓는(zein) 돌(litos)이라는 그리스어에서 유래되며, 이를 영어 발음으로 '제올라이트'라고 그대로 옮겨 사용하고 있다. 우리나라에서는 '끓는 돌'이라는 뜻을 지닌 한자로 '비석'이라고 사용하다. 요즘에는 대부분 제올라이트로 쓰고 있다.

제올라이트는 구성 원자의 결합 방법에 특징이 있는 물질로 실리콘과 알루미늄 원자가 산소 원자 4개와 정사면체 형태(TO_4)로 배위하게 된다. 각 TO_4 단위는 산소 원자를 서로 공유하면서 결합하여 TO_4 단위들의 2차 결합 구조를 형성하게 되며, TO_4 단위의 연결 방법에 따라 그림 30-1의 다양한 2차 결합 구조를 형성하게 된다. 또한, 2차 결합 구조들도 서로 결합하여 더 크고 복합한 3차원 구조를 만들게 되며 이때 형성된 속이 비어 있는 구조의 소달라이트 공(sodalite cage)을 형성한다. 소달라이트 공은 2차 결합 구조 중 겹사각형 고리(D4R) 결합을 할 때 입구가 크고 큰 부피의 비어 있는 공간을 형성하게 되는데 이를 제올라이트 A의 세공(pore)이라고 부른다. 이러한 세공을 이용하여 제올라이트 A는 촉매, 흡착제, 세제의 첨가제 등으로 많이 사용되고 있다.

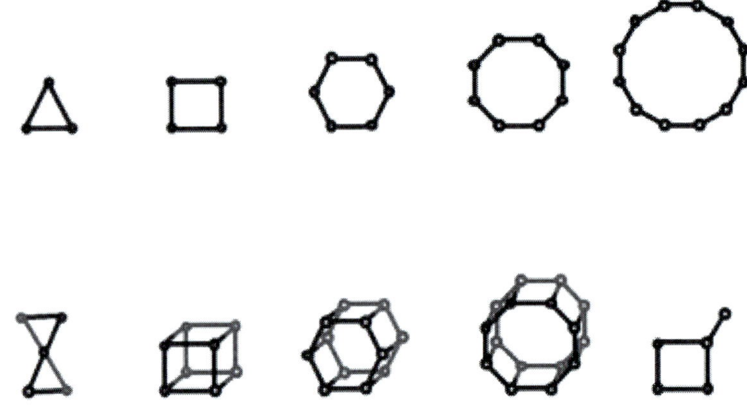

그림 30-1 제올라이트의 기본 구성 단위인 2차 결합 구조

제올라이트는 1862년 Dubille에 의하여 처음 levynite 수열 합성(hydrothermal synthesis)을 시작으로 하여 1950년경 Milton과 Breck에 의하여 공업적으로 중요한 제올라이트 A가 수열 합성되었다. 일반적으로 제올라이트의 수열 합성은 실리카와 알루미나 등의 기본 골격 구조 물질과 착물화 물질 등 부가 물질을 물에 넣어 만든 합성 혼합물을 밀폐된 용기에 넣고 가열하여 수증기 압력 하에서 열에 의하여 합성하는 것이다.

제올라이트는 합성 혼합물에 마이크로파를 가하여 합성하기도 한다. 수열 합성과 마찬가지로 합성 혼합물을 준비하여 마이크로파가 투과하는 용기에 넣고 마이크로파를 쪼여 열에너지 대신 마이크로파를 가하는 방식이다. 통상적인 수열 합성의 경우 20시간이 지나야 결정화가 완료되지만, 마이크로파를 사용하면 5분 만에 결정화가 끝나기도 한다. 마이크로파를 이용한 제올라이트 합성은 합성 속도를 단축시키고, 균일한 제올라이트의 합성이 가능할 뿐 아니라 특정 결합을 선택적으로 활성화할 수 있어, 특정한 구조 물질을 효과적으로 제조할 수 있다.

제올라이트는 구조에 따라 분류하는 물질로서 실리콘과 알루미늄 원자가 산소 원자와 정사면체 배위 구조를 이루며 결합한 결정성 복합체 산화물이다. 이런 구조적 특징을 반영하여 제올라이트를 '결정성 알루미노실리케이트(crystalline aluminosilicate)'라고 부른다. 이 말은 산소와 정사면체 배위 구조로 결합한 구성 산소의 종류와 산화 상태를 말해주면서, 동시에 이들이 결정성 물질임을 밝혀주고 있다.

제올라이트의 종류를 나누는 일차적인 근거는 골격(framework)의 구조에 있다. 골격 구조에 따라 제올라이트의 기본 성격이 결정되기 때문에, 국제 제올라이트 학회(International Zeolite Association, IZA)에서는 골격에 따라 알파벳 세 글자로 이루어진 구조 코드를 표 30-1과 같이 부여하였다.

표 30-1 중요하게 사용되는 제올라이트의 코드명과 관용명

코드명	관용명	비고
LTA	Zeolite A 3A 분자체 4A 분자체 5A 분자체	양이온: K^+ 양이온: Na^+ 양이온: Ca^{2+}
FAU	Zeolite X Zeolite Y 13X 분자체 10X 분자체 USY	Si/Al < 1.5 Si/Al > 1.5 양이온: Na^+ 양이온: Ca^{2+} Si/Al > 5
MRI	ZSM-5 Silicalite TS-1	알루미늄이 들어 있지 않음 골격에 타이타늄이 일부 들어 있음
HEU	Heulandite Clinoptilolite	양이온과 Si/Al 몰비가 서로 다름 $CaO : Al_2O_3 : 7SiO_2 : 6H_2O$ 휼란다이트 $(Na_2, K_2)O : Al_2O_3 : 10SiO_2 : 8H_2O$ 클리놉타이로라이트
MOR	Modenite	모더나이트
BEA	Zeolite β	베타제올라이트
LTL	Zeolite L	
ERI	Erionite	에리오나이트
FER	Ferrierite	페리어라이트

이러한 제올라이트는 결정성 물질이기 때문에 X-선 회절 패턴에서 구조를 유추할 수 있고, 회절 피크의 세기로부터 함량을 계산할 수 있다. 이처럼 X-선 회절 분석은 제올라이트의 종류와 함량을 결정하는 가장 기본적인 수단이다. 나아가 제올라이트의 세공에 들어 있는 물질의 위치와, 골격과의 상호작용도 정량적으로 파악할 수 있는 유용한 방법이다.

그림 30-2는 제올라이트 A 분말 시료에 X-선 회절 패턴과 결정학적 자료를 보여 준다. 회절 패턴은 결정 구조에 따라 결정되기 때문에 회절 패턴으로부터 제올라이트의 종류를 확인할 수 있다. 시료의 회절 패턴과 표준 제올라이트의 회절 패턴을 비교하여 제올라이트 종류를 판정한다. 엄밀하게 확인하기 위해서는 회절 피크의 2θ 값과 상대적인 피크 세기(I_{rel})를 나열하여 문헌에 보고된 결과와의 일치 정도로 판정한다. 컴퓨터가 내장된 X-선 회절 분석기에서는 회절 패턴을 그린 후 각 피크의 2θ 값과 피크 세기를 표로 출력해 준다.

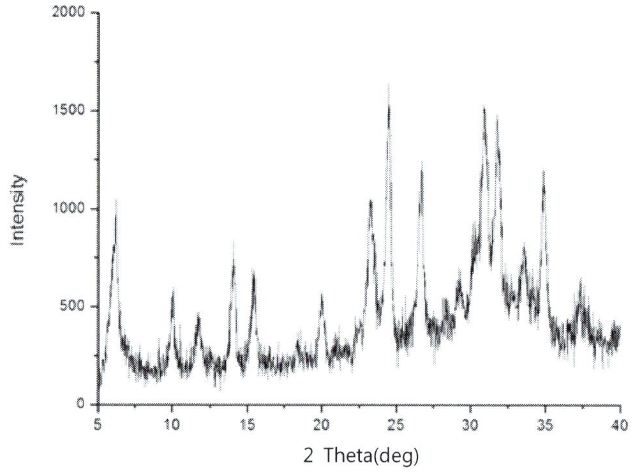

그림 30-2 제올라이트 A의 X-선 회절 패턴

제올라이트의 종류가 결정되면 회절 피크에서 구한 a, b, c 등 격자 상수의 값에서 단위 세포의 크기를 계산한다. 제올라이트 골격은 Si-O와 Al-O의 결합으로 이루어져 있는데, 이들 결합 길이가 조금씩 다르다. 이 차이로 알루미늄이 들어 있는 정도에 따라 결정이 수축하거나 팽창할 수 있다. 회절 패턴 자료에서 이러한 차이를 파악하기 위해서 격자 상수와 단위 세포의 부피를 계산한다.

시약 및 기구 (1) 시약: Ludox AS-40 (콜로이드 실리카, 40 wt% 수용액), 소듐 알루미늄산염(sodium aluminate: Na_2O = 37%, Al_2O_3 = 54%), NaOH(93%), 증류수
(2) 기구: 자석 막대, 마이크로파 합성 장치(MARS 5), X-선 회절기

주의 사항
- 강염기를 사용하기 때문에 실험 시 보호 장갑을 착용해야 한다.
- 마이크로파 합성 장치는 조교와 함께 조작한다.

실험 방법

A. 제올라이트 A의 합성

1. NaOH 1.4 g을 증류수 30 g이 담긴 비커에 넣고 녹인다.
2. 이 NaOH 수용액에 Na_2O 1.63 g을 넣고 30분간 녹인다.
3. NaOH 1.4 g을 증류수 42 g이 담긴 비커에 넣고 녹인다.
4. 과정 **3**의 NaOH 수용액에 Ludox HS-40 3.75 g을 넣고 빠르게 저어 준 뒤 과정 **2**의 혼합액을 비커에 천천히 떨어뜨리며 5분간 빠르게 저어 준다.
5. 과정 **4**에서 완성된 고체 혼합액을 마이크로파 합성 장치(MARS 5, CEM Co.)에 넣고 1시간 동안 1200 W, 120도의 마이크로파를 통과시켜 준다.
6. 마이크로파를 처리한 후 감압여과 장치를 이용하여 용액을 분리한 후 고체 혼합물을 증류수로 여러 번 씻어 준다.
7. 여과가 끝난 고체 혼합물을 80°C 오븐에 넣고 12시간 동안 수분을 완전히 증발시켜 회수한다.

B. XRD를 통한 제올라이트 A의 구조 분석

1. 제올라이트 A 0.2 g을 막자에 넣고 분말이 될 때까지 갈아 준다.
2. 분말형의 제올라이트 A를 X-선 회절기의 시료 분석 셀에 넣고 유리판을 이용하여 셀 표면을 평평하게 만든다.
3. X-선 회절기의 시료 분석 셀 주위에 남은 제올라이트 A 분말을 티슈를 사용하여 깨끗이 제거한다.
4. X-선 회절을 측정한다.

실험 결과

1. 제올라이트 A의 수율: ___________ %
2. 다음 표를 채워 제올라이트 A의 격자 크기를 계산한다.

Peak No.	2θ	$\sin^2\theta$	1 X $\sin^2\theta/\sin^2\theta_{min}$	2 X $\sin^2\theta/\sin^2\theta_{min}$	3 X $\sin^2\theta/\sin^2\theta_{min}$	$h^2+k^2+l^2$	hkl	a(Å)
1								
2								
3								
4								
5								
6								
7								
8								
9								
10								
11								
12								
13								
14								
15								

문제

(1) 사용한 시약을 바탕으로 제올라이트 A 전구체 혼합물의 구성을 계산하시오. (SiO_2 : Al_2O_3 : Na_2O : H_2O 몰비로 나타낼 것)

참고문헌

1. 서곤; 한국제올라이트학회. *제올라이트 첫걸음*; 전남대학교출판부: 광주, **2005**, 254.
2. Kim, D. S.; Chang, J. S.; Hwang, J. S.; Park, S. E.; Kim, J. M. *Microporous Mesoporous Mater.* **2004**, *68*, 77.
3. Xu, C. H.; Jin, T.; Jhung, S. H.; Chang, J. S.; Hwang, J. S.; Park, S. E. *Catal. Today* **2006**, *111*, 366.
4. Jin, H.; Ansari, M. B.; Park, S. E. *Chem. Commun.* **2011**, *47*, 7482.
5. Elliot, K. M. *Proc. Am. Petrol. Just.* **1962**, *43*, 272.

실험 31

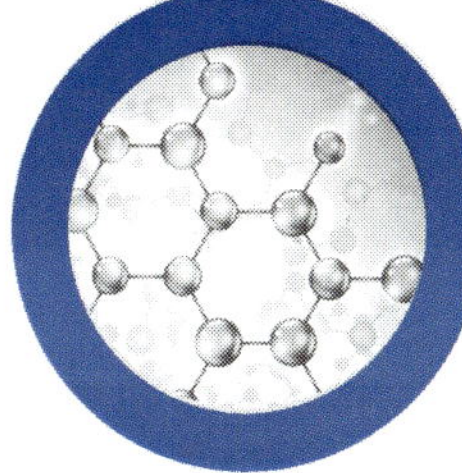

고체 화합물의 X-선 형광 분석

목적

특성 X-선을 이해하고, 이것을 이용하여 미지의 고체 화합물을 분석한다.

서론

X-선이 물질에 입사될 때 여러 가지 형태로 에너지 변환이 일어나고 X-선의 일부는 투과하게 된다. 투과, 흡수(열), 형광발생, 광전자 등 다양한 형태로 변환되고, 특히 물질에 의해 산란이 일어날 수 있다. 산란은 전자의 속도나 에너지를 잃지 않은 채 방향만 바꾼 탄성 산란과 입사된 X-선보다 낮은 에너지의 전자, 2차 전자를 방출시키는 비탄성 산란으로 나누어 생각할 수 있다(그림 31-1).

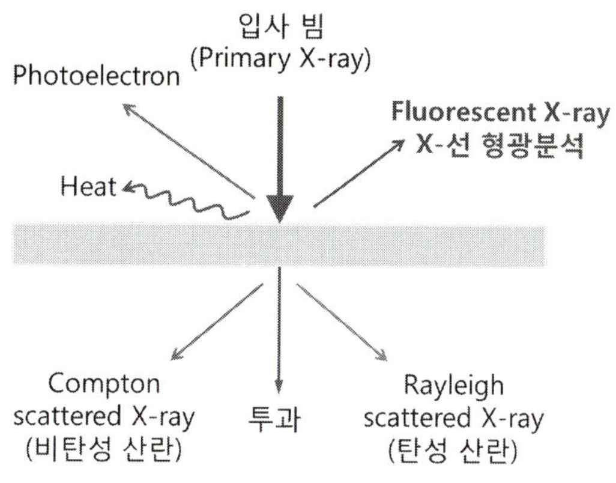

그림 31-1 전자빔이 물질에 입사했을 때 발생하는 특성 X-선

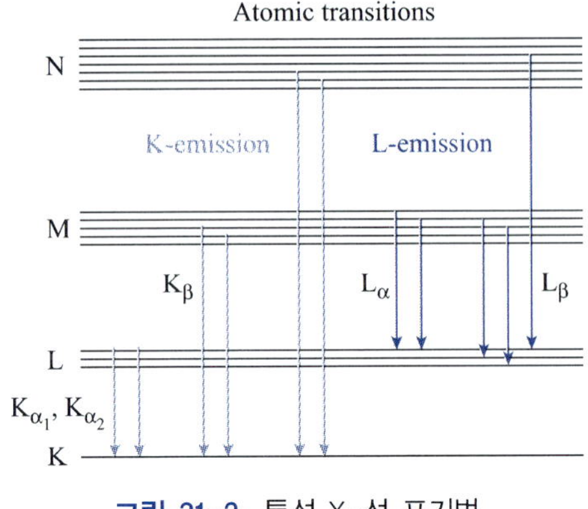

그림 31-2 특성 X-선 표기법

X-선에는 여러 파장의 X-선을 연속적으로 함유하는 **연속 X-선**과 어떤 파장의 X-선만이 특유한 세기로 나타나는 **특성 X-선**이 있다. 연속 X-선은 물질에 충돌하여 갑자기 운동이 정지된 전자의 운동 에너지의 일부가 변한 것을 의미한다. X-선 튜브에서 나오는 X-선 에너지의 대부분을 차지한다. 특성 X-선은 고유 X-선이라고도 하며, 연속 X-선과 발생 구조가 다르다. 물질의 원자 내에 있는 전자가 가속 전자의 충격으로 교란되어 발생하는 것이다. 시료에 X-선을 쬐어 주면 시료 내에 있는 원자는 들뜬 상태로 변하고 높은 에너지 준위에 있는 전자의 전이가 일어나며 바닥 상태로 되돌아오게 되는데, 이때 방출되는 X-선을 2차 X-선 또는 **X-선 형광**이라고 한다(그림 31-2, 그림 31-3).

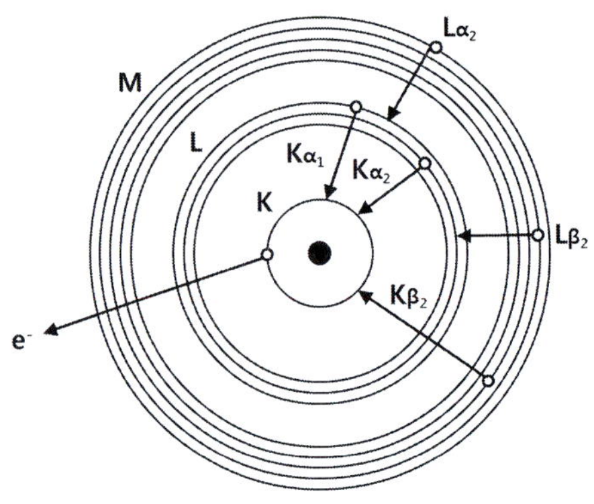

그림 31-3 특성 X-선 발생 원리

시약 및 기구 (1) 시약: 금속류 시약

(2) 기구: X-선 형광 분석기, 막자와 사발

주의 사항 흡습성 시약의 사용을 피한다.

실험 방법

A. 시료 제작

분말의 경우 미지의 금속류 시약(3~5종류)의 질량을 잰 후 곱게 갈면서 섞어 준다. 혹은 동전이나 귀걸이 등의 여러 종류의 금속이 함유된 물질을 준비한다.

B. X-선 형광 분석기 사용

1. 시료를 적당한 크기로 제작, 혹은 적당한 크기의 시료를 홀더에 올린다.
2. PC를 켜고 X-LabPro 2.5를 실행시킨다.
3. Door를 열고 Scissors-type의 테이블 위에 홀더를 올려놓는다.
4. Tool → Routine dialog-[Point scan]을 click한다.
5. 왼쪽 화면에 아래 video를 선택하면 scanning window를 통해 시료를 볼 수 있다. Laser pointer와 light를 켠 후 두 점이 시료와 평평한 표면 위에서 한 점에 위치하도록 조절하다.
6. Sample name, method, job을 지정한다. (합금 분석 시 사용하는 Fp-4458 method를 선택)
7. Evaluation은 click을 해제 → standby → start 순으로 버튼을 누르면 scan을 시작한다.
8. Scan이 끝나면 'sample remove'을 누른 후 holder를 꺼낸다.
9. Stand-by를 click한다.
10. Spectra viewer에서 tool box를 이용하여 noise를 보정하고 x, y축의 단위를 변환시킬 수 있으며 시료를 구성하고 있는 각 원소를 찾을 수 있다

실험 결과

1. 측정한 시료: ___________
2. 시료의 구성 성분: ___________

문제

(1) 특성 X-선에 대해 설명하시오.

(2) WD-XRF와 ED-XRF의 차이점을 비교하시오.

참고문헌

1. Marguí, E.; Queralt, I.; Hidalgo, M. *Trend. Anal. Chem.* **2009,** *28,* 362.
2. Brouwer, P. *Theory of XRF*; PANalytical BV: The Netherlands, 2003.

참고자료 X-선 형광 분석기

X-선 형광 분석기는 크게 ED(Energy Dispersive)-XRF와 WD(Wavelength Dispersive)-XRF로 나뉜다.

(1) WD-XRF: 시료에서 발생한 형광 X-선이 이미 알려진 분광 결정의 기울기가 변화되어 여러 가지 파장으로 분리하는 방식

(2) ED-XRF: 시료에서 발생되는 특성 X-선을 Si 단결정 pin 반도체 소자를 이용해 에너지 형태로 검출하는 방식

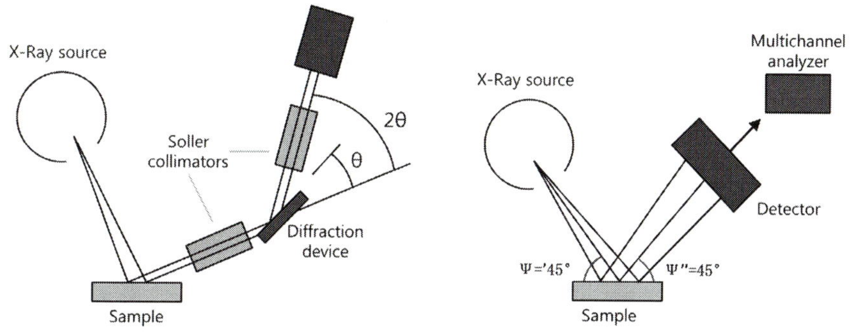

그림 31-4 WD-XRF 분광기의 구조

그림 31-5 ED-XRF 분광기의 구조

X-선 형광 분석기의 특징

- 일반적으로 측정 시료는 화학적 전처리를 필요로 하지 않으며, 시료는 측정에 의해 파괴되지 않는다. 고체, 액체 시료의 측정이 가능하다.
- 형광 X-선 분석 대상 원소는 주로 Na부터 U까지의 모든 원소이다.
- 반도체 검출기를 이용한 시스템에서는 많은 원소의 동시 분석이 가능하다.
- 분석 가능한 농도는 주성분(% 이상)으로부터 미량 성분(ppm)까지의 넓은 범위에 걸친다.
- 일반적으로 정량 분석이 가능하다. 특히 표준 시료를 이용해서 비교하면 높은 분석 정밀도(0.1%)를 얻을 수 있다.

※ 분석 시 유의 사항

- K-선 피크와 L-선 피크를 구분해야 한다.
- 광원으로부터 입사된 X-선이 시료 표면에서 산란을 일으킬 수 있다.
- 피크의 중첩이 일어날 수 있다.
- 가벼운 원소들은 X-선에 약하고 그 세기가 공기에 의해 급격히 감소한다.
- Fe와 Ca 등 시료 내에 다양한 원자가 있을 때, 한쪽 원소의 형광이 다른 쪽 원소에 흡수되어 형광으로 나타날 수 있다.

실험 32

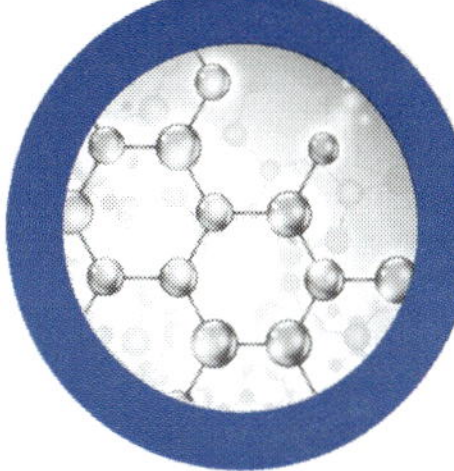

Y_2O_3:Eu 형광체의 합성 및 형광 특성

목적

Y_2O_3:Eu 형광체 제조를 통해서 형광체에 대해 알고 그 응용 분야를 이해한다.

서론

1. 형광체

형광체(Phosphor)라고 하는 것은 외부 에너지를 흡수하여 가시광을 방출하는 물질을 통틀어 지칭하는 것으로, 대체로 그 파장의 범위는 380 ~ 770 nm이다(그림 32-1). PDP용으로 사용되는 형광체는 페닝가스(penning-gas)에 의해 에너지를 흡수하여 빛으로 방출하는 물질로서 형광 램프, 레이저, 대형 및 고성능의 TV 스크린, 섬유 광학(fiber optics)에 이용되고 있다. 적색 PDP용 형광체 가운데 Y_2O_3:Eu 형광체는 발광 효율이 높고 열적, 화학적 안정성을 가지고 있어 널리 사용된다(그림 32-2). 이 실험에서도 Y_2O_3:Eu 형광체를 이용한다.

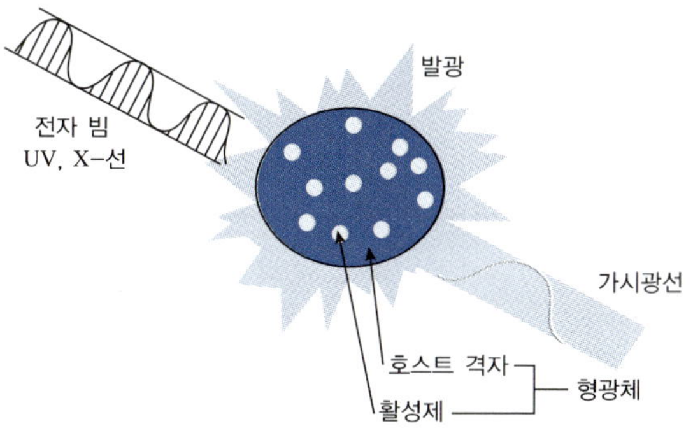

그림 32-1 형광체의 구성과 작용

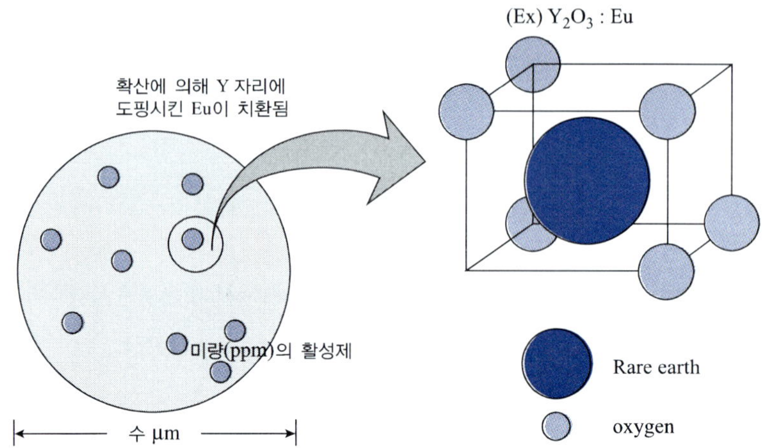

그림 32-2 Y_2O_3:Eu 형광체의 구조

2. 발광

발광(luminescence)이란 물질이 전자파나 열에 의하여 에너지를 받아 여기 되고, 그 받은 에너지로 특정 파장의 빛을 방출하는 현상을 말한다. 이 발광 현상에는 여기된 에너지의 방출 경로에 따라 형광(fluorescence)과 인광(phosphorescence)의 두 가지로 구분된다. 형광은 여기원에서 에너지의 공급을 끊자마자 발광도 멈추는 것을 말하고(그림 32-3), 잔광을 가지고 있는 현상을 인광이라고 한다.

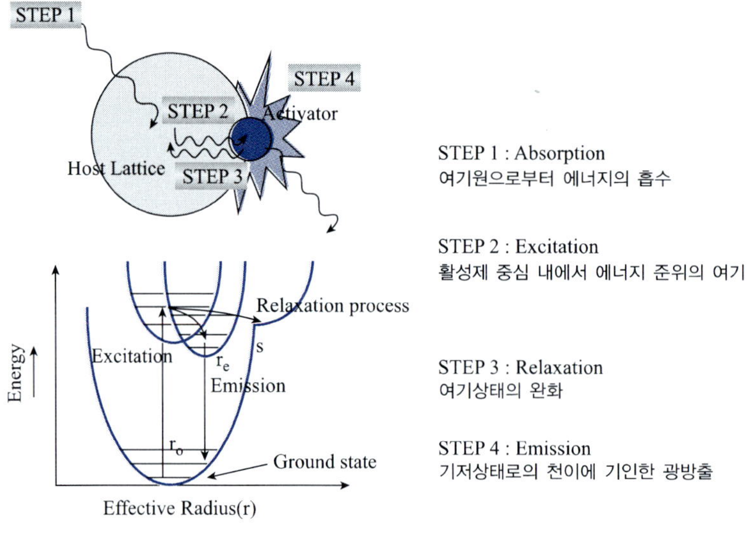

그림 32-3 형광 현상의 과정

3. 형광체의 구성

형광체는 활성제(activator), 호스트(host), 증감제(sensitizer)의 세 가지로 구성되어 있다(그림 32-1). 여기서 활성제는 실제로 빛을 내는 이온을 말한다. 호스트는 활성제 이온을 잡아주는 역할을 한다. 증감제는 그 자체로 빛을 흡수하거나 방출하지 않으나, 활성제의 광효율을 증가시키는 역할을 한다.

1) 활성제의 조건: 가시광선 영역에 해당하는 에너지 준위를 가지고 있어야 하고, 활성제의 기저준위와 여기준위간의 충분한 에너지 차이가 존재해야 한다.
2) 호스트의 조건: 활성제가 첨가되었을 경우 외부로부터의 에너지 흡수는 모체에 의한 경우가 크므로 적당한 영역(주로 자외선 영역)의 흡수 밴드를 가지고 있어야 한다.
3) 증감제의 조건: 증감제 첨가의 정확한 영향은 밝혀지지 않았지만 주로 전하 상쇄(charge compensation)의 역할을 한다.

시약 및 기구

(1) 시약: $Y(NO_3)_3 \cdot 4H_2O$, $Eu(NO_3)_3$, 옥살산, 증류수
(2) 기구: 자석 막대, UV 램프, 감압 필터, 가열판, 연소로(furance), 막자사발, 막자, 비커, 도가니

주의 사항

활성제와 호스트의 무게를 정확하게 잰 후에 증류수에 넣고 녹인다.

실험 방법

1. Y_2O_3와 Eu가 97 : 3의 몰비를 이루도록 $Y(NO_3)_3 \cdot 6H_2O$ (383.01g/mol)와 $Eu(NO_3)_3$ (337.986 g/mol)의 무게를 재어 증류수에 넣고 녹인다.
2. 용액을 교반하면서 완전히 녹인다.
3. 모두 녹인 후, 옥살산을 첨가하면서 천천히 저어 주면 침전물 입자가 생성된다.

4. 감압 필터를 이용하여 침전물을 거른다.
5. 침전물을 도가니에 넣고 연소로에서 800℃로 2시간 동안 굽는다.
6. 만들어진 분말에 2% 몰비의 Na_2CO_3를 첨가한 후 막자사발에서 갈아 준다. (Na_2CO_3의 분자량: 105.99 g/mol)
7. UV 램프로 Y_2O_3 : Eu 형광체가 완성되었는지 확인한다.

실험 결과

1. 수득률: ___________ %
2. UV 램프를 이용하여 합성한 형광체의 발광을 확인하시오.

문제

(1) 형광과 인광의 원리를 밴드 갭(band gap)을 이용하여 설명하시오.

참고문헌

1. Yun, H. S.; Kim, C. J.; Jang, H. D. *Korean Chem. Eng. Res.* **2008**, *46*, 506.
2. Fu, Y. P. *J. Mater. Sci.* **2007**, *42*, 5165.

실험 33

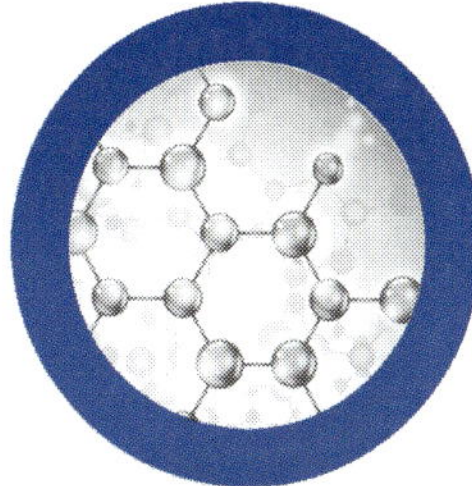

졸-젤화에 의한 실리카 합성: 산, 염기 촉매 사용의 비교

목적

단분자 상태의 물질이 졸–젤 공정을 거쳐 고체 상태로 응축하는 과정을 관찰한다. 졸–젤화의 메커니즘에 따라 미세구조가 달라지는 것을 확인한다.

서론

에어로젤(aerogel)은 큰 비표면적과 다공 구조, 지극히 낮은 밀도로 묘사되는 고체 상태를 일컫는다. 에어로젤은 액체 상 젤로부터 초임계 건조를 통해 용매 액체만을 제거해 낸 상태라고 할 수 있는데, 다른 한편으로 젤 용액의 건조 과정에서 용질 입자 간 응축이 다소 진행될 경우 크세로젤(xerogel)이나 앰비젤(ambigel)이 형성된다(그림 33–1).

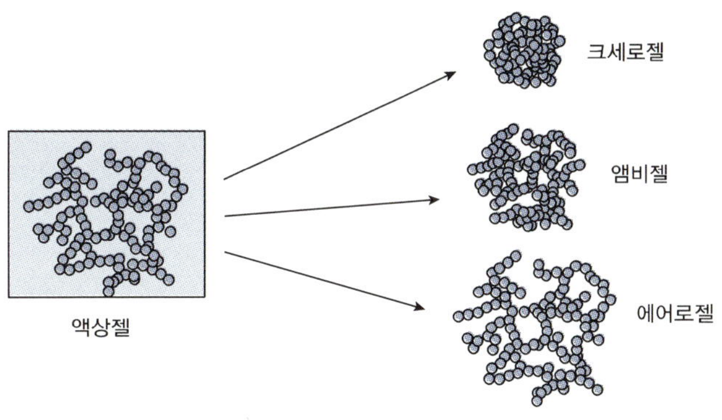

그림 33–1 젤 용액의 용매 제거와 고형화 유형

1931년 실리카(SiO_2) 에어로젤이 최초 합성된 이래로 후속 개발을 통해 밀도 1.9 kg/m^3의 에어로젤이 제조된 바 있으며(공기의 밀도 1.2 kg/m^3), 탄소, 알루미나, 산화 주석 등 다양한 조성으로 그 제조 범위가 확대되어져 왔다. 에어로젤의 독특한 나노다공 구조는 우수한 단열, 흡착, 촉매 기능을 제공할 뿐만 아니라, 최근 유망한 전극재료 개발에 이용되고 있다.

실리카 에어로젤을 합성하기 위한 졸 용액은 알콕사이드 선구체, $Si(OR)_4$의 가수분해(식 33-1)-축합(식 33-2) 과정을 통해 얻을 수 있다. 주로 사용되는 알콕사이드 선구체에서 R = Me, Et이고, 이들은 각각 TMOS(tetramethylorthosilicate)와 TEOS (tetraethylorthosilicate)라고 부른다.

가수 분해: $Si(OR)_4 + H_2O \longrightarrow Si(OR)_3OH + ROH$ (식 33-1)

축합: $2\ Si(OR)_3OH \longrightarrow (RO)_3Si-O-Si(OR)_3 + H_2O$ (식 33-2)

우선 알콕사이드의 가수 분해에 의해 실란올(silanol)이 생성되고, 실란올 분자 간의 축합을 통해 -Si-O-Si- 결합이 형성된다. 이후 가수 분해-축합 반응이 연속적으로 진행됨에 따라 입자 크기 1~100 nm의 콜로이드 상태를 거쳐 3차원의 젤 네트워크가 이루어진다. 반응 과정에 산 촉매를 사용할 경우 가수 분해에 비해 축합 속도가 빨라 주로 긴 사슬 형태의 젤이 얻어지는 반면, 염기 촉매를 사용하는 경우 가수 분해가 우세하여 가지화가 활발히 일어난다. 위의 상이한 메커니즘에 의해 형성된 실리카 에어로젤은 미세 구조가 다르고(그림 33-2), 그에 의해 육안으로 구분 가능한 투명도를 보이게 된다. 본 실험에서는 염기 촉매 조건에서 실리카 에어로젤을 합성하고, 그것을 산 촉매 하에서 얻은 실리카 졸 용액과 섞어 복합 젤을 제조하게 된다.

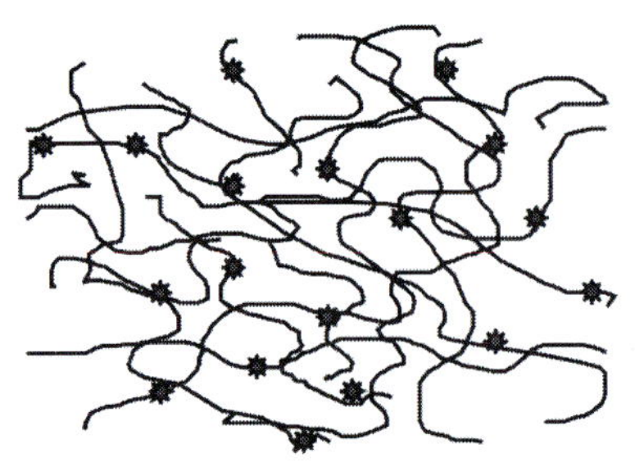

산 촉매 실리카 에어로젤

염기 촉매 실리카 에어로젤

그림 33-2 산 촉매와 염기 촉매 하에서 얻어진 실리카 에어로젤의 미세 구조 비교

시약 및 기구 (1) 시약: TEOS [$Si(OCH_2CH_3)_4$], NH_4F, 콩고레드, 브로모메틸블루, 무수 에탄올, 암모니아수, 염산, 아세톤

(2) 기구: 프로필렌 바이알 (20 mL), pH 시험지, 건조 오븐(60℃)

주의 사항 알콕사이드 시약은 장갑을 착용하고, 반드시 흄 후드 내에서 취급한다.

실험 방법

A. 염기 촉매 조건에서 실리카 에어로젤의 합성

1. 눈금 실린더로 무수 에탄올 12.0 mL를 취해 삼각 플라스크(250 mL)에 담는다.
2. TEOS 15.0 mL를 취해 삼각 플라스크에 더한 후, 교반하면서 관찰한다.
3. 무수 에탄올 10.5 mL와 증류수 21 mL를 비커(100 mL)에 담은 후, 마이크로피펫을 이용하여 진한 암모니아수 85 μL와 NH_4F 0.5 M 수용액 360 μL를 비커에 더한다.
4. 알콕사이드/에탄올 용액(과정 2)을 교반하면서, 과정 3에서 준비한 염기 수용액을 조심스럽게 더한다.
5. 두 용액이 완전히 섞일 때까지 격렬히 교반한다. 1시간 이상 소요될 수도 있다.
6. 완전히 섞인 졸 용액을 3개의 프로필렌 원심분리 바이알에 각각 ~10 mL씩 담는다.
   - 6-1. 첫 번째 바이알에 콩고레드 염료 분말 10~15 mg을 넣고 격렬히 흔들어 섞는다.
   - 6-2. 두 번째 바이알에 브로모티몰블루 염료 분말 10~15 mg을 넣고 격렬히 흔들어 섞는다.
   - 6-3. 세 번째 바이알에는 염료를 넣지 않는다.
7. 랩과 고무 밴드를 이용하여 3개의 바이알 각각을 덮어씌우고, 주사기 바늘로 구멍을 낸다.
8. 염료가 첨가된 2개의 바이알은 60℃ 건조 오븐에 넣고, 염료가 없는 바이알은 상온에서 보관한다.

9. 2~3일 경과 후 오븐에 보관한 2개의 바이알을 꺼내어 젤화가 완결되었는지 확인한다.[1] 바이알로부터 랩을 제거한 후 마개를 이용하여 밀봉하고 상온에서 보관한다.
10. 5일(최초 실험일로부터 1주일) 경과 후, 3가지 시료의 변화를 비교 관찰한다.

B. 산 촉매 조건에서 실리카 졸의 합성

1. 눈금 실린더로 무수 에탄올 12.0 mL를 취해 삼각 플라스크(250 mL)에 담는다.
2. TEOS 15.0 mL를 취하여 삼각 플라스크에 더한 후, 교반하면서 관찰한다.
3. 증류수 19 mL를 비커(100 mL)에 담은 후, 진한 염산 2~3 방울을 더한다.
4. 알콕사이드/에탄올 용액(과정 **2**)을 교반하면서, 과정 **3**에서 준비한 산성 수용액을 조심스럽게 더한다.
5. pH 시험지를 이용하여 혼합 용액의 산성도를 측정하고, pH가 높다면 진한 염산을 소량 첨가하여 pH 3으로 맞추어 준다.
6. 두 용액이 완전히 섞일 때까지 격렬히 교반한다. 1시간 이상 소요될 수도 있다.

C. 젤/젤 복합체 (gel-in-gel) 합성

1. (이하 과정 **1~3**은 두 종류의 염료 처리 젤에 대해 각각 시행한다.) 염기 촉매 하에서 제조된 실리카 젤(실험 A)을 바이알에 담긴 채로 아세톤으로 헹군 후 젤 덩어리를 비커에 옮긴다.
2. 젤이 완전히 잠기도록 아세톤을 부어 두었다가 15분 후 아세톤을 비워낸다.(2회 반복)
3. 염료 처리된 젤 조각들을 깨끗한 프로필렌 바이알에 담고, 실험 B에서 얻은 실리카 졸 용액을 부어 준다.
4. 산 촉매로 얻은 실리카 졸 용액만이 담긴 바이알을 별도로 준비한다.

---

1) 유동상이 사라지고 뚜렷한 고체상만이 남아 있다면 젤화가 완결된 것으로 볼 수 있다. 주어진 온도 조건에서 2일 정도 경과하면 젤화가 완결된다.

5. 이상에서 마련된 3개의 바이알을 랩으로 씌운 후 60℃ 건조 오븐에 넣는다.
6. 실험 A에서와 같이, 2일 경과 후 바이알을 오븐에서 꺼내어 마개로 밀봉한 후 상온에 보관한다.
7. 5일 경과 후, 3가지 시료의 변화를 비교 관찰한다.

실험 결과

과정	주요 내용
A-4	• 두 용액이 즉각적으로 섞이는가? • 두 용액을 혼합한 후 온도 변화가 있는가? • pH 시험지를 이용하여 혼합액의 pH를 측정하시오.
A-5	• 두 용액이 완전히 섞이기까지 걸린 시간은?
A-6-1	• 콩고레드 염료의 양: ________ mg • 염료가 완전히 용해되는가?
A-6-2	• 브로모티몰블루 염료의 양: ________ mg • 염료가 완전히 용해되는가?
A-10	• 3가지 시료 모두 젤을 이루었는가? • 용매 액체가 남아 있는가? • 젤이 단일한 덩어리(monolith)를 이루었는가? • 젤의 수축이나 갈라짐이 일어났는가? • 젤이 투명/불투명한가? • 젤이 색깔을 띠는가?
B-4	• 두 용액이 즉각적으로 잘 섞이는가?
B-6	• 두 용액이 층 분리 없이 섞이기까지 걸린 시간은?
C-2	• 젤로부터 염료가 침출되는가?
C-7	• 각 시료의 색깔은?

문제

(1) TEOS 대신 TMOS를 사용할 경우, 생성물 실리카 젤의 형상이나 투명도가 어떻게 달라질 것인지 예상하시오.

(2) 과정 **A-7**에서 바이알을 밀봉하지 않는 이유는 무엇인가?

(3) 염기 촉매와 산 촉매 조건에 따라 생성물 젤의 밀도가 달라질 것으로 예상하는가? 그 근거는 무엇인가?

참고문헌

1. Morris, C. A.; Rolison, D. R.; Swider-Lyons, K. E.; Osburn-Atkinson, E. J.; Merzbacher, C. I. *J. Non-Cryst. Solids* **2001**, *285*, 29.
2. Russo, R. E.; Hunt, A. *J. Non-Cryst. Solids* **1986**, *86*, 219.
3. Buckley, A. M.; Greenblatt, M. *J. Chem. Educ.* **1994**, *71*, 599.

실험 34

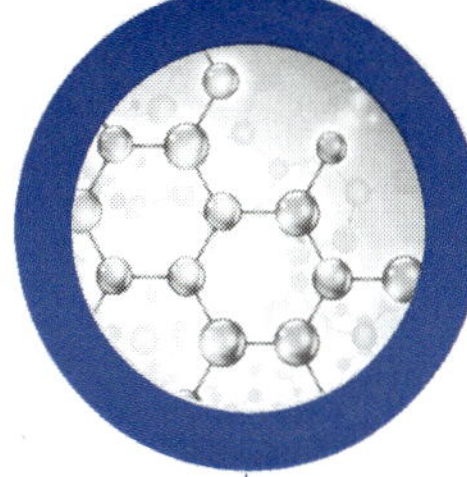

$H_4SiW_{12}O_{40} \cdot 7H_2O$의 합성 및 산도 측정

목적

무기 고체 산의 일종인 텅스텐 헤테로다중산 (heteropolytungstate)을 합성하고 산-염기 적정을 통해 해리성 양성자 개수를 측정한다.

서론

V, Nb, Ta, Mo, W 등의 산소산 음이온은 수용액 내에서 다양한 정도의 축합을 일으키고 그 결과로 다중산소산(polyoxometalate)을 형성하게 된다(그림 34-1). 이러한 현상은 주기율표 상 5B, 6B족 원소들에서 두드러지며, 중심 원소가 한 종류인 경우 아이소다중산(isopoly acid; $H_2B_4O_7$, $H_6Mo_7O_{24}$, $H_5P_3O_{10}$,...), 두 종류 이상인 경우 헤테로다중산(heteropoly acid; $H_4SiW_{12}O_{40}$, $H_3PMo_{12}O_{40}$, $H_3PV_2Mo_{10}O_{30}$,...)으로 구분한다.

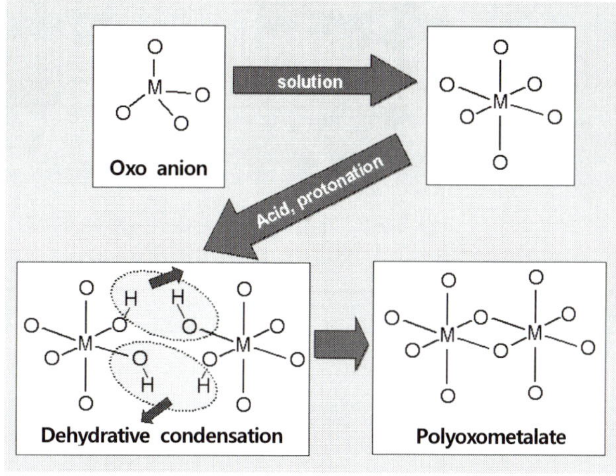

그림 34-1 수용액 상에서의 다중산소산 형성 과정

몰리브데넘(Mo) 화학종을 예로 들면, 단량체 MoO_4^{2-}는 아래의 축합 평형에 관여할 수 있다.

$$7MoO_4^{2-} + 8H^+ \longrightarrow [Mo_7O_{24}]^{6-} + 4H_2O \qquad (식\ 34\text{-}1)$$

$$8MoO_4^{2-} + 12H^+ \longrightarrow [Mo_8O_{26}]^{4-} + 6H_2O \qquad (식\ 34\text{-}2)$$

위의 두 평형은 수용액 상에서 형성될 수 있는 수많은 다중산 착물 중 일부 예만을 보여 주고 있으며, 주생성 착물의 종류가 수용액 pH에 크게 의존할 것임을 가리킨다. 어느 경우에나 MoO_6 팔면체를 기본 요소로 하여 꼭짓점, 모서리, 면 공유를 통해 다양한 형태의 다중산으로 확장된다. 텅스텐(W)과 몰리브데넘은 상당히 유사한 다중산 형성 거동을 보이며, 특히 규소(Si) 화학종이 혼재하는 수용액 조건에서, 이들의 산소산 음이온은 케긴(Keggin) 구조의 다중산 $[SiM_{12}O_{40}]^{4-}$ (M = W, Mo)을 주도적으로 이룬다. 간략히 표현된 케긴 구조(그림 34-2)를 살펴보면 SiO_4 사면체를 중심으로 WO_6 팔면체 12개가 T_d 대칭성에 따라 배열됨을 볼 수 있다.

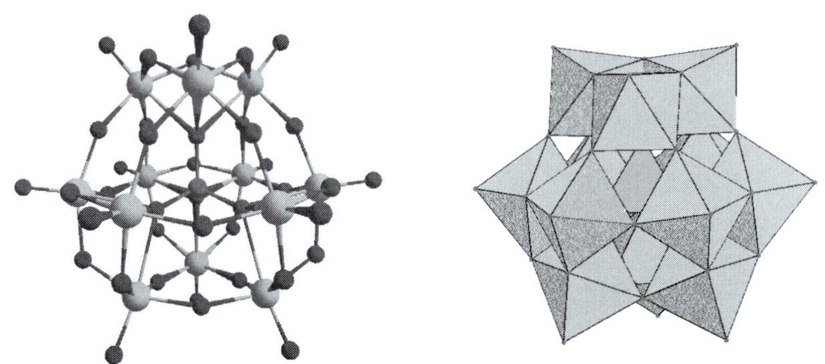

그림 34-2 케긴 구조 $XM_{12}O_{40}^{n-}$ (X = Si; M = W; n = 4)

전이 금속 다중산은 표면 말단부에 산화 음이온(O^{2-})을 가진다는 독특한 속성 때문에 '음이온성 산화물'이라 불리기도 하며, 다양한 반응에 산 촉매로 응용될 수 있다. 또한 말단 O^{2-}가 쉽게 과산화 음이온(O_2^{2-})으로 치환될 수 있어 산화 반응에서의 산소 운반체 역할을 할 수 있다. 이 실험에서는 유기 용매(에터)를 이용한 추출법으로 수용액 중의 $[SiW_{12}O_{40}]^{4-}$ 다중산 음이온을 수소화물 형태로 결정화시키고, 산-염기 적정을 통해 그 산성도를 평가한다.

시약 및 기구

(1) 시약: $Na_2WO_4 \cdot 2H_2O$, $(Na_2O)(SiO_2)_{3.4} \cdot xH_2O$ (물유리, 비중 1.39), 다이에틸 에터, 염산.

(2) 기구: 가열교반기, 적하 깔때기, 분별 깔때기, 증발접시, 건조 오븐(70℃)

주의 사항

반응은 흄 후드에서 진행하거나 미비한 경우 환기에 주의한다.

실험 방법

A. $H_4SiW_{12}O_{40} \cdot 7H_2O$의 합성

1. $Na_2WO_4 \cdot 2H_2O$ 15 g을 증류수 30 mL에 녹이고 비중 1.39의 물유리 1.16 g을 더한다.
2. 혼합 용액을 격렬히 교반하면서 가열한다.
3. 교반 가열 중인 용액에 진한 염산 10 mL를 적하 깔때기를 이용하여 30분에 걸쳐 서서히 첨가한다.
4. 용액을 상온으로 서서히 냉각시킨 후 여과한다.
5. 여과액에 진한 염산 5 mL를 서서히 첨가하고 분별 깔때기에 옮겨 담은 후 에터 12 mL를 더한다.
6. 분별 깔때기를 흔들어 세 층으로 분리되는지 확인한다. 층 분리가 일어나지 않는다면 에터를 약간 더한 후 다시 흔들어 준다.
7. 맨 아래 층(에터)을 흘려 내어 비커에 보관한다.
8. 중간층의 노란색 생성물이 완전히 없어질 때까지 에터 추출을 반복한다.
9. 분별 깔때기에 남은 액체는 폐액통에 옮기고, 분별 깔때기를 헹군다.
10. 과정 **7~8**에서 보관한 에터 용액을 분별 깔때기에 담고, 3 M 염산 수용액 16 mL와 에터 4 mL를 더한 후 흔들어 준다.
11. 아래의 에터 층을 증발접시에 흘려 담고 용매를 증발시킨다.
12. 증발 후 남은 고체를 70℃에서 2시간 가열하여 건조시킨다.
13. 수득량을 측정한다.

B. $H_4SiW_{12}O_{40} \cdot 7H_2O$의 산도 측정

1. 실험 A에서 얻은 생성물 약 4 g을 정량하여 증류수에 녹이고 부피 플라스크를 이용하여 100 mL 부피로 희석한다.
2. 이 용액을 0.1 N NaOH 표준 용액으로 적정한다. 지시약은 메틸오렌지나 클로로페놀레드를 사용할 수 있다.
3. 적정된 산 용액의 노르말 농도(N)와 몰농도(M)를 계산한다. 용질의 조성식은 $H_4SiW_{12}O_{40} \cdot 7H_2O$로 가정한다.

실험 결과

과정	주요 내용
A-1	• $Na_2WO_4 \cdot 2H_2O$ 질량: ________ g • 물유리 질량: ________ g
A-5	• 여과액의 색깔:
A-13	• 생성물 질량: ________ g
B-1	• NaOH 수용액의 농도: ________ M
B-2	• 종말점까지 사용된 NaOH 용액 부피: ________ mL
B-3	• 적정된 산 용액의 농도: ________ N, ________ M

문제

(1) 5B, 6B족 이외에 어떤 금속들이 다중산소산을 형성하는지 조사하시오. 다중산소산을 잘 형성하기 위해 필요한 속성이 무엇인지 논하시오.

(2) 이 실험에서 $[SiW_{12}O_{40}]^{4-}$의 형성에 대한 알짜 반응식을 쓰시오.

(3) 추출 용매로서 에터가 선택된 이유를 설명하시오. 클로로폼이나 다이클로로메테인을 사용할 경우 어떤 결과가 예상되는가?

참고문헌

1. North, E. *Inorg. Synth.* **1939**, *1*, 129.
2. Pope, M. T.; Jeannin, Y.; Fournier, M. *Heteroploy and isoploy oxometalates*; Springer-Verlag: Berlin, 1983.
3. Keggin, J. F. *Proc. Roy. Soc. A*. **1934,** *144*, 75.

실험 35

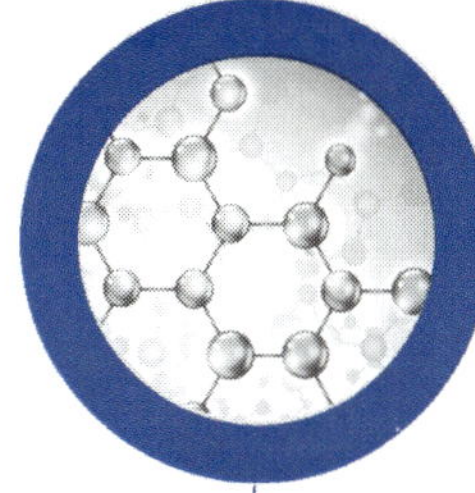

금 나노입자의 합성

목적

염화 금산 화합물($HAuCl_4$)을 환원시켜 합성하는 금 나노입자의 형성 실험을 통해 콜로이드 상태의 나노입자의 합성법에 대하여 이해하고, 금 나노입자의 크기에 따른 광학적 성질을 알아본다.

서론

자연 상태에서 존재하는 원자 하나의 크기는 1×10^{-10} m로, 이와 가장 인접한 단위인 나노미터(nm)는 1×10^{-9} m이다. 나노입자의 합성이란 자연 상태에 존재하는 원자 단위에 가까운 화합물을 얻는 방법으로, 의미하는 바가 매우 큰 화학 분야이다. 나노입자는 그 크기와 모양에 민감한 광학적, 전자기적, 화학적 성질을 지니고 있다. 이러한 성질을 응용하기 위해 아주 미세한 세계까지의 조작으로 특정한 크기와 모양을 지니는 나노입자를 합성하여 전자, 통신, 재료, 의료, 환경, 에너지 등의 다양한 분야에 적용할 수 있는 가능성을 지닌 획기적 기술로 떠오르고 있다.

나노입자를 합성하는 수많은 금속 중에서 금은 나노 단위의 크기와 모양 조절과 결과에 대한 확인이 용이하여, 나노입자 합성에서 가장 많이 사용되고 있는 금속 중 하나이다. 이러한 나노입자 합성에는 제조된 나노입자들의 전구체에 따라서 다음과 같이 두 가지 합성법이 사용된다.

(1) 상향식 합성법 (Bottom-up): 원자나 분자와 같은 나노입자들보다 작은 전구체들을 조립하여 나노입자를 합성하는 방법으로 작은 단위에서부터 화학적 합성 및 스스로의 합성을 통해 나노 크기의 입자를 만드는 방법이다.

(2) 하향식 합성법 (Top-down): 나노입자에 비하여 매우 큰 전구체를 한없이 절삭, 가공하여 나노 단위의 크기까지 도달하는 방법이다.

하향식 합성법의 경우는 과거의 나노입자 합성법 기술의 연장선에 놓여 있는 방법이며, 상향식 합성법의 경우 근래에 나노 분야에 이용되는 혁신적인 기술로, 두 방법 모두 나노입자 합성 분야에 다양하게 이용되고 있다.

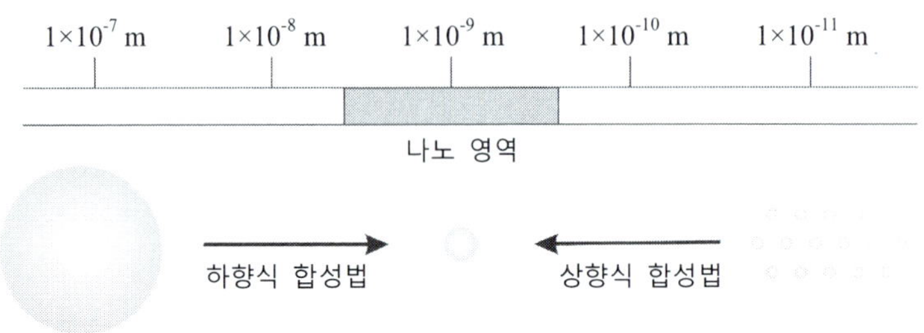

그림 35-1 금 나노입자의 합성 방법

이러한 나노입자 합성 중 금 나노입자의 경우, 일반적으로 다음 화학식과 같이 수용액상의 양이온성 금 이온들이 아스코브산(ascorbic acid)이나 $NaBH_4$와 같은 환원제로부터 전자를 받음으로 환원이 일어나는 과정에 의해서 합성된다.

$$Au^{3+} + 3e^- \longrightarrow Au^0 \qquad (식\ 35-1)$$

이 과정에서 형성되는 나노입자는 표면 에너지가 매우 커서 응집되는 경향이 있으므로 계면활성제와 같은 표면 안정제를 함께 가해 준다. 최근에는 계면활성제가 직접 환원제로 작용하여 금 나노입자를 합성하는 데에 이용되는 방법도 보고되었다.

나노입자는 구와 같이 중심에서 표면까지의 길이가 모든 방향에서 같아 성질 또한 모든 방향에 대해서 같은 등방성(isotropic) 입자와, 그와 반대 개념으로 등방성 입자를 제외한 모든 경우인 비등방성(anisotropic) 입자로 나뉜다. 계면활성제를 나노입자 합성 단계에서 이용하는 주된 이유로는 이방성의 나노입자를 조절하기 위함이다. 그 예로 CTAB(cetyltrimethylammonium bromide) 계면활성제를 이용하여 금 나노입자를 합성한 결과로 금 나노막대를 얻었지만, CTAC(cetyltrimethylammonium chloride)로 계면활성제를 대체해 주었을 경우 양추형(bipyramid)의 금 나노입자를 얻을 수 있었다.

나노입자들은 크기와 형태에 따라 다르게 나타나는 화학적, 물리학적 성질을 이용하여 확인할 수 있는데, 특히 금 나노입자의 경우 민감한 광학적 성질을 지니고 있다. 이러한 성질은 나노 단위의 금을 합성하므로 확인할 수 있다. 금은 일반적으로 밝게 빛나는 노란색을 보이지만, 입자의 크기가 20 nm 이하가 되면 붉은색이 나타나게 되고, 크기가 커질수록 붉은색에서 푸른색 계열로 변하게 된다. 광학적 성질은 주로 나노입자의 표면 플라즈몬에 의해서 나타난다. 즉 나노입자 표면에서 일어나는 전자와 빛의 상호작용에 의해서 구현된다고 할 수 있다. 때문에 나노입자의 크기와 모양이 조절됨에 따라, 나노입자들의 표면 또한 다양하게 변하여 서로 다른 광학적 성질을 갖게 된다. 이러한 독특한 광학적 성질을 이용하여, 금 나노입자의 합성 과정에서 크기와 모양을 조절함으로써 필요로 하는 광학적 성질을 발현시킬 수 있다.

시약 및 기구

(1) 시약: 염화 금산 사수화물($HAuCl_4 \cdot 4H_2O$), 구연산 소듐(sodium citrate, $Na_3C_6H_5O_7$)

(2) 기구: 50 mL 둥근 바닥 플라스크, 응축기, 교반기, 모래 중탕, 클램프, 라텍스 장갑, 고무 튜브, 자석 막대, 타이머, 피펫, 3차 증류수

주의 사항

- 기구를 세척하는 왕수는 매우 강한 산성 용액이기 때문에 후드 안에서 조심히 다루어야 한다.
- 나노입자는 합성 조건에 매우 민감하기 때문에 합성 온도와 같은 주변 환경 및 실험 과정에서 정밀한 실험이 요구된다.

실험 방법

1. 준비된 왕수(질산 5 mL + 염산 15 mL)를 이용하여 실험기기 표면의 이물질을 제거해 준다.
2. Au^{3+} 수용액 15 mL를 둥근 바닥 플라스크에 넣고 클램프를 연결한다.
3. 둥근 바닥 플라스크에 자석 막대를 넣은 후 가열판 위에 있는 모래 중탕에 놓아둔다.
4. 응축기를 연결한 후 클램프로 고정시켜 reflux 준비를 한다.
5. Au^{3+} 수용액을 교반해 주며 구연산 소듐 1.8 mL 또는 1.0 mL를 넣고, 10분간 유지시킨다.

6. 모래 중탕에서 꺼내어 10분간 교반한다.
7. 구연산 소듐 1.8 mL 또는 1.0 mL를 넣어 준 각 경우의 결과를 확인한다.

실험 결과

1. 첨가된 구연산 소듐의 양에 따른 용액의 특성 비교 분석

첨가된 구연산 소듐(mL)	용액의 색깔	UV-VIS λ_{max}(nm)
1.8		
1.0		

2. 각 합성 과정에서 합성된 금 나노입자의 전자현미경(SEM) 분석을 통해 금 나노입자의 평균 크기(지름)와 표준 편차를 산출하고 비교하시오. (최소 100개 이상의 금 나노입자를 분석하시오.)

문제

(1) 구연산 소듐의 양을 실험에서와 같이 변화시켜 진행했을 경우 생성되는 금 나노입자의 차이를 비교하시오.

(2) 금 나노입자의 합성 과정에서 구연산 소듐의 역할에 대해서 설명하시오.

(3) 나노입자 실험에 주사현미경(SEM), 투과전자현미경(TEM)과 같은 전자현미경을 이용하여 실제 구조 확인이 가능하다. 이러한 전자현미경의 원리에 대하여 설명하시오.

(4) 나노화학 분야가 점차 그 범위를 확장하면서 나노입자의 응용에 대한 연구가 활발하게 진행되고 있다. 금 나노입자들의 응용 방향에 대해서 예를 들어 설명하시오.

참고문헌

1. Eustis, S.; El-Sayed M. A. *Chem. Soc. Rev.* **2006**, *35*, 209.
2. Murphy, C. J.; Sau, T. K.; Gole, A. M.; Orendorff, C. J.; Gao, J.; Gou, L.; Hunyadi, S. E.; Li, T. *J. Phys. Chem. B*. **2005**, *109*, 13857.
3. Tabrizi, A.; Ayhan, F.; Ayhan, H. *Haceettepe J. Biol. & Chem.* **2009**, *37*, 217.
4. McFarland, A. D.; Haynes, C. L.; Mirkin, C. A.; Van Duyne, R. P.; Godwin, H. A. *J. Chem. Educ.* **2004**, *81*, 544A.

실험 36

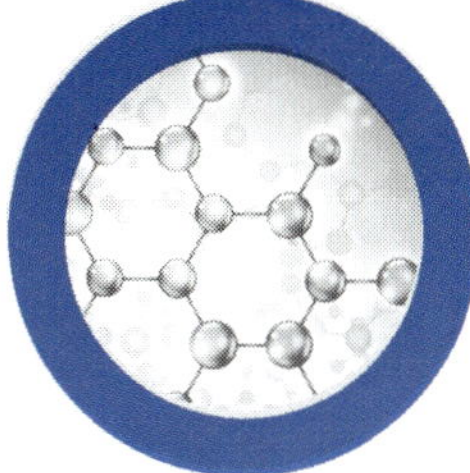

씨앗-성장 합성법을 이용한 비등방성 금 나노막대의 합성

목적

씨앗-성장 합성법 (Seed-Mediate Synthesis)을 이용하여 비등방성 막대 형태의 금 나노입자를 합성하는 실험을 통해서 씨앗-성장 합성법을 이해하고, 합성된 비등방성 나노입자의 크기와 광학적 성질을 측정하여 나노입자의 형태가 성질에 미치는 영향을 이해한다.

서론

최근 10~20년 이내에 나노기술은 이론과 응용에 관련된 연구에서 모두 빠르고 비약적으로 발전되어 왔다. 주요 관심의 대상이 되고 있는 나노테크놀로지 관련 연구 분야 중에서 현재에도 가장 중요한 이슈의 하나는 다양한 조성과 구조를 가지는 나노구조체의 생성이며, 원하는 성질을 가지는 나노구조체를 효율적으로 합성하고 응용성을 높이는 것이다. 나노 크기의 금속성 혹은 비금속성 물질들은 생체 물질의 검출이나 질병 치료 등 생리학적 분야에서나, 촉매 작용을 포함한 공학적인 분야에서 그 이용 가치가 시간이 갈수록 커지고 있다. 나노구조체를 실제로 이용하려는 노력의 많은 부분은 등방성(isotropic), 즉 구형의 구조를 가진 나노구조체의 경우에 상대적으로 많이 집중되어 왔다. 등방성 나노구조체의 물리적, 화학적 성질에 가장 큰 영향을 끼치는 조건은 우선 나노구조체의 조성과, 나노구조체 표면에 특정 물질을 기능화할 수 있는 표면성질에 더불어 나노입자의 크기가 된다(그림 36-1a). 예를 들어 양자점의 형광이나, 금속성 구형의 나노입자의 광학적 성질은 나노입자의 크기에 직접적으로 영향을 받게 된다. 구형의 나노구조체를 실제로 응용하는 좋은 예는 나노입자를 생물학적 진단에 이용하는 것인데, 특히 3 ~ 100 nm 크기의 등방성의 콜로이드 금 나노입자는 생체물질 검출을 위한 좋은 시험대로 이용 가능하다. 이러한 나노입자는 다음과 같은 이유로 최근에 활발히 여러 연구에 이용되고 있다.

1) 안정하다.
2) 환경 친화적이다.
3) 표면을 변화시켜서 쉽게 화학적 성질을 조절할 수 있다.
4) 비교적 일정한 크기의 입자를 쉽게 합성할 수 있다.

특히 유기물질이나, DNA, 항체, 펩타이드 혹은 리피드로 표면을 기능화한 등방성 금 나노입자는 세포 안으로의 나노입자의 침투, 유전자 트랜스펙션(gene transfection), 세포 이미징, DNA 혹은 단백질이나 다른 생체물질의 검출시약 등 다양한 영역의 생리학적 응용에 이용되어 왔다.

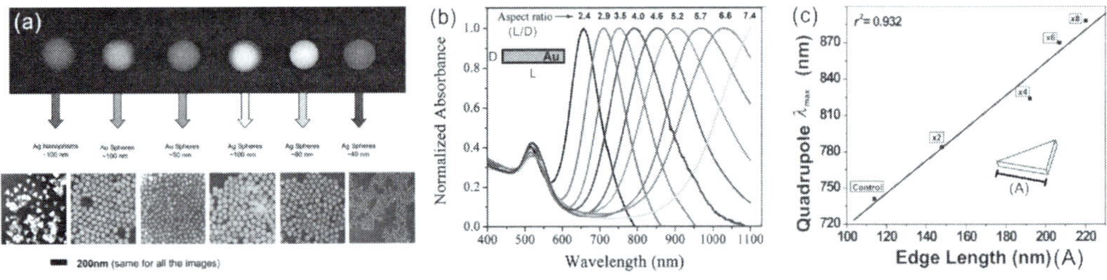

그림 36-1 (a) 금속성 나노입자의 크기, 조성, 형태에 의해 보이는 독특한 빛 산란 성질. [6] (b) 금 나노막대의 가로-세로비(aspect ratio)와 나노입자가 흡수하는 빛의 파장의 상관관계. [7] (c) 금 나노프리즘의 모서리 길이(Å)와 나노입자가 흡수하는 빛의 파장의 상관관계. [8, 9]

최근에는 비등방성(anisotropic) 나노구조체의 합성법이나 물성 연구, 그리고 응용 분야가 더욱 관심의 대상이 되고 있다. 비등방성 나노구조체와 등방성 나노구조체의 가장 큰 차이점은 비등방성 나노구조체는 특정한 형태를 가진다고 하는 것인데, 특정 나노구조체에서 조성, 크기와 더불어 그 형태는 나노구조체의 물리적, 화학적 성질을 변화시키는 데 대단히 중요한 영향을 미친다. 예를 들어 막대 형태의 금 성분의 나노구조체(Gold nanorod)는 측면 길이와 높이의 비율이 나노구조체의 광학적 성질에 크게 영향을 미치며(그림 36-1b), 또한 삼각형 판(nanoprism) 형태의 금속성(금 혹은 은 성분) 나노구조체 역시 광학적 성질이 삼각형 형태의 모서리의 길이에 따라 크게 변화한다(그림 36-1c). 이러한 구조체를 응용하는 영역에서 광학적 성질이 가장 중요한 점의 하나임을 감안

한다면, 특정 형태를 가지는 나노구조체를 조절 가능한 방법으로 합성하는 연구는 나노구조체의 응용에 필요한 성질을 발현시키기 위해 필수적이라고 할 수 있다. 즉 비등방성 나노구조체의 합성 시에, 그 크기와 형태를 원하는 대로 조절이 가능하게 하는 것은 나노구조체의 물리적, 화학적 성질을 임의로, 그리고 응용성이 큰 방향으로 조절이 가능하게 함을 의미한다. 이와 관련하여 새롭고 흥미로운 형태, 예를 들어 선형, 막대형, 상자형, 껍질형, 다각형, 큐브형, 판형 등 다양한 형태를 보이는 비등방성 나노구조체를 합성할 수 있다.

시약 및 기구

(1) 시약: 염화 금산 사수화물($HAuCl_4 \cdot 4H_2O$), 구연산 소듐(sodium citrate, $Na_3C_6H_5O_7$), $NaBH_4$, CTAB(cetyltrimethylammonium bromide), 아스코브산(ascorbic acid, $C_6H_8O_6$)

(2) 기구: 둥근 바닥 플라스크(50 mL), 바이알, 삼각 플라스크, 응축기, 모래 중탕, 자석 막대, 타이머, 피펫, 3차 증류수, 교반기

실험 방법

A. 금 씨앗 용액의 합성(그림 36-2)

1. 증류수를 교반하면서 2.5×10^{-4} M의 $HAuCl_4$와 구연산 소듐 용액을 넣는다.
2. 냉장 보관한 0.1 M $NaBH_4$ 환원제를 빠르게 첨가하여 1분 동안만 교반한 후 교반기를 끄고 안정한 상태로 2시간 동안 반응을 기다린다.

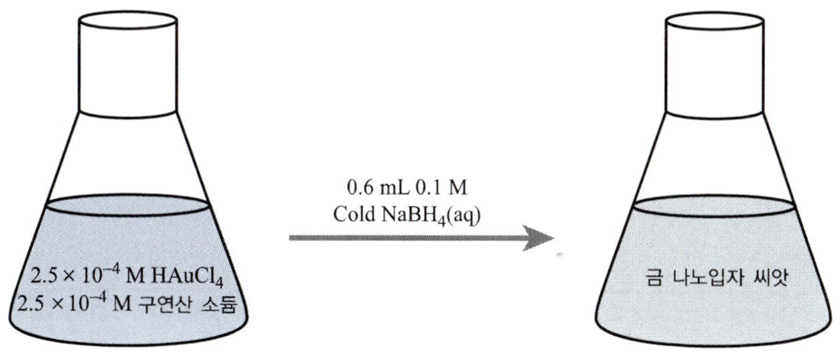

그림 36-2 금 나노막대 합성의 전구체인 씨앗의 합성법

B. 금 나노막대의 합성

1. 모액(stock solution)은 나노막대가 합성되는 용액으로, $HAuCl_4$와 CTAB 계면활성제, 그리고 아스코브산을 사용하여 들어온 씨앗이 비등방성 나노물질로 성장하도록 도와주는 성장 용액(growth solution)을 만든다.
2. 모액은 100 mM CTAB 9 mL에 10 mM $HAuCl_4$ 0.25 mL, 100 mM 아스코브산 0.05 mL씩을 넣어서 만든다(그림 36-3).
3. 씨앗-성장 합성법을 이용하기 위하여 성장 용액인 모액을 1:1:10 비율로 1단계: 2단계: 3단계를 나눈 후, 1단계의 과정부터 씨앗을 1 mL 넣어 주고, 빠르게 섞어 준 후, 1단계의 용액 1 mL만을 얻어 다음 단계의 모액에 다시 넣어 준다.
4. 2단계의 용액을 빠르게 섞은 후 모든 용액을 3단계의 용액에 넣고 안정한 상태에서 반응을 기다린다(그림 36-4).

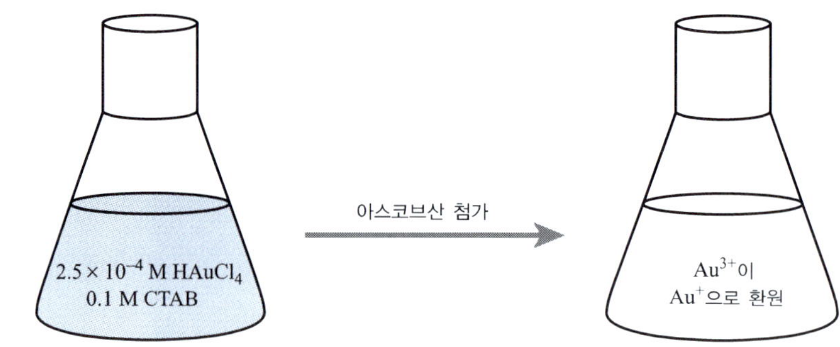

그림 36-3 씨앗을 성장시키기 위한 모액

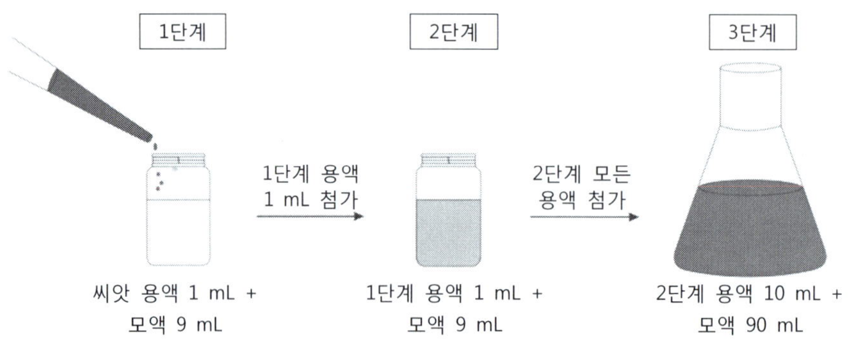

그림 36-4 금 나노막대를 합성하기 위한 씨앗-성장 합성법

실험 결과

1. 금 나노막대의 UV-VIS 스펙트럼을 확인하시오.
2. 실험 35에서 합성한 금 나노입자의 UV-VIS 스펙트럼과 비교하시오.
3. 금 나노막대의 형태를 전자 현미경(SEM)을 이용하여 확인하고, 길이와 폭의 평균값과 표준편차를 산출하시오. (최소 100개 이상의 금 나노막대를 분석하시오.)

문제

(1) UV-VIS 스펙트럼에서 사용되는 적색이동(red-shift)과 청색이동(blue-shift)에 대하여 설명하시오.

(2) 실험 35와 실험 36의 UV-VIS 스펙트럼을 비교하여, 파장의 변화를 적색이동과 청색이동의 경우로 설명하고, 금 나노막대의 길이를 더 늘려주는 것이 가능할 경우 일어나는 파장의 변화에 대해서도 설명하시오.

(3) 씨앗-성장 합성법을 이용하여 금 나노막대를 합성하는 과정에서는 적은 양이지만 등방성의 금 나노입자가 부산물로 동시에 형성될 수 있다. 금 나노막대의 형성 수율을 높일 수 있는 실험 방법에 대하여 설명하시오.

(4) 모액, CTAB, $HAuCl_4$, 아스코브산의 양을 실험 B보다 10배씩 사용하여 얻은 결과를 실험 B의 결과와 비교하시오.

참고문헌

1. Gao, J.; Bender, C. M.; Murphy, C. J. *Langmuir* **2003**, *19*, 9065.
2. Jana, N. R.; Gearheart, L.; Murphy, C. J. *J. Phys. Chem. B.* **2001**, *105*, 4065.
3. Murphy, C. J.; Sau, T. K.; Gole, A. M.; Orendorff, C. J.; Gao, J.; Gou, L.; Hunyadi, S. E.; Li, T. *J. Phys. Chem. B.* **2005**, *109*, 13857.
4. Eustis, S.; El-Sayed, M. A. *Chem. Soc. Rev.* **2006**, *35*, 209.
5. El-Sayed, M. A. *Chem. Soc. Rev.* **2005**, *105*, 1025.
6. Rosi, N. L.; Mirkin, C. A. *Chem. Rev.* **2005**, *105*, 1547.
7. Jain, P. K.; Huang, X.; El-Sayed, I. H.; El-Sayed, M. A. *Acc. Chem. Res.* **2008**, *41*, 1578.
8. Millstone, J. E.; Park, S.; Shuford, K. L.; Qin, L.; Schatz, G. C.; Mirkin, C. A. *J. Am. Chem. Soc.* **2005**, *127*, 5312.
9. Millstone, J. E.; Metraux, G. S.; Mirkin, C. A. *Adv. Funct. Mater.* **2006**, *16*, 1209.

실험 37

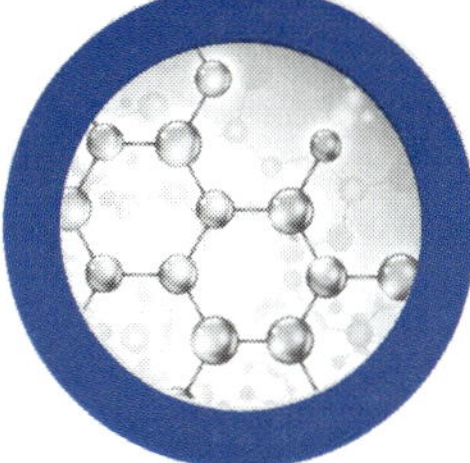

역 마이크로 에멀션을 이용한 실리카 나노입자의 합성

목적

졸-젤 방식(sol-gel process)인 스투버(Stöber) 방식과 역마이크로에멀션(reverse microemulsion) 방식으로 각각 실리카 나노입자를 합성하고 형성 메커니즘을 이해한다.

서론

규소(Si) 원소는 지각을 구성하는 원소 중 27.7%의 무게를 차지하는, 산소 다음으로 많은 원소이다. 우리 주위에서 흔하게 볼 수 있는 모래, 돌, 바위, 흙 등의 주성분으로 실리카나 실리케이트와 같은 규소 산화물(SiO_2) 형태로 존재하고 있다. 이 구조체들은 실록산(Si-O-Si) 결합으로 그물형태(network) 구조로 되어 있고 그 표면엔 실란올(Si-OH)을 나타내고 있다. 표면의 실란올은 규소 원소에 수산기를 가지고 있어 다른 화학종의 친수성 기능기들과 수소 결합이 가능하고 또한 다양한 화학 결합을 통해 표면 기능화를 거쳐 표면의 성질을 변화시킬 수 있다. 최근 다양하게 사용되는 실리카 나노입자는 전기적, 광학적, 기계적, 그리고 화학적인 면에서 여러 장점을 가지고 있어 화장품, 반도체, 의약품, 촉매, 페인트 등 많은 분야에서 이용되고 있으며, 점차 다양한 분야에서 폭넓게 사용될 것이라고 예상된다.

실험실에서 실리카 나노입자를 합성하는 데는 여러 가지 방식이 있지만, 졸-젤 방식(sol-gel process)인 스투버(Stöber) 방식과 역마이크로에멀션(reverse microemulsion) 방식이 특히 많이 이용되고 있다. 이 실험에서 다루는 이 두 가지 방식의 실리카 나노입자 합성법은 각각 장단점이 있으며 특징도 극명하기 때문에 이 두 가지 방식을 비교하며 실험을 진행하도록 한다.

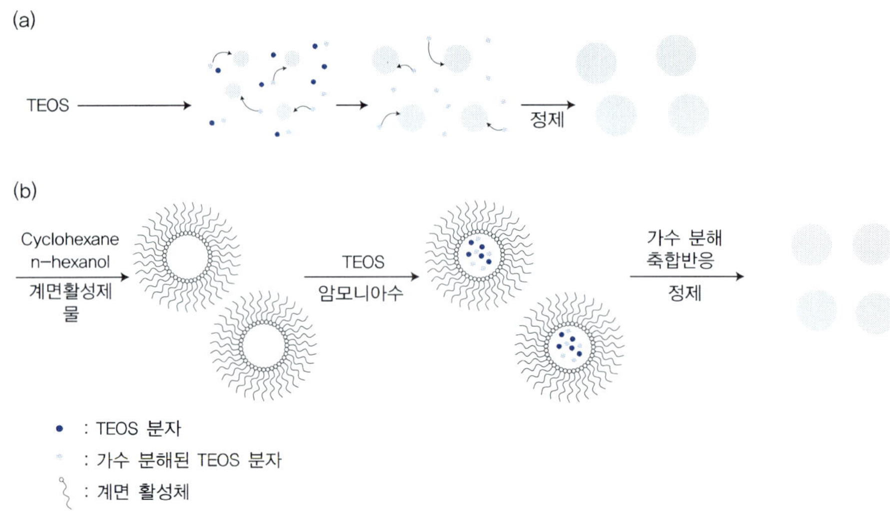

그림 37-1 (a) 졸-젤 방식과 (b) 역마이크로에멀션 방식

1. 졸-젤 방식

졸-젤 방식을 이용한 실리카 구조체의 합성은 1968년에 Stöber에 의해 처음 개발되었으며, 사에틸오쏘실리케이트(tetraethylorthosilicate, TEOS, $Si(OC_2H_5)_4$)를 전구체로 사용해 비교적 간편한 방법으로 구형의 분산 나노입자를 만들 수 있게 되었다. 이 합성법은 단순히 알코올/암모니아 수용액을 이용하고 가수 분해 및 축합 반응으로 합성할 수 있다. 이와 같은 방식으로 합성된 실리카 나노입자는 균일한 크기의 분포 특성을 가지고 있고 전구체나 알코올/암모니아 수용액의 비율을 조절함으로써 실리카 나노입자의 크기를 조절할 수 있다. 이 방식의 장점은 공정이 단순하여 scale-up이 가능하고 대량생산이 가능해 공업적으로 많이 사용되고 있으며 공정과 재료가 단순하여 가격이 저렴하다. 하지만 크기의 조절은 한정적이며 역마이크로에멀션 방식에 비해 크기가 작을수록 균일도가 떨어진다.

2. 역마이크로에멀션 방식

졸-젤 방식의 단점을 극복하고자 마이크로에멀션을 이용한 실리카 나노입자 합성법이 많은 관심을 받게 되었는데, 균일도가 매우 좋고 비용이 저렴하고 안정성이 뛰어나 많이 이용하고 있는 추세이다. 또한 계면활성제 집합체내에 실리카 전구체가 핵 성장 속도 조절이 가능하고 다양한 전구체를 사용해 원하는 특성을 가진 초미립자를 만들 수 있는 장점을 지니고 있다. 그리고 계면활성제를 사용한 에멀션을 사용하기 때문에 일반적인 에멀션에 비해 열역학적으로 안정하여 비교적 입자의 응집을 방지할 수 있다. 메커니즘은 매우 복잡하지만 단순히 볼 때 입자핵 형성 및 입자 성장 과정으로 나눌 수 있으며, 이는 만들어진 실리카 나노입자의 크기 및 개수에 영향을 미쳐 조절이 가능하다는 것이 알려져 있다. 역마이크로에멀션 방식은 계면활성제를 사용해 불순물이 다량 섞여 있고, 졸-젤 방식에 비해 가격이 비싸고, 에멀션으로 제작하기 때문에 대량생산하는 것은 졸-젤 방식에 비해 어렵다.

[가수 분해(Hydrolysis)]

$$\equiv Si{-}OR + H_2O \rightleftharpoons \equiv Si{-}OH + ROH \quad \text{(식 37-1)}$$

[알코올 축합 반응(Alcohol condensation)]

$$\equiv Si{-}OR + \equiv Si{-}OH \rightleftharpoons \equiv Si{-}O{-}Si\equiv + ROH \quad \text{(식 37-2)}$$

[물 축합 반응(Water condensation)]

$$\equiv Si{-}OH + \equiv Si{-}OH \rightleftharpoons \equiv Si{-}O{-}Si\equiv + H_2O \quad \text{(식 37-3)}$$

[전체 반응(Overall reaction)]

$$Si(OR)_4 + 2H_2O \xrightleftharpoons{OH^-} SiO_2\downarrow + 4ROH \quad \text{(식 37-4)}$$

그림 37-2 실리카 나노입자의 합성에 따른 가수 분해 및 축합 반응 메커니즘($R = C_2H_5$)

시약 및 기구

(1) 시약: 에탄올, 3차 증류수, 사에틸오쏘실리케이트(TEOS, $Si(OC_2H_5)_4$), 트리톤 X-100 ($C_{14}H_{22}O(C_2H_4O)_n$ ($n=9{\sim}10$)), 사이클로헥세인, 노말헥산올, 아세톤, 암모니아수

(2) 기구: 교반기, 자석 막대, 원심분리기

주의 사항

• 원심분리기를 사용할 때에 사용법을 잘 숙지해야 한다.

• 암모니아수는 후드 안에서 사용한다.
• TEOS와 암모니아수는 천천히 넣어 주어야 한다.

실험 방법

A. 졸-젤 방식을 이용한 실리카 나노입자 합성

1. 둥근 바닥 플라스크에 0.35 mL의 TEOS와 8 mL의 에탄올을 혼합한 후 10분 동안 교반한다.
2. 0.57 mL의 증류수와 0.3 mL의 암모니아 용액을 순차적으로 위의 혼합액에 넣어 준 후 상온에서 6시간 동안 교반한다.
3. 제조된 실리카 나노입자는 에탄올을 이용해 원심분리기로 8000~13000 rpm으로 10분 동안 반복적으로 세척한 후, 100℃에서 1시간 동안 건조하여 300 nm의 이하 크기를 갖는 구형의 실리카 입자를 얻을 수 있다.

B. 역마이크로에멀션 방식을 이용한 실리카 나노입자 합성

1. 둥근 바닥 플라스크에 사이클로헥세인 7.7 mL와 노말헥산올 1.6 mL 그리고 트리톤 X-100 2.0 g을 넣고 5분간 교반한다.
2. TEOS 0.05 mL를 넣고 30분간 교반한다.
3. 암모니아수 0.1 mL를 넣고 12시간 동안 교반한다.
4. 제조된 실리카 나노입자는 에탄올을 이용해 원심분리기로 8000 ~ 13000 rpm으로 10분 동안 반복적으로 세척한 후 100°C에서 1시간 동안 건조하여 60 ~ 80 nm 이하의 크기를 갖는 구형 실리카 입자를 얻을 수 있다.

C. 합성된 실리카 나노입자의 분석

1. 주사전자현미경(SEM)과 투과전자현미경(TEM)을 이용하여 실험 A, B에서 각각의 실험에서 합성된 실리카 나노입자를 분석한다.
2. 입자 100개 이상의 지름을 측정하여 히스토그램을 그리고 평균 크기와 표준편차를 계산한다.

D. 비율을 조절해 실리카 나노입자 크기 조절

1. 각각의 실험에서 사용된 TEOS의 양을 100%라고 했을 때 각각 10~500%까지 양의 변화를 준다.
2. 나머지 실험 진행을 동일하게 진행해 실리카 나노입자의 크기의 변화를 관찰한다.

실험 결과

1. 전자현미경을 이용하여 합성된 실리카 나노입자의 형태 확인하고, 지름의 평균 크기와 표준 편차를 산출한다.(최소 100개 이상의 실리카 나노입자를 분석하라.)

그림 37-3 역마이크로에멀전 방식을 이용해 합성한 실리카 나노입자의 전자현미경 사진의 예 (평균 지름: ~ 60 nm)

문제

(1) 전체 반응의 흐름도를 그리시오.

(2) 전구체인 TEOS와 촉매제인 암모니아수의 양에 따라 실리카 나노입자의 크기는 어떻게 변화되는가? 그 이유는 무엇인지 설명하시오.

(3) Stöber 방식과 역마이크로에멀션 방식에서 크기의 차이는 왜 나는지 설명하시오.

(4) 유리 슬라이드에 열을 1000°C까지 올렸을 때 유리 표면의 화학 구조체는 어떻게 변하고, 열을 가한 것과 그렇지 않은 것에 물방울을 올렸을 때 어떤 변화가 있을지 설명하시오.

(5) 실리카 나노입자의 전구체인 TEOS가 염기성 조건과 산성 조건에서 가수 분해될 때 어떤 것이 더 빠르겠는가? 또 그 메커니즘은 어떻게 달라지겠는가?

(6) 실리카 나노입자의 화학 구조체는 실라놀인데, 이 표면에 산성 혹은 염기성을 가했을 때 어떤 변화가 생길지 설명하시오.

(7) 실리카 나노입자의 표면은 음이온과 양이온으로 조절이 가능한데, 이것이 왜 흥미로우며 어떤 용도로 유용하게 활용될 수 있는지 설명하시오.

(8) 졸-젤 공정에서 실리카 나노입자의 결정핵 생성 및 성장을 통해 커질 수 있는 실리카 나노입자의 크기는 500 nm 정도이다. 왜 더 이상 자라지 않는지 설명하시오.

참고문헌

1. Avnir, D.; Coradin, T.; Lev, O.; Livage, J. *J. Mater. Chem.* **2006**, *16*, 1013.
2. Chang, C. L.; Fogler, H. S. *AIChE Journal* **1996**, *42*, 3153.
3. Chang, C. L.; Fogler, H. S. *Langmuir* **1997**, *13*, 3295.
4. Hartlen, K. D.; Athanasopoulos, A. P. T.; Kitaev, V. *Langmuir* **2008**, *24*, 1714.
5. Arriagada, F. J.; Osseo-Asare, K. *J. Colloid Interface Sci.* **1999**, *211*, 210.
6. Stöber, W.; Fink, A.; Bohn, E. *J. Colloid Interface Sci.* **1968**, *26*, 62.
7. Arriagada, F. J.; Osseo-Asare, K. *Adv. Chem.* **1994,** *5*, 113.
8. Pierson, H. O. *Assessing and Quantifying the Market Impact Sol-Gel Production of High Performance Ceramics and Glasses*: Marco Island, Florida, 1989.
9. Shin, S. I.; Oh, S. G. *Prospectives of Industrial Chemistry* **2001** *4*, 40.
10. Kim, S. H.; Kim, K. D.; Song, G. Y.; Kim, H. T. *Korean Chem. Eng. Res.* **2003**, *41*, 75.
11. Nagy, J. B.; Derouance, E. G.; Gourgue, A.; Lufimpadio, N.; Ravet, I.; Verfailie, J. P. *Physico-Chemical Characterization of Microemulsions: Preparation of Monodisperse Colloidal Metal Boride Particles*, In Surfactant in Solution (ed. Mittal, K. L.); Plenum Press, New York, 1989; vol. 10.
12. Cademartiri, L.; Ozin, G. A. *Concepts of Nanochemistry*; WILEY-VCH: Weinheim, 2009.

실험 38

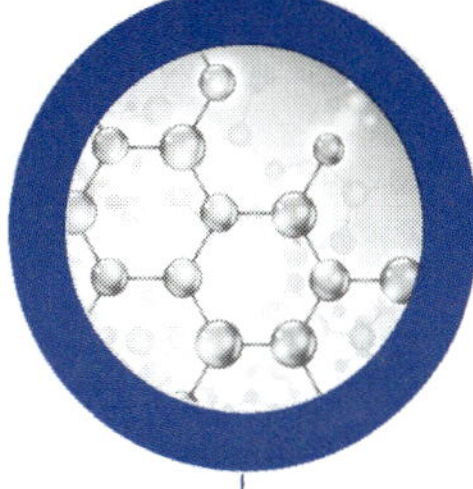

산화철 나노입자의 합성

목적

$FeCl_2$와 $FeCl_3$을 계면활성제 존재 하에 산화시켜 산화철 나노입자를 합성하고, 이들이 나노입자가 나타내는 물리적 성질과 자기적 특성을 확인한다.

서론

철 나노입자는 약물 전달(drug delivery)이나 자기공명 영상촬영(MRI) 재료 등의 생명공학분야와 나노 복합소재 등 정보 기술 분야에서 핵심 물질로 부각되고 있으며, 관련되어 많은 연구가 진행되고 있다. 응용성이 큰 철 나노입자의 합성 과정에서는 일정한 특성을 유지하기 위하여 가능하면 작고 균일한 크기를 가지는 나노입자를 제조해야 한다. 입자의 크기가 균일한 철 나노입자는 나노기술의 응용성을 향상시키며, 균일한 배열이 가능하고, 고밀도 저장 장치에 이용이 가능하다. 철 나노입자의 합성에서 전구체의 종류 및 농도, 계면활성제의 농도 및 종류, 용매의 종류 및 농도, 온도 조건 등 변수에 따라서 달라지며, 제조한 나노입자의 모양, 크기, 배열, 결정성 등은 이들 변수들에 의존하게 된다.

1. 철 나노입자의 자기적 특성

철 나노입자는 초상자성(superparamagnetism)의 특성을 갖고 있다. 보통 상자성체에서는 각개 쌍을 이루지 않는 전자 스핀은 난잡하게 배향하고 있다. 그에 비해 어떤 크기(지름 100 Å) 이하의 영역 내에서는 모든 스핀이 같은 방향으로 가지런하게 있으면서도 자기장을 작용시켜도 전체적으로 스핀이 가지런하게 되지 않는 경우가 있다. 이것을 초상자성이라 하며 이러한 자성 나노입자는 원하는 입자를 원하는 부위로 이동이 가능한 특징이 있어서 생의학적 응용에 많은 장점이 있다. 그리고 자성입자의 표면 상태는 지속성과 독성에 영향을 미칠 수 있는데 이러한 생체 호환성과 분산성의 향상은 입자 표면개질로 가능하다.

물체가 외부에서 가해지는 자기장에 반응하는 양상에 따라 강자성체, 반자성체 및 상자성체 등으로 나누며 세부적으로는 더욱 많은 자기 특성이 나타난다. 철 나노입자의 종류에는 산화철(Fe_2O_3, Fe_3O_4), 페라이트(ferrite) 물질 등 다양하다.

- 페리 자성(Ferrimagnetism): 원자의 자기 모멘트가 이웃하는 원자의 자기 모멘트와 서로 반대 방향으로 배열하지만 자기 모멘트의 크기가 달라서 그 차이만큼 자화되는 자성을 갖는다. 자철석, 크로뮴철석, 자류철석 등 대표적인 광물이 있다.
- 페로 자성(Ferromagnetism): 외부 자기장이 없는 상태에서도 자화되는 물질의 자기적 성질을 가리킨다. 물질을 이루는 전자의 스핀이 모두 같은 방향으로 정렬되어 있기 때문에 생기는 것으로 외부 자기장을 이용해 전자의 스핀을 바꾸면 자성이 사라지거나 재배치되며 0 K에서 완전히 한 방향으로 정렬하는 성질을 갖는다.
- 상자기성(Paramagnetic), 반자기성(Diamagnetic): 물질에 자석을 접근시키면 외부자기장에 대한 감응에 의해서 먼 쪽에 같은 극을 만들며 가까운 쪽에는 다른 극을 형성하여 인력을 받는 성질을 상자기성이라고 하며 화합물이 하나 또는 그 이상의 홀전자가 존재하여 작은 자석과 같이 행동하여 나타나는 결과이다. 반면 홀전자를 가지고 있지 않아 자기장에 의해 약한 척력을 보이는 성질을 반자기성이라고 한다.
- 페로플루이드(Ferrofluids), 액체 자석(Magnetic Liquids): 액체 마그네틱 물질의 콜로이드 용액 형태인 페로플루이드는 외부 자기장에 반응하는 액체이다. 페로플루이드는 NASA에서 1960년에 최초로 발견하였다. NASA는 처음 위성 안에서 페로플루이드를 사용하였으며, 그 이후에 기계, 컴퓨터, 지폐, 약 등 다방면으로 사용되어 왔다. 페로플루이드는 자기장을 응용한 유체에 나타나는 밀도 변화를 활용하여 광석에서 금속성 물질을 분리하는 데에도 사용된다. 페로플루이드는 합성이 매우 간단하여 여러 방면으로 사용된다. 이 합성에는 철(II)과 철(III)을 물에 녹인 뒤 Fe_3O_4 용액에 암모니아수를 넣어 준다(그림 38-1).

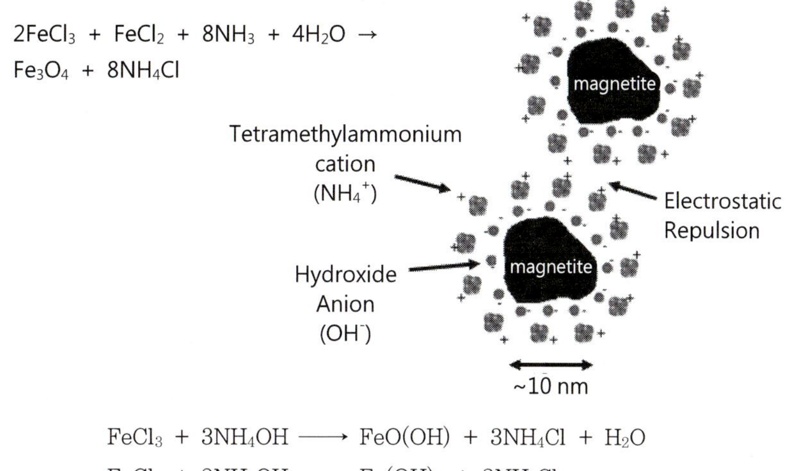

$$FeCl_3 + 3NH_4OH \longrightarrow FeO(OH) + 3NH_4Cl + H_2O$$
$$FeCl_2 + 2NH_4OH \longrightarrow Fe(OH)_2 + 2NH_4Cl$$
$$2FeO(OH) + Fe(OH)_2 \longrightarrow Fe_3O_4 + 2H_2O$$

그림 38-1 페로플루이드의 합성 [3]

2. 틴들 효과(Tyndall effect)

액체 속에 고체의 미립자가 분산되어 있는 서스펜션에는 콜로이드 또는 입자로 인해 빛의 산란을 야기한다. 긴 파장을 갖는 빛은 짧은 파장을 갖는 빛보다 산란을 통해 더 많은 빛을 반영하여 전송된다. 그 예로, 파장이 긴 라디오파는 건물의 벽을 통과할 수 있는 반면, 짧은 파장을 갖는 빛은 벽에 의해 멈추게 된다. 광 산란 입자에 의한 틴들 효과는 40~900 nm 사이의 넓은 범위의 빛이 분산될 때 볼 수 있다(그림 38-2).

그림 38-2 틴들 효과를 보이는 콜로이드 용액

3. 철 나노입자의 흡수 스펙트럼

철 나노입자의 광학적 특성은 광촉매 활성에 매우 중요한 요소 중 하나이다. UV 영역 흡수는 원자의 최외각 전자 또는 분자가 흡수하는 빛 에너지를 나타내는 것이며 높은 수준의 에너지가 이동하게 된다. 이러한 과정에서, 빛을 흡수하여 얻는 스펙트럼은 반도체 나노 물질의 에너지 띠간격(band gap)을 보고 분석할 수 있다. 나노 물질은 이 파장 영역에서 비선형 광학 센서의 개발에 도움이 될 것이다.

철 나노입자의 흡수 스펙트럼의 예를 그림 38-3에 제시하였다. 200~800 nm 파장 사이 가시광선 영역에서 최대 흡수를 보여 주고 있으며, 붉은색을 갖는 낮은 차원의 철 나노입자의 형성을 나타내는 404 nm 주위에 폭 넓은 흡수 밴드를 보여 준다.

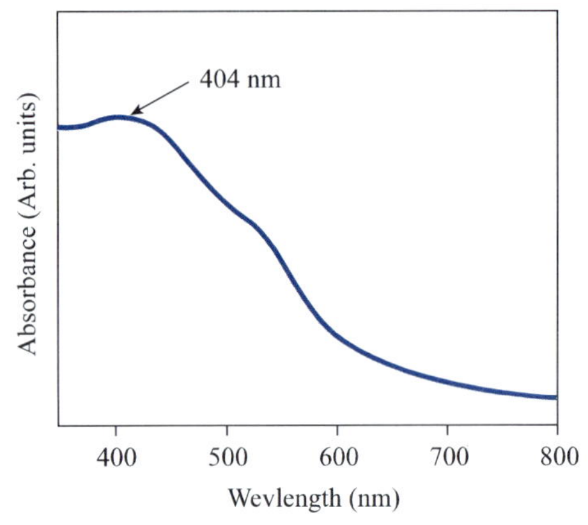

그림 38-3 철 나노입자의 UV 스펙트럼 [1]

시약 및 기구

(1) 시약: $FeCl_2$, $FeCl_3$, NH_4OH.

(2) 기구: 둥근 바닥 플라스크, 비커, 고무마개, 가열판, 자석, 자석 막대, 레이저 포인터

주의 사항

NH_4OH는 강염기이며, $FeCl_2$와 $FeCl_3$는 독성이 있으므로 사용할 때는 꼭 장갑을 사용해야 한다.

실험 방법

1. 2 M $FeCl_2$ 수용액 1 mL와 1M $FeCl_3$ 수용액 4 mL를 둥근 바닥 플라스크에 넣고 유리 막대로 교반한다.
2. 이 혼합물에 열을 가하여 80°C에서 5분간 유지시키며 천천히 저어 주도록 한다.
3. 이 용액에 0.7 M NH_4OH 수용액 50 mL를 뷰렛으로 5~10분 동안 천천히 첨가한다. 처음에는 갈색 침전물이 생기다가, 암모니아를 넣어 주면 검은색 침전물이 형성된다.
4. 이때 교반을 멈추고 천천히 식히며 침전물을 가라앉히도록 한다. 침전물의 손실을 최소화하기 위해 충분한 시간을 들여 맑은 물층이 조심스럽게 제거되도록 한다. 자석을 사용하면 침전물을 빠르게 가라앉힐 수 있다.
5. 침전물을 여과시켜 물 층을 제거한다.

실험 결과

1. 합성된 나노입자의 전자현미경(SEM) 사진을 찍어 철 나노입자의 형태를 분석한다.
2. 합성된 철 나노입자가 자석에 의해 시각적으로 끌려오는지 확인한다.
3. 철 나노입자의 UV-VIS 스펙트럼을 분석한다.
4. 철 나노입자를 증류수에 분산시켜 Tyndall 효과를 관측한다.

문제

(1) NH_4OH를 과량 넣어주는 이유는 무엇인가?

(2) 온도를 80℃ 이상으로 유지해주는 이유는 무엇인가?

(3) NH_4OH를 넣자마자 색이 검게 변하는 이유는 무엇인가?

(4) 자성을 갖는 나노 입자에 대해서 조사해 보고 또 다른 응용 분야에 대해 조사하시오.

참고문헌

1. Raman, M. M.; Khan, S. B.; Jamal, A.; Faisal, M.; Aisiri, A. M. *Iron Oxide Nanoparticles*; InTech, 2011.
2. Berkovski, B. *Magnetic Fluids and Applications Handbook*; Begell House: New york, 1996.
3. Berger, P.; Adelman, N, B.; Beckman, K. J.; Campbell, D. J.; Ellis, A. B.; Lisensky, G. C. *J. Chem. Educ.* **1999**, *76*, 943.
4. Scherer, C.; Figueiredo Neto, A. M. *Braz. J. Phys*. **2005**, *35*, 718.
5. Odenbach, S. J. *Phys. Cond. Matter* **2004**, *16*, 1135.
6. Arizaga, G. G. C.; Oviedo, M. J.; Lopez, O. E. C. *Colloids and Surfaces B: Biointerfaces*, **2012**, *98*, 63.
7. Laurent, S.; Forge, D.; Port, M.; Roch, A.; Robic, C.; Elst, L. V.; Muller, R. N. *Chem. Rev*. **2008**, *108*, 2064.

실험 39

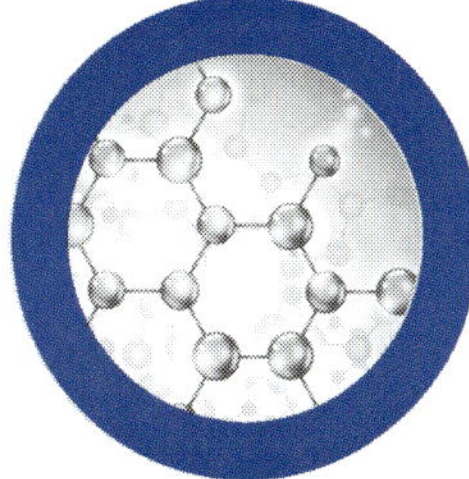

미세 접촉 인쇄법(mCP)을 이용한 나노 패턴 제작

목적

실리콘 탄성제로 만든 PDMS 스탬프를 사용하여 미세 접촉 인쇄법으로 실리콘 웨이퍼 표면에 나노 패턴을 제조한다.

서론

전사법(lithography)은 반도체 공정에서 가장 중요한 역할을 하고 있는 공정이다. 이러한 전사법 공정 중 한 가지가 소프트 전사법(soft lithography)이고, 그 중에서 미세 접촉 인쇄법(micro-contact printing, mCP)이 가장 대표적인 방법이다. mCP는 적당한 잉크(예: 알칸싸이올) 용액을 실리콘 탄성제인 PDMS (Poly(dimethyl)siloxane)) 스탬프에 묻혀서 은 표면의 기질에 도장처럼 찍어, 찍히는 부분에 잉크 분자가 전달되도록 하는 방법이다(그림 39-1).

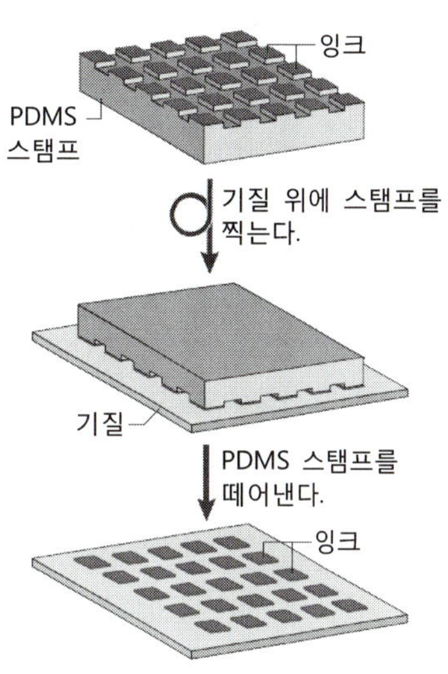

그림 39-1 mCP 과정

이 과정에서 성형된 PDMS의 소수성 표면에 소수성인 알칸싸이올을 묻힌 후 은 표면에 알칸싸이올을 전이시키면 도장 모양대로 친수성/소수성 표면이 형성된다. 이때 알칸싸이올과 은 사이에 매우 안정한 결합이 형성되며 알칸싸이올들의 긴 소수성 사슬들은 분자간 상호작용(분산력)에 의해 매우 조밀하게 자기조립(self-assembly) 되어 소수성 표면 형성 반응의 또 다른 원동력으로 작용한다(그림 39-2). 친수성과 소수성이 공존하는 표면에 수

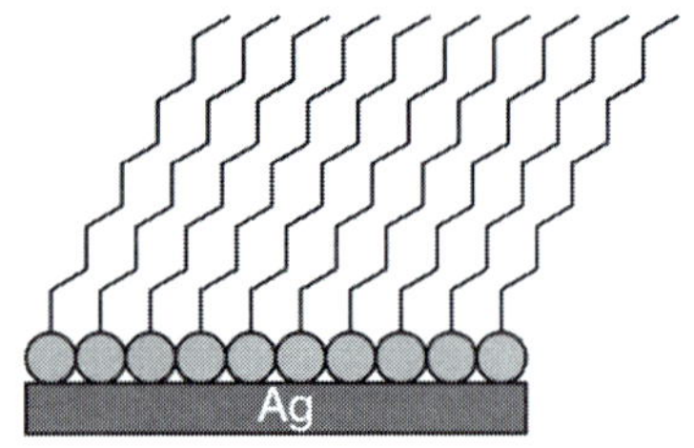

그림 39-2 은 표면 위에 자기 조립된 알칸싸이올 단분자막 모형

증기를 응축시키면 친수성 표면에만 선택적으로 수증기가 응축되어 도장의 모양이 구분될 수 있다.

PDMS는 알칸싸이올과 같은 유기물질이 매우 균일하게 코팅될 수 있는 소수성 표면을 가지고 있으며, 수백 nm 이하의 매우 작은 선폭으로 원하는 모양을 기질 표면 위로 프린트할 수 있으며, 도장을 여러 번 반복하여 재사용할 수 있으므로 mCP는 반도체 공정 등의 공정 비용을 절감할 수 있는 획기적인 방법으로 각광받고 있다.

이 실험에서는 실리콘 웨이퍼를 기질로 사용하여 그 표면에 나노 패턴을 제작한다.

시약 및 기구

(1) 시약: Dow Corning Sylgard Elastomer 184 Kit(실리콘 탄성제인 Poly(dimethyl) siloxane과 경화제가 들어 있음), OTS(octadecyltrichlorosilane, $C_{18}H_{37}SiCl_3$), 에탄올, 아이소프로필 알코올, 아세톤

(2) 기구: 스핀 코터, 마스터(master), 실리콘 웨이퍼, 페트리 접시, 질소 가스, 유리 막대, 집게, 오븐, 주사기(1 mL), 알루미늄 호일

주의 사항

- 실리콘 탄성제로 지저분해지는 것을 방지하기 위해 실험대 위에 알루미늄 호일을 깔고 실험한다.
- 보안경과 일회용 장갑을 꼭 착용한다.
- 오븐에서 페트리 접시를 꺼낼 때는 집게를 사용하여 화상을 입지 않도록 한다.
- 마스터에서 PDMS 스탬프를 떼어내기 전에 공기 중에서 충분히 식힌 후 스탬프가 찢어지지 않도록 조심하여 떼어낸다.
- 사용하고 남은 고분자 혼합액도 같은 방법으로 오븐에서 열처리하여 고체 상태로 버린다.

실험 방법

A. PDMS 스탬프 만들기

1. 마스터를 질소 가스로 퍼징하여 먼지를 떼어낸다.
2. 실리콘 탄성제 : 경화제 = 10 : 1의 비율로 비커에 넣고 유리막대로 충분히 저어 고분자 혼합액을 준비한다.(중합 과정에서 공기방울이 생기게 되는데 중합이 끝나면 완벽히 없앨 수 있다.)
3. 페트리 접시에 마스터를 넣고 그 위에 고분자 혼합액을 천천히 부어 마스터가 모두 잠기도록 한다.
4. 20분 정도 방치하여 공기 방울이 대부분 날아가도록 한 후, 65℃ 오븐에 50분간 열처리한다.
5. 열처리가 끝난 PDMS가 담긴 페트리 접시를 집게를 사용하여 오븐에서 꺼내 실온에서 식힌다.
6. 마스터에서 PDMS를 조심스럽게 떼어낸다.
7. 스탬프로 사용할 수 있도록 PDMS를 마스터 모양대로 칼로 자른다.

B. 미세 접촉 인쇄법에 의한 나노 패턴 제작

1. 스핀 코터를 이용하여 기질로 사용할 실리콘 웨이퍼와 PDMS 스탬프 표면을 아이소프로필 알코올로 세척한다. (각각 6000 rpm, 30초)
2. PDMS 스탬프 표면 위에 OTS 용액 0.3 mL를 주사기로 떨어뜨린 후 스핀 코터를 사용하여 박막을 만든다. (6000 rpm, 30초)
3. PDMS 스탬프 표면을 질소 가스로 20초 정도 약하게 퍼징한다.
4. 실리콘 웨이퍼 기질 위에 PDMS 스탬프를 15~20초 동안 올려놓고 살짝 눌러 찍은 후 떼어낸다. 이 과정에서 스탬프의 OTS 분자가 실리콘 웨이퍼 표면으로 전달되어 단분자막을 형성한다.
5. 사용한 PDMS 스탬프 표면은 아세톤으로 가볍게 닦아낸다.

실험 결과

1. OTS 단분자막으로 인쇄된 실리콘 웨이퍼 표면에 입김을 불어 넣으면 인쇄된 패턴을 눈으로 확인할 수 있다.

문제

(1) 스핀 코터의 사용법을 설명하시오.

(2) OTS가 실리콘 웨이퍼 표면과 반응하여 자기조립 단분자막(Self-Assembled Monolayer, SAM)을 형성하는 반응을 설명하시오.

(3) OTS 단분자막으로 인쇄된 실리콘 웨이퍼 표면에 입김을 불어 넣으면 인쇄된 패턴을 눈으로 확인할 수 있는 이유를 설명하시오.

참고문헌

1. Tien, J.; Xia, Y.; Whitesides, G. M. *Thin Films*, **1998**, *24*, 227.
2. Ruiz, S. A.; Chen, C. *Soft Matter*, **2007**, *3*, 1.

실험 40

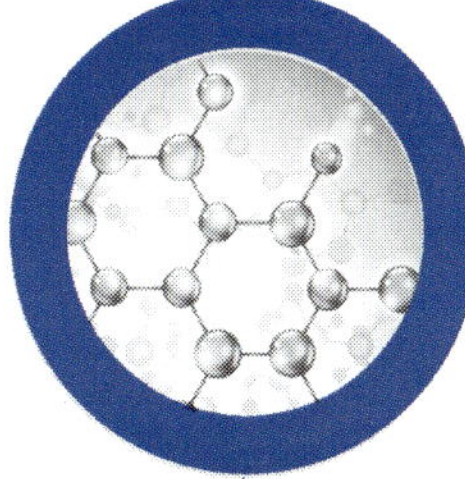

회전 코팅 법에 의한 박막 제조

목적

회전 코팅(spin-coating) 법을 이용하여 TiO_2의 박막을 제조하고 그 특성을 이해한다.

1. **졸-젤 법:** 졸-젤(Sol-Gel) 법[1]이란 금속 알콕사이드의 가수 분해와 중합 반응을 통해서 금속 산화물을 제조하는 방법이다. 여기서 졸(sol)은 액체상의 고체입자가 콜로이드 상태로 분산되어 있는 상태이며, 젤(gel)은 연속적인 골격을 유지하면서 액체를 내부에 함유하고 있는 고체 형태의 콜로이드 상태이다.
2. **광촉매:** 광촉매는 빛을 받으면 촉매 반응을 일으키는 물질이다. 광촉매 중 이산화 타이타늄이 가장 많이 사용되고 있는데, 이산화 타이타늄이 내산성, 내알칼리성 등이 좋으며 인체에 무해하기 때문이다. 각종 오염물질을 무해한 물질로 변화시켜주는 친환경적 소재로, 항균 작용과 탈취 작용의 기능이 있으며, 친수성이 매우 크다.
3. **박막:** 박막(film)이란 말 그대로 얇은 막이다. 흔히 필름이라고도 하며, 만드는 방법은 다음과 같다.
   1) **롤링:** 두 개의 롤 또는 한 개의 롤을 이용하여 그 사이에 필름의 재료를 넣고 넓게 펴는 것이다. 그러나 엷게 펴는 데는 한계가 있다.
   2) **회전 코팅(spin-coating):** 모터의 축에 판을 놓고 그 위에 용매에 녹은 재료나 용융된 재료를 놓고 그 판을 모터로 돌리면 원심력에 의해 넓게 펴져

---

1) 실험 33 참고

박막이 형성된다.

3) 진공증착: 대부분의 물질은 기화한다. 하지만 기화하기까지 온도가 너무 높아서 온도를 낮추기 위하여 압력을 거의 진공까지 내린 후 온도를 올리면 상압에서의 온도보다 낮은 온도에서 기화가 가능하다. 이때 윗부분에 코팅판을 대고 있으면 기화된 물질이 그 판에 달라붙게 된다. 그러나 두께 조절이 힘들다.

4) Langmuir–Blodget 막: 분자를 한쪽은 유기성, 한쪽은 수용성으로 하여 물과 유기층을 한쪽으로 배열하는 성질을 이용한다. 상당히 얇은 박막의 제조를 가능하게 한다.

4. 회전 코팅 법: 회전 코팅은 물체를 회전시켜서 물체 위에 올려진 액체를 원심력에 의해 밖으로 밀려나게 하는 방법으로 물체에 임의의 액체를 코팅하는 방법이다(그림 40–1). 이때 사용하는 액체의 점도가 적당히 있어야 된다. 순수한 물은 점도가 없어서 이러한 회전 코팅에 사용할 수 없고, 끈적이는 액체가 가능하다. 물론 꿀이나 물엿 같은 정도의 점도를 가진 물질은 사용할 수 없다. 반도체 공정상에 많이 사용하는데, 반도체는 기판이라는 크리스털 위에 다른 물질을 회전 코팅해서 아주 얇은 막(박막)을 만들어서 소자를 만든다. 일반적으로 회전 코팅법에 사용되는 스핀–코터는 약 1000 rpm에서 10000 rpm 정도 사이를 사용하고 가변저항으로 회전수를 조절할 수 있다. 중심에는 물체가 회전하는 동안 밖으로 이탈하지 못하도록 물체를 잡고 있는 진공 튜브가 있다(그림 40–2).

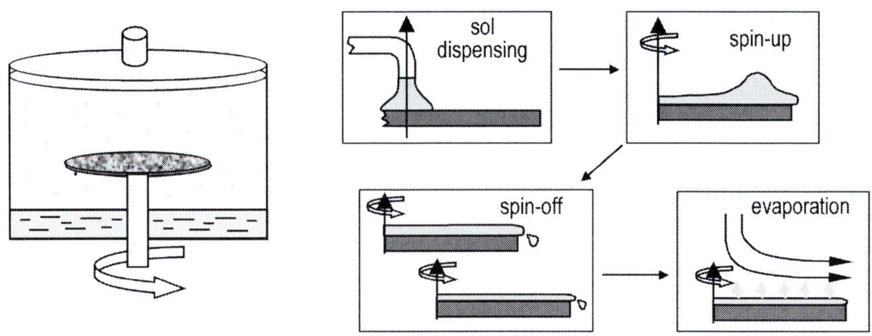

그림 40–1 스핀–코터 사용법

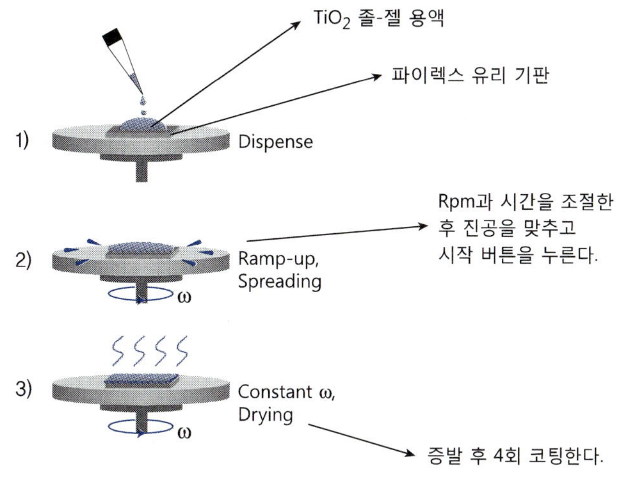

그림 40-2 스핀-코터를 사용한 박막 제조 순서

시약 및 기구

(1) 시약: Ti(O-iPr)$_4$, 아세틸 아세톤, 1-프로판올, 아세트산, 에탄올, 메틸렌 블루

(2) 기구: 비커, 자석 막대, 파이렉스 유리판, 다이아몬드 칼, 알루미늄 포일, 스핀-코터

주의 사항

스핀-코터 사용 시 반드시 진공을 이용하여 기판을 잡아준 후에 TiO_2 용액을 떨어뜨리고 회전 코팅을 진행한다.

실험 방법

A. TiO_2 용액의 제조

1. 아세틸 아세톤 1.75 g에 1-프로판올 1 mL와 Ti(O-iPr)$_4$ 2.34 g을 넣는다.
2. 1분간 교반한다.
3. 아세트산 9 mL를 첨가한다.

B. 기판 준비

1. 파이렉스 유리판(기판)을 준비한다.
2. 다이아몬드 칼을 이용하여 2.5 cm × 2.5 cm 크기로 자른다.
3. 에탄올로 기판을 깨끗이 닦는다.

C. 코팅하기

1. 스핀-코터의 정중앙에 준비한 기판을 올린다.
2. 스핀 속도와 시간을 맞춘다. (각 조마다 rpm을 다르게 한다.)
3. 진공을 잡아 준다,
4. 준비된 TiO_2 용액 충분한 양을 기판 위에 놓는다.
5. [시작] 버튼을 누르고 코팅을 시작한다.
6. 코팅된 기판을 가열판에 올려놓고 100℃에서 5분 동안 증발시킨다.
7. 이와 같은 방법으로 4회 반복하여 코팅한다.

D. 빛 처리

1. 증류수에 메틸렌 블루 소량을 넣어 만든 용액을 기판 위에 떨어뜨린다.
2. 반은 알루미늄 호일로 가리고 창가에 놓는다.
3. 2~3일 후 관찰한다.

실험 결과

1. 2~3일 후 메틸렌 블루가 분해된 것을 확인한다.

문제

(1) TiO_2의 광촉매 반응 시, TiO_2 표면에 흡착된 유기 물질이 분해되는 과정을 기술하시오.

(2) 회전 코팅으로 제조하는 박막의 두께를 조절하는 인자에 대해 자세히 기술하시오.

참고문헌

1. Sobczynski, A.; Dobosz, A. *Polish J. Environ. Studies*, **2001**, *10*, 195.
2. Hoffmann, M. R.; Martin, S. T.; Choi, W. Y.; Bahnemann, D. W. *Chem. Rev.* **1995**, *95*, 69.
3. Linsebigler, A. L.; Lu, G.; Yates, J. T. Jr. *Chem. Rev.* **1995**, *95*, 735.

실험 41

염료감응 태양전지(DSSC)의 제작

목적

태양광을 전기로 변환시키는 장치인 태양전지의 원리를 이해하기 위해 태양전지의 한 종류인 염료감응형 태양전지(DSSC)를 제작하고 효율을 측정한다.

서론

태양전지(Photovoltaic cell 또는 solar cell)는 광기전 효과(photovoltaic effect)에 의해 태양빛 에너지를 전기로 직접 변환시키는 전기 발생 장치이다. Photovoltaic의 'photo'는 빛을 의미하는 그리스어 'phos'로부터 유래되었으며, 'volt'는 볼타 전지를 발명한 전기연구의 개척자 볼타(Alessandro Volta)의 이름을 따온 것이다. 따라서 'photo-voltaic'이란 'light-electricity'를 의미하게 된다. 이미 우리 생활의 여러 부분에서 이용되고 있는 태양전지는 간단하게는 시계, 계산기 등의 전원으로 이용되며 크게는 위성 통신 등 항공 우주분야의 전기 에너지원으로 사용된다. 최근 유가급등, 화석연료의 고갈 위기, 이산화 탄소 배출 규제 등은 태양전지와 같은 친환경 대체 에너지의 필요성을 더욱 부각시키고 있다.

현재 태양전지 시장의 가장 많은 비중을 차지하고 있는 것은 실리콘-기반 태양전지이다. 기존의 실리콘-기반 태양전지는 효율이 좋고 수명이 길기 때문에 지금까지 널리 적용되어 왔다. 하지만 소재의 특성상 깨지기 쉽고 생산 단가가 높은데다 미관상 이질감 때문에 좀 더 다양한 분야의 적용이 어렵다는 단점이 있다. 1991년 스위스 연방공과대학의 그라첼(Grätzel) 교수팀에 의해 최초로 개발된 TiO_2계 염료감응형 태양전지(Dye-Sensitized Solar Cell, DSSC)는 약 10% 정도의 높은 광전변환 효율과 기존의 실리콘-기반 태양전지보다 값싸게 제조할 수 있다는 가능성으로 인해 신형 태양전지로서 큰 주목을 받게 되었다.

1. 염료감응형 태양전지(DSSC)의 원리

염료감응형 태양전지는 반도체 나노입자, 태양광 흡수용 염료 고분자, 전해질, 투명전극 등으로 구성되어 있으며, 식물의 광합성 원리를 응용한 전지이다. 금속 산화물인 TiO_2와 같은 나노입자로 구성된 다공질 반도체 입자 표면에 태양광 흡수 염료(루테늄(Ru)계 화합물)를 침지시켜 광전기화학적 반응에 의해 전기를 생산하는 원리이다(그림 41-1). 태양광이 전지에 입사되면 먼저 염료 고분자가 빛을 흡수한다. 이때 염료는 여기 상태(excited state)가 되고 전자를 TiO_2의 전도띠(conduction band)로 보낸다. 전자는 전극으로 이동하여 외부 회로를 통해 흘러가서 전기 에너지를 전달한다. 염료는 TiO_2에 전달한 전자 수만큼 전해질 용액으로부터 공급받아 원래의 상태로 돌아가게 되는데, 이때 사용되는 전해질은 I^-/I_3^- 쌍으로써 산화-환원에 의해 상대 전극으로부터 전자를 받아 염료에 전달하는 역할을 담당한다. 이에 따라 전지의 열린회로 전압(open circuit voltage)은 TiO_2 반도체의 페르미(Fermi) 에너지 준위와 전해질의 산화-환원 준위의 차이에 의해 결정된다.

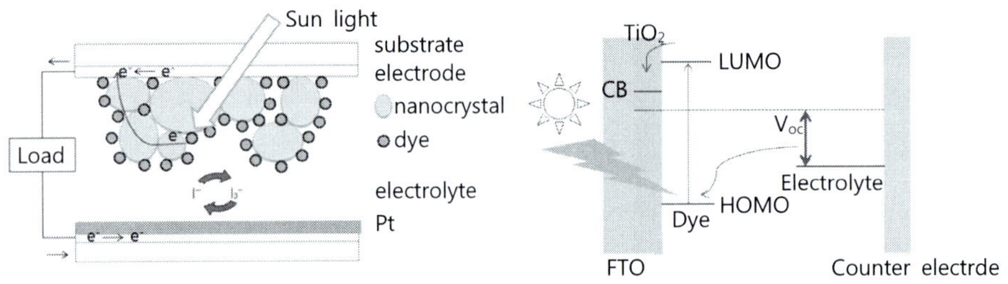

그림 41-1 염료감응형 태양전지의 원리

이 전지가 기존의 태양전지와 다른 차이점은, 기존의 실리콘-기반 태양전지는 태양 에너지의 흡수 과정과 전자-정공 쌍이 분리되어 전기의 흐름을 만드는 과정이 반도체 내에서 동시에 일어나는 것에 비해, 염료감응형 태양전지에서는 태양 에너지의 흡수 과정과 전하 이동 과정이 분리되어 염료에서 태양 에너지를 흡수하고, 전하의 이동은 전자의 형태로 반도체 물질에서 이루어지는 것이다.

2. 에너지 변환 효율

(1) **단락전류**(short-circuit current): 태양전지 양단의 전압이 0일 때 흐르는 전류를 의미한다. 단락전류는 빛에 의해 발생된 캐리어의 생성과 수집에 기인하므로 이상적인 태양전지의 경우 단락전류와 광 생성 전류는 동일하다. 그러므로 단락전류는 태양전지로부터 끌어낼 수 있는 최대 전류이다.

(2) **개방전압**(open-circuit voltage): 전류가 0일 때 태양전지 양단에 나타나는 전압으로 태양전지로부터 얻을 수 있는 최대 전압에 해당한다.

(3) **곡선인자**(Fill Factor, FF): 개방전압과 단락전류의 곱에 대한 출력의 비로 정의되며 전류-전압 곡선에서 채울 수 있는 최대 직사각형의 면적에 해당한다.

(4) **변환효율**(efficiency, η): 태양전지의 성능을 나타내는 가장 중요한 인자로서 태양으로부터 입사된 에너지에 대한 출력 에너지의 비로서 정의된다. 효율은 입사되는 태양광 스펙트럼이나 세기, 그리고 전지의 온도에 영향을 받기도 하므로 태양전지의 변환 효율은 정밀하게 조절된 조건에서 측정되어야 한다. 지상에서 사용되는 태양전지의 경우 효율은 25℃, AM 1.5 조건에서 측정된다.

$$\eta = \frac{P_{out}}{P_{in}} = \frac{I_{\max} \times V_{\max}}{P_{in}} = \frac{I_{sc} \times V_{oc} \times FF}{P_{in}} \qquad (식\ 41\text{-}1)$$

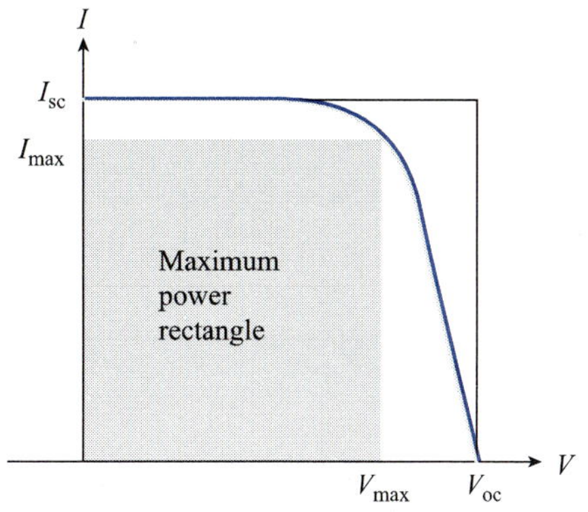

그림 41-2 태양전지의 I-V 곡선

시약 및 기구

(1) 시약 및 도구: TiO_2 나노 분말, α−Terpineol, Polyethylene glycol(PEG), 염료(0.3 mM N719/에탄올), I^-/I_3^- 전해질(3−methoxy propionitrile, 1−butyl−3−methylimidazolium iodide, I_2, LiI, 4−tertbutyl pyridine), 백금 상대 전극(7 mM $H_2PtCl_6 \cdot xH_2O$/2−프로판올), 에탄올, FTO 기판, slide glass, 막자와 사발, 3M 투명테이프, Suryln(60 μm)

(2) 기구: 인공 태양(Solar simulator), 광원(100 mW/cm^2, AM 1.5), Box furnace, 건조 오븐

주의 사항

- TiO_2 반죽은 30분 이상 충분히 섞어 준다.
- 염료에 침지시키기 전에 건조 오븐에 두어 수분을 없앤다.

실험 방법

A. TiO_2 반죽(paste) 제조

1. 사발에 TiO_2 분말 0.16 g에 α−Terpineol과 PEG를 각각 0.2 mL 씩 넣고 30분 이상 충분히 섞는다.
2. 깨끗하게 세척한 FTO 기판에 TiO_2 반죽을 doctor blade 법을 이용하여 바른다.
3. TiO_2를 바른 FTO 기판을 500℃에서 1시간 열처리한다.

B. 염료 흡착

1. 염료가 담긴 접시에 열처리한 TiO_2 박막을 담가놓고 어두운 곳에 하루 정도 침지시킨다.(뚜껑을 덮는다)
2. 염료를 다른 곳으로 옮겨 담는다[1].
3. TiO_2 박막을 에탄올로 세척한 뒤 말린다.

1) 사용한 염료는 재사용이 가능하다.

C. 태양전지 조립

1. 백금 코팅 전극과 염료를 침지시킨 전극을 준비한다.
2. 염료를 흡착시킨 전극에 Surlyn을 놓고 백금 코팅 전극으로 덮는다.
3. 집게로 접합부분을 집어 건조 오븐에 Surlyn이 녹을 때까지 기다린다.
4. 전해질 용액을 백금 코팅 전극에 있는 전해질 구멍을 통해 주입한다.
5. sealing tape으로 전해질 구멍을 막아 준다.

D. 태양전지 효율 측정

1. 광원을 15분 정도 안정화시킨 뒤 인공 태양을 이용하여 태양전지의 효율을 측정한다.

실험 결과

1. 전류-전압 곡선을 그린다.
2. 셀의 효율을 계산한다.

문제

(1) 염료감응형 태양전지의 효율 증대 방법에 대해 생각해 보자.

참고문헌

1. Park, N. G. *J. Korean Ind. Eng. Chem.* **2004**, *15*, 265.
2. Lee, J. S.; Kim, K. H. *태양전지공학*, 그린, 2009.

실험 42

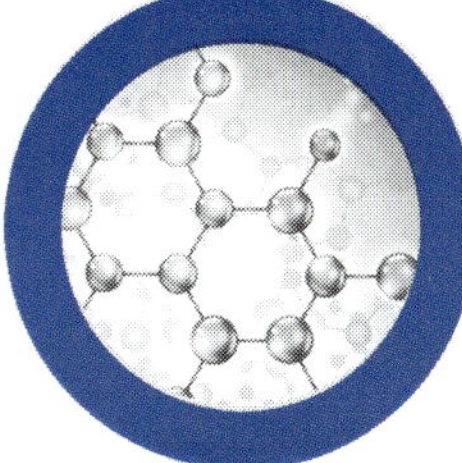

순환 전압-전류법(CV)에 의한 $K_3[Fe(CN)_6]$의 산화-환원 측정

목적

순환 전압-전류법을 이용하여 $[Fe(CN)_6]^{3-}$ / $[Fe(CN)_6]^{4-}$ 짝의 산화-환원 반응에 대해 알아보고, 주사 속도의 영향, 반응의 가역성 등을 확인한다.

서론

순환 전압-전류법(Cyclic Voltammetry: CV)은 전기 화학적으로 활성이 있는 화학종의 산화-환원 거동을 연구하는 데 가장 널리 사용되는 전기 분석법의 하나로, 측정이 용이하고 간단하며 응용 범위가 넓다는 장점으로 인해 여러 분야에서 자주 이용되고 있다.

순환 전압-전류법에서는 젓지 않은 용액에 들어 있는 작업 전극(Working Electrode: WE)에 칼로멜 전극 또는 은-염화 은 전극과 같은 기준 전극(Reference Electrode: RE)을 이용하여 그림 42-1과 같은 삼각파 모양의 전압을 가하고, 이

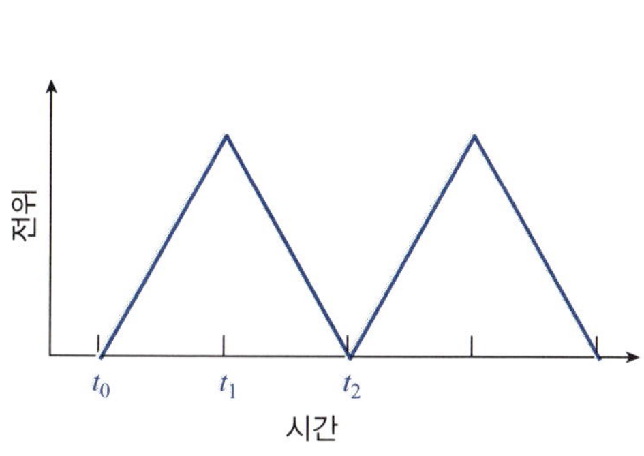

그림 42-1 순환 전압-전류 곡선에 이용되는 파형

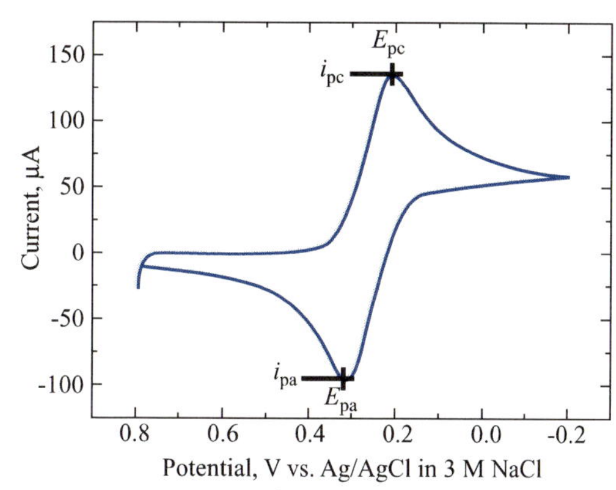

그림 42-2 1.0 M KNO_3 지지 전해질에 용해되어 있는 6.0 mM $K_3[Fe(CN)_6]$의 순환 전압-전류 곡선

때 흐르는 전류를 측정함으로써 그림 42-2와 같은 순환 전압-전류 곡선(Cyclic Voltammogram)을 얻게 된다.

그림 42-2에서 E_{pc}와 E_{pa}는 각각 환원 봉우리 전압 및 산화 봉우리 전압이며, i_{pc}와 i_{pa}는 각각 환원 봉우리 전류와 산화 봉우리 전류이다.

가역 반응의 경우 25℃에서 봉우리의 전위 차이(ΔE_p)는 식 42-1과 같다

$$\Delta E_p = |E_{pa} - E_{pc}| = \frac{0.0592}{n} \qquad \text{(식 42-1)}$$

1.0 M KNO_3 지지 전해질에 $K_3[Fe(CN)_6]$이 용해되어 있는 용액에 백금 작업 전극과 은-염화 은 기준 전극 및 백금 상대 전극을 담그고 작업 전극의 전위를 감소시키면 식 42-2와 같이 환원 반응이 일어난다.

$$[Fe(CN)_6]^{3-} + e^- \longrightarrow [Fe(CN)_6]^{4-} \qquad \text{(식 42-2)}$$

환원 전류의 크기는 화학종의 농도 및 주사 속도에 영향을 받으며, 환원 봉우리의 전류(i_{pc})는 시료의 농도(c)와 주사 속도(ν)의 제곱근에 비례한다. 25℃에서 i_{pc}는 식 42-3과 같이 나타낸다.

$$i_{pc} = (2.69 \times 10^5) n^{\frac{3}{2}} AcD^{\frac{1}{2}} \nu^{\frac{1}{2}} \qquad \text{(식 42-3)}$$

n: 화합물 1몰당 이동한 전자의 수

A: 전극 표면적

c: 시료의 농도

D: 확산 계수

ν: 주사 속도

시약 및 기구

(1) 시약: 1.0 M KNO_3, 10 mM $K_3[Fe(CN)_6]$

(2) 기구: 100 mL 부피 플라스크, 순환 전압-전류법용 기기(potentiostat), 백금 작업 전극, 백금 상대 전극, 은-염화 은 기준 전극, 알루미나 분말

실험 방법

1. 백금 작업 전극은 알루미나 분말을 이용하여 닦고 증류수로 세척한다.
2. 실험을 시작하기 전에는 고순도의 질소를 용액에 충분한 시간 동안 통과시켜 용존 산소를 제거한다.
3. 1.0 M KNO_3 + 10 mM $K_3[Fe(CN)_6]$ 용액을 이용하여 20 mV/s의 주사 속도로 전압-전류 곡선을 얻는다.
4. $K_3[Fe(CN)_6]$ 의 농도를 2, 4, 6, 8, 10 mM 등으로 변화시켜서 전압-전류 곡선을 얻는다.
5. 1.0 M KNO_3 + 10 mM $K_3[Fe(CN)_6]$ 용액을 이용하여 주사 속도를 10, 20, 50, 100, 200, 500 mV/s 등으로 변화시켜 가며 전압-전류 곡선을 얻는다.

실험 결과

1. 농도와 주사 속도를 변화시키며 전압-전류 곡선을 얻는다.
2. 여러 가지 주사 속도에 대하여 i_{pc} 와 i_{pa}를 계산하여 봉우리 높이에 대한 주사 속도의 영향을 측정하고 그래프로 나타낸다.
3. 여러 가지 농도에 대하여 i_{pc}와 i_{pa}를 계산하여 봉우리 높이에 대한 농도의 영향을 측정하고 그래프로 나타낸다.

문제

(1) 전압을 변화시켰을 때 일어나는 산화 반응과 환원 반응을 쓰시오.

(2) 전압이 감소하는 동안 환원 전류는 증가하여 봉우리에 도달하고 다시 감소하는 이유를 설명하시오.

참고문헌

1. Daniel C. Harris. *Quantitative Chemical Analysis*; 8th Ed.; Freeman: New York, 2010.
2. Skoog, D. A.; 박기채 외 번역, *기기분석의 이해*; 6th Ed.; 사이플러스: Seoul, 2008.
3. Harris, D. C.; 강용철 외 번역, *분석화학*; 8th Ed.; 자유아카데미: Seoul, 2012.
4. Kissinger, P. T.; Heinemann, W. R. *J. Chem. Educ.* **1983**, *60*. 702.

실험 43

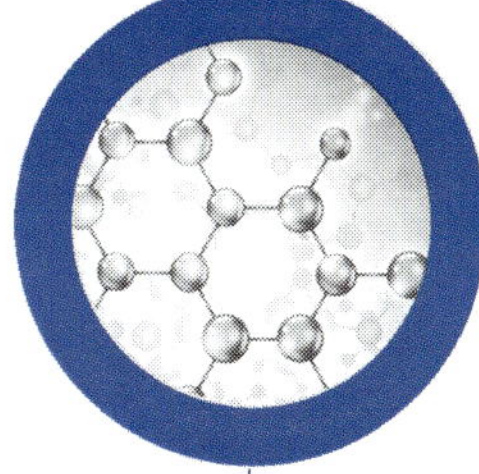

전기 화학 측정에 질소 퍼징이 미치는 영향

목적

질소 가스로 퍼징하지 않을 경우와 시간을 달리하여 퍼징할 때의 차이점을 알아보고, 이를 바탕으로 퍼징하는 이유를 생각해본다.

서론

전압-전류법으로 분석물질의 산화나 환원에 의한 전류를 측정하는데 있어서, 용액 속에 녹아 있는 산소는 환원 전류 측정시 방해 요인으로 작용할 수 있다. 공기 중에 존재하는 산소가 용액 속으로 녹아 들어간 경우, 음의 전위를 가하여 주면 작업전극에서 산소의 환원 반응이 일어나게 된다. 이때 분석물질이 환원되는 전위와 산소 환원이 일어나는 전위가 인접한 경우에는 산소 환원 전류도 함께 측정되기 때문에 분석물질로부터 비롯된 전류를 정확하게 얻어낼 수 없게 된다. 이러한 이유로, 질소나 아르곤 가스와 같은 비활성 기체를 용액 안으로 불어넣어 준다. 용액 속에 녹아 들어갈 수 있는 기체의 양은 한정되어 있기 때문에 질소를 지속적으로 불어넣어 주면 용액 속에 질소 가스가 존재하게 되고, 산소는 제거되므로 문제를 해결할 수 있게 된다. 질소는 안정하기 때문에 분석하고자 하는 물질과 반응하지 않을 뿐 아니라 산소 환원 반응처럼 추가적인 반응이 진행되지 않기 때문에, 원하는 물질의 반응만을 관찰할 수 있다.

시약 및 기구

(1) 시약: 0.1 M KNO_3, 1 mM $K_3[Fe(CN)_6]$

(2) 기구: 순환 전압-전류 측정기(Cyclic Voltammetry, BAS 100W), 유리성 탄소 전극(Glassy Carbon Electrode: GC)

주의 사항

- 측정이 완료될 때마다 비교를 위해 BAS 100W 메뉴 중 [Graphics] → [Multi-graph]를 적극 활용한다.
- 퍼징에 사용된 피펫은 용액이 달라지면 교체해서 사용한다.
- $K_3[Fe(CN)_6]$은 빛과 공기에 의해 색이 변할 수 있으니 용기의 입구를 막고 직사광선에 노출시키지 않게 하며 빛과 공기를 최대한 차단하도록 한다.

실험 방법

A. 바탕 시험 I

1. 0.1 M KNO_3 용액과 GC 전극을 준비한다.
2. [General Parameter]는 실험 상황에 맞추어서 설정한다(그림 43-1).
3. 질소 가스를 퍼징하지 않고 측정한다.
4. 각각 1, 3, 5, 8분으로 순차적으로 질소 가스를 퍼징한 후 측정한다.
5. 8분간 질소 가스를 퍼징한 후 측정이 끝나면 공기 중에 각각 5, 10분간 방치하여 각각 측정한다.

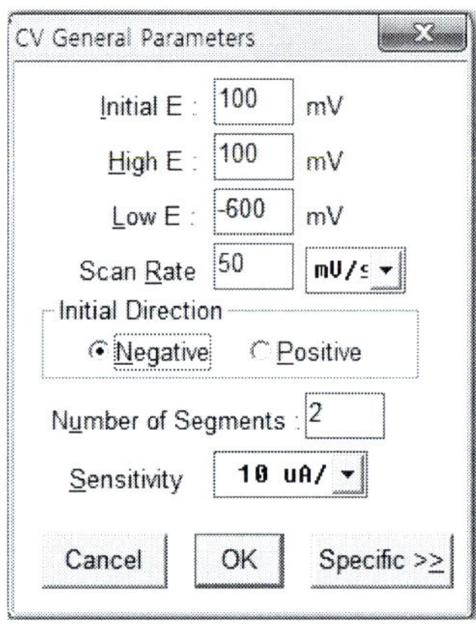

그림 43-1 바탕 시험 I의 [General Parameter]

B. 바탕 시험 II

1. 0.1 M KNO_3 + 1 mM $K_3[Fe(CN)_6]$ 용액과 GC 전극을 준비한다.
2. [General Parameter]는 실험 상황에 맞추어서 설정한다(그림 43-2).
3. 질소 가스를 퍼징하지 않고 측정한다.
4. 각각 1, 3, 5, 8분으로 순차적으로 질소 가스를 퍼징한 후 측정한다.
5. 8분간 질소 가스를 퍼징한 후 측정이 끝나면 공기 중에 각각 5, 10분간 방치하여 각각 측정한다.

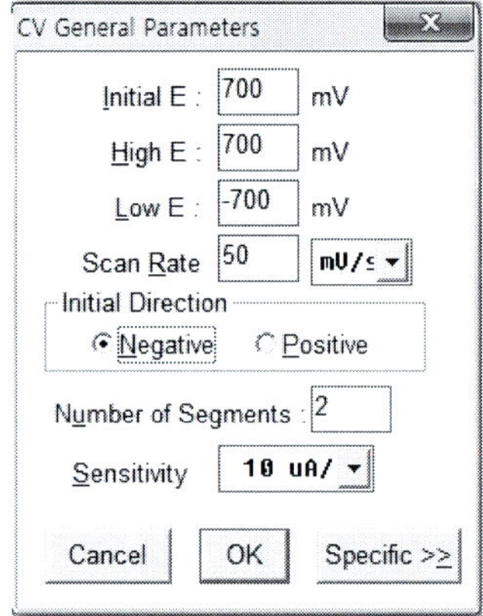

그림 43-2 바탕 시험 II의 [General Parameter]

실험 결과

1. 질소 가스를 퍼징하지 않은 결과와 질소 가스의 퍼징 시간에 따른 CV 곡선을 비교한다.
2. 질소 가스를 8분간 퍼징한 결과와 공기 중에 방치해 둔 시간에 따른 CV 곡선을 비교한다.

문제

(1) 질소 가스를 퍼징하지 않았을 때, 관찰되는 봉우리는 무엇인가?

(2) 최소 몇 분간 질소 가스를 퍼징하는 것이 효과적인가?

(3) 효과적인 측정을 위해서는 최대 몇 분간 공기 중에 방치해도 되는가?

(4) 실험 B. $K_3[Fe(CN)_6]$의 전기 화학적 측정 시, 질소 가스를 퍼징하는 과정이 필요한가?

참고자료 일반적인 전기 화학 실험 장치

전기 화학 실험을 하기에 앞서 선행되어야 할 일반적인 준비 사항들은 다음과 같다.

1. 작업 전극 연마

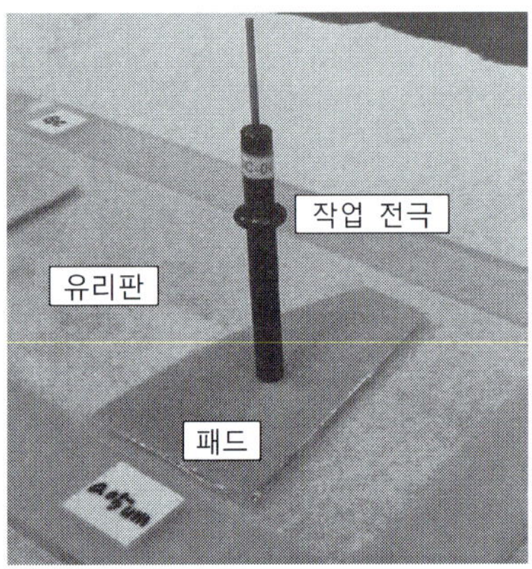

(1) GC 전용 유리판의 패드에 증류수를 뿌린다.
(2) 패드에 적힌 가장 큰 입자 크기(10 μm)의 알루미나 가루를 뿌린다.
(3) 패드 위에 작업 전극을 수직으로 세워 원을 그려가며 전극 표면을 연마(polishing)한다.(손목을 이용하기보다 팔 전체를 움직이면 수직으로 원을 그리기 쉽다.)
(4) 원을 그리되, 패드 전체를 활용하여 큰 원을 그리면서 연마한다.
(5) 증류수가 담긴 비커에 연마한 전극을 넣고 5분간 음파세척(sonication)을 한다.
(6) 패드에 적힌 작은 입자 크기(0.05 μm)로 과정 (1) ~ (5)를 반복 실시한다.
(7) 세척이 끝나면 전극 표면을 증류수로 씻어내고 증류수가 들어 있는 비커 바닥에 전극 표면이 닿지 않게 비스듬히 세워 놓는다.

〈주의 사항〉
- 알루미나 가루는 흡착하기 쉽고 공기 중에 미세하게 날아다니므로 라텍스 장갑을 꼭 착용한다.

2. 전기 화학 장치

(1) 그림과 같이 전극을 설치하고 바이알에 시료를 주입한다.
(2) 기기에 전극을 연결한다. 기기를 바이알과 연결할 때에는 다음 표와 같이 전선의 색과 전극을 잘 맞춘다.

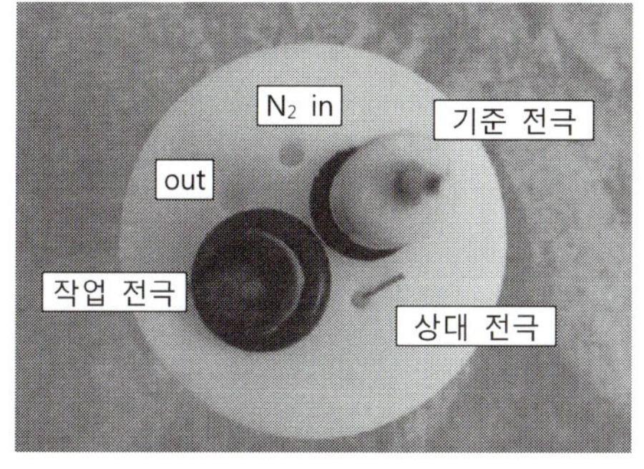

전선의 색깔	전극
검은색	작업 전극(WE)
하얀색	기준 전극(RE)
빨간색	상대 전극(CE)

〈주의 사항〉

- 기준 전극은 시료에 넣기 전과 빼낸 뒤 항상 증류수로 세척을 한다. 또한 바이알 바닥에 닿지 않게 주의한다.

3. 가스 퍼징 방법

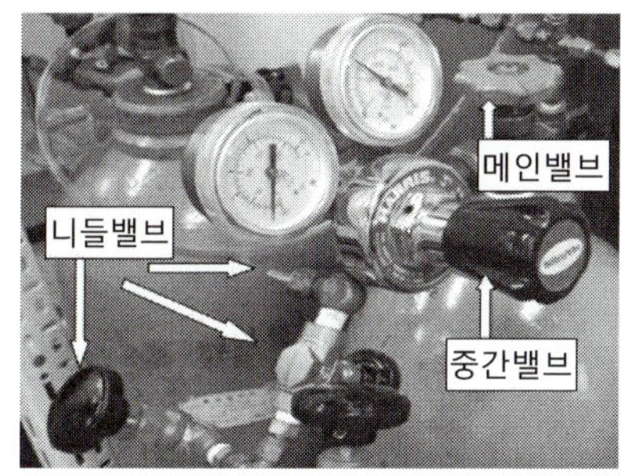

(1) 다음 순서로 밸브를 열고 니들 밸브로 미세 조정하여 질소 가스를 공급한다.
메인 밸브(반시계 방향 열림) → 중간 밸브(시계 방향 열림. 10 PSI 정도로 맞춤) → 니들 밸브(반시계 방향 열림)

(2) 가스 주입구를 시료의 중간 정도까지(바닥에 닿지 않게) 넣어 준다.

(3) 퍼징 시간은 실험 조건에 따라 다르게 한다.

(4) 실험이 시작되면 퍼징 가스가 시료에 직접 닿지 않게 한다.(가스에 의해 용액 표면이 흔들리지 않을 정도의 높이로 주입구를 위치시킨다.)

〈주의 사항〉

- 밸브를 잠그거나 열 때, 다른 실험자가 해당 가스를 사용 중일 수 있으니 확인 후 밸브를 조작한다.

- 가스를 사용하지 않을 경우 반드시 확인 후 밸브를 잠그도록 한다.
- 실험이 종료되면 모든 밸브를 과정 (1)의 역순으로 잠가 불필요한 가스의 낭비를 방지한다.

4. BAS 100B의 사용법

(1) BAS 100B 전용 컴퓨터의 모니터를 켠다.

(2) 실험기기 BAS 100B 전원을 켠다.

(3) 예열이 완료된 신호가 난 뒤 BAS 100W를 실행한다.

(4) BAS 100W 프로그램에 [Control]에서 [Self Test]를 선택한 후에 프로그램에 [Self Test] 완료가 뜨는지 확인한다.(ROM, RAM, ANALOG SYSTEM: OK 정상)

(5) 바탕화면 BD에서 자신의 폴더를 생성한다.(폴더명은 'yymmdd이름'으로 한다. (예: 120724SR))

(6) [Method] → [Select Mode]에서 실험에 맞는 mode를 선택한다.(CV법 선택)

(7) [General Parameter]를 설정한다.(각 실험에 따라 적절하게 설정한다.)

Initial E (시작 전류)
High E (최고 전류)
Low E (최저 전류)
Scan Rate (주사 속도)

Initial Direction (Negative 또는 Positive 방향 결정)
Number of Segments (왕복 횟수)
Sensitivity (A/V)

Specific parameters (바꿀 필요 없다.)

[Control] → [Start RUN] : 측정 시작 (단축키: F2)

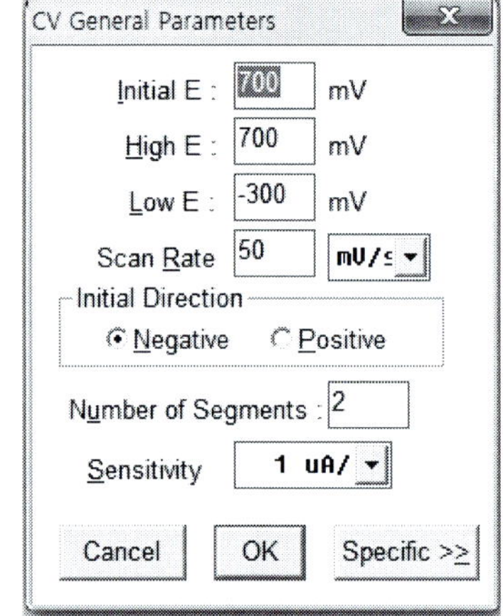

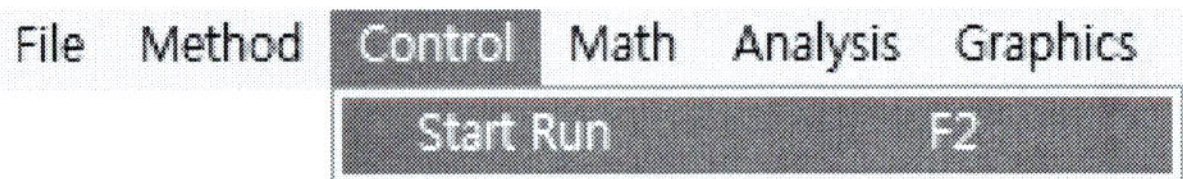

〈주의 사항〉

- File name은 날짜순으로 정리하여 저장하고 Data type는 Bin으로 한다. 측정이 끝나고 각자의 폴더에 따로 저장한다.(파일명은 구별이 쉽게 자유롭게 지정한다.)

실험 44

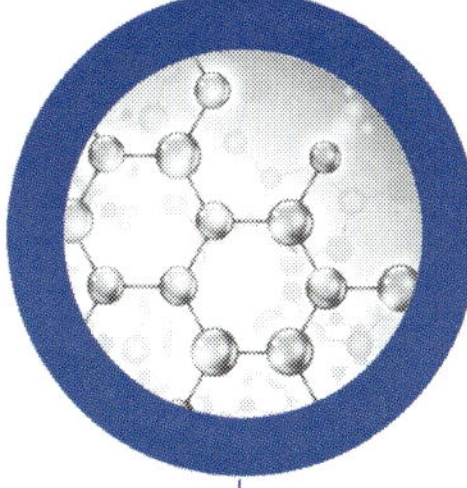

작업 전극과 전해질에 따른 산소의 환원 거동 변화

목적

작업 전극과 전해질에 따라 산소의 영향을 받은 전류 및 전압 위치의 변화를 파악한다.

서론 전기 분석법에 사용되는 작업 전극(Working Electrode: WE)에는 다양한 종류가 있다. 금(Au), 백금(Pt), 은(Ag)과 같은 금속 전극과 유리성 탄소(glassy carbon) 전극과 같은 비금속 전극들이 작업 전극으로 이용된다. 금속 전극은 비금속 전극보다 전자 전달이 용이하기 때문에 산화-환원 거동을 관찰하는데 효과적이지만, 전극으로 활용되는 금속 자체가 산화가 일어나기 때문에 관찰할 수 있는 전압에 한계가 있으며 무르다는 단점을 가지고 있다. 반면에, 유리성 탄소 전극과 같은 비금속 전극의 경우에는 단단하며 전극 자체의 산화가 일어나지 않는다는 장점이 있지만, 금속 전극에 비해 활성이 떨어진다는 단점을 가지고 있다. 이러한 전극 각각의 고유한 성질에 따라서 실험 목적과 활용 분야에 적절한 전극을 사용해야 한다. 전해질도 목적에 따라 적절히 선택하여 사용하여야 한다. 전해질의 pH와 조성에 따라서 전기 화학적 산화-환원이 영향을 받기 때문이다. 본 실험에서는 산소의 전기 화학적인 환원 과정이 작업 전극 및 전해질에 따라 어떤 영향을 받는지 살펴보고자 한다.

시약 및 기구

(1) 시약: 0.1 M KNO_3, 0.1 M H_2SO_4

(2) 기구: 순환 전압-전류 측정기(Cyclic Voltammetry, BAS 100W), 유리성 탄소 전극(Glassy Carbon Electrode: GC), 금(Au) 작업 전극

주의 사항

- 측정이 완료될 때마다 비교를 위해 BAS 100W 메뉴 중 [Graphics] → [Multi-graph]를 적극 활용한다.
- 해당 실험이 완료되면 퍼징에 사용된 피펫은 용액이 달라지면 교체해서 사용하도록 한다.

실험 방법

A. 0.1 M KNO_3

1. 0.1 M KNO_3 용액과 GC 전극을 준비한다.
2. [General Parameter]는 실험 상황에 맞추어서 설정한다(그림 44-1).
3. 질소 가스를 퍼징하지 않고 측정한다.
4. 산소에 영향 받은 피크를 정확히 알기 위해 5분간 산소를 퍼징한 후 재측정한다.
5. 5분간 질소 가스를 퍼징한 후 재측정한다.
6. Au 작업 전극으로 과정 1~5를 반복한다.

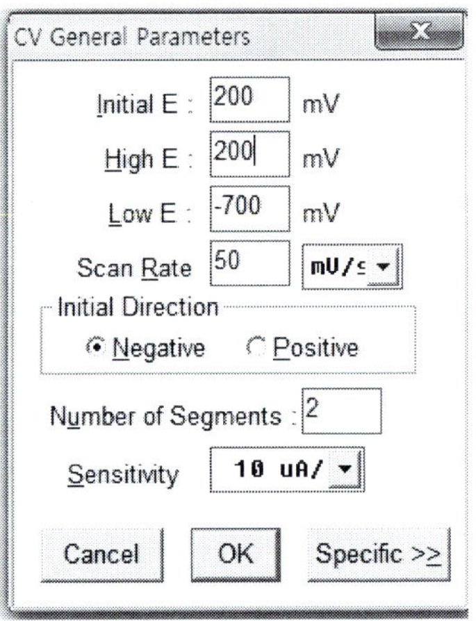

그림 44-1 KNO_3 전해질의 [General Parameter]

B. 0.1 M H_2SO_4

1. 0.1 M H_2SO_4 용액으로 실험 A의 과정을 따라 측정한다.
2. [General Parameter]는 실험 상황에 맞추어서 설정한다(그림 44-2, 44-3).

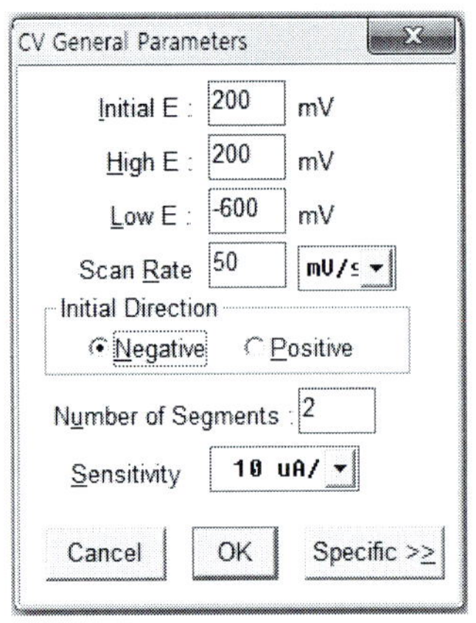

그림 44-2 GC 전극의 [General Parameter]

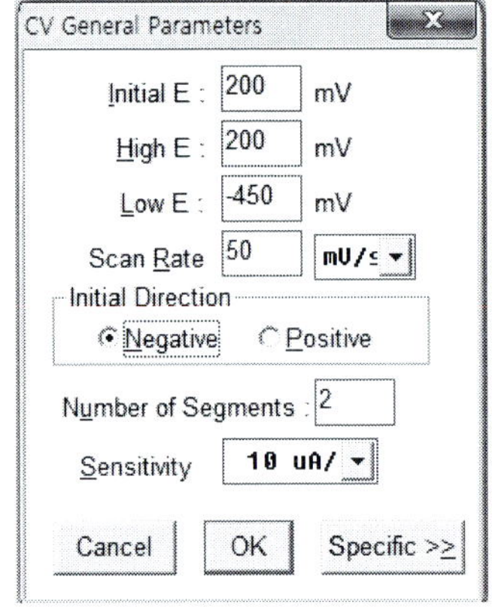

그림 44-3 Au 전극의 [General Parameter]

실험 결과

1. 퍼징을 하지 않았을 때와 질소 및 산소 가스를 퍼징하였을 때, 산소 환원을 비교한다.
2. 각각 동일한 전해질에서 작업 전극에 따른 산소의 환원 거동을 비교한다. (산소 환원의 전류 및 전압 위치)
3. 각각 동일한 작업 전극에서 전해질에 따른 산소의 환원 거동을 비교한다.

문제

(1) 퍼징을 하지 않았을 때 관찰되는 봉우리는 산소 환원으로부터 기인한 것인가?

(2) 산소 환원 측정 시, 작업 전극에 따라 어떤 차이를 보이는가?

(3) 산소 환원 측정 시, 전해질에 따라 어떤 차이를 보이는가?

실험 45

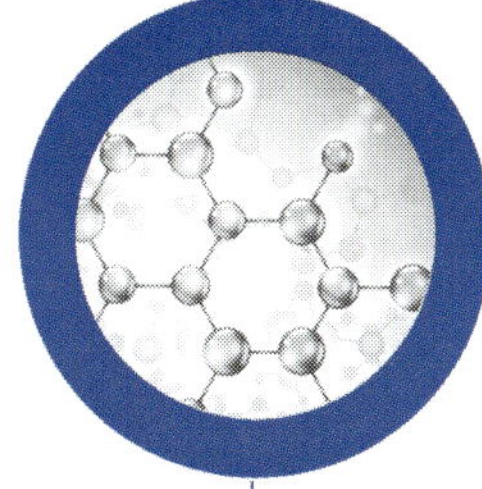

작업 전극과 전해질에 따른 $[Fe(CN)_6]^{3-}$의 환원 거동 변화

목적

작업 전극과 전해질에 따라 $K_3[Fe(CN)_6]$의 산화-환원 봉우리가 어떻게 변화하는지 알아본다.

서론 작업 전극과 전해질의 선택에 따라서 관찰할 수 있는 전위의 범위가 달라진다. 작업 전극의 측정 가능한 범위를 벗어난 전위에서 산화-환원 봉우리가 나타나는 화학종이라면 사용하는 작업 전극을 교체하거나, 사용하는 전해질을 변화시키는 등의 변화가 필요하다. 대표적인 산화-환원 화학종인 $[Fe(CN)_6]^{3-}$의 산화-환원 봉우리를 (실험 44)에서 얻은 결과를 토대로 작업 전극과 전해질의 종류에 따른 차이를 관찰한다.

시약 및 기구

(1) 시약: 0.1 M KNO_3, 0.1 M H_2SO_4, 1 mM $K_3[Fe(CN)_6]$

(2) 기구: 순환 전압-전류 측정기(Cyclic Voltammetry, BAS 100W), 유리성 탄소 전극(Glassy Carbon Electrode: GC), 금(Au) 작업 전극

주의 사항

- 측정이 완료될 때마다 비교를 위해 BAS 100W 메뉴 중 [Graphics] → [Multi-graph]를 적극 활용한다.
- 해당 실험이 완료되면 퍼징에 사용된 피펫은 용액이 달라지면 교체해서 사용하도록 한다.

• $K_3[Fe(CN)_6]$은 빛과 공기에 의해 색이 변할 수 있으니 용기의 입구를 막고 직사광선에 노출되지 않게 하여 빛과 공기를 최대한 차단되도록 한다.
• 필요할 경우, 더 정확한 비교를 위해 potential window를 변경하여 측정한다.

실험 방법

작업 전극(GC와 Au)과 전해질(0.1 M KNO_3와 H_2SO_4)을 바꿔가며 다음 과정에 따라 CV를 측정한다.

A. 0.1 M KNO_3 + 1 mM $K_3[Fe(CN)_6]$

1. [General Parameter]는 실험 상황에 맞추어서 설정한다(그림 45-1).
2. 해당 용액을 측정하기 전에 바탕 용액(0.1 M KNO_3)을 먼저 측정한다.
3. GC 전극을 사용하여, 질소 가스를 퍼징하지 않고 측정한다.
4. 산소에 영향 받은 봉우리를 정확히 알기 위해 5분간 산소를 퍼징한 후 재측정한다.
5. 5분간 질소 가스를 퍼징한 후 재측정한다.
6. Au 작업 전극으로 과정 2 ~ 5를 반복하여 측정한다.

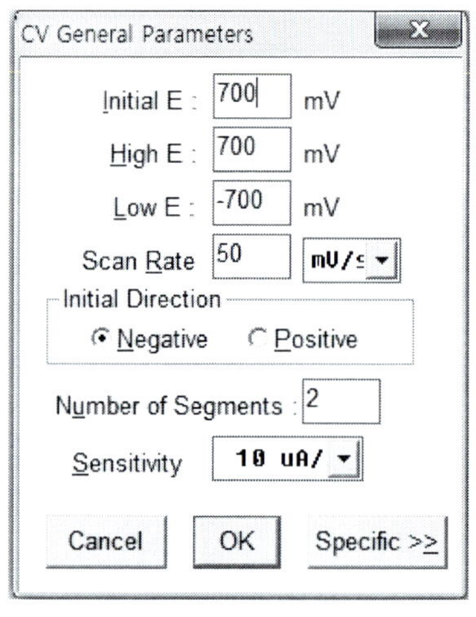

그림 45-1 KNO_3 전해질의 [General Parameter]

B. 0.1 M H_2SO_4 + 1 mM $K_3[Fe(CN)_6]$

1. 0.1 M H_2SO_4 용액으로 실험 A의 과정을 따라 측정한다.
2. [General Parameter]는 실험 상황에 맞추어서 설정한다.

실험 결과

1. 동일한 전극에서 전해질에 따른 CV 곡선을 비교한다.
2. 동일한 전해질에서 전극에 따른 CV 곡선을 비교한다.
3. 퍼징에 따른 CV 곡선을 비교한다.

문제

(1) $K_3[Fe(CN)_6]$의 산화−환원을 측정할 때, 전해질의 pH에 따라 potential window가 어떻게 조정되어야 하겠는가?

(2) 작업 전극에 따라 $K_3[Fe(CN)_6]$의 환원 전류 및 전압은 어떠한 차이가 있는가?

(3) 각 작업 전극의 면적을 고려하면 단위 면적당 전류의 크기는 어떠한 차이를 보이는가?

(4) 퍼징이 $K_3[Fe(CN)_6]$의 환원에 영향을 미치는가?

실험 46

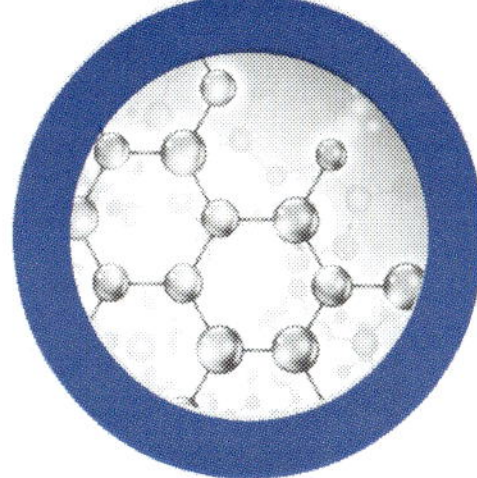

주사 속도에 따른 전기 화학 거동의 변화

목적

주사 속도에 따른 전기 화학적 거동(봉우리 전류와 전압의 위치)의 변화, 그리고 I_{pc}, I_{pa}와 ΔE_p의 관계에 대해 알아본다.

서론 산화-환원 종을 포함하는 용액 상에서 전극 표면에 가해주는 전위를 변화시킬 때, 가역 반응에서는 산화-환원 봉우리의 전류 크기가 같고, 봉우리들 사이의 전위차는 (식 42-1)과 같다. 봉우리 전류는 농도 및 주사 속도에 영향을 받는다(식 42-3). 주사 속도에 따른 산화-환원 전류 거동을 통해 전기 화학 반응의 가역성을 확인할 수도 있고, 전기 화학 활성종의 전극 표면상의 흡착 여부를 판단할 수도 있다. 전기 화학적 활성종이 전극 표면에 흡착하는 경우에는 봉우리 전류가 주사 속도에 비례하고, 흡착하지 않은 경우에는 주사 속도의 제곱근에 비례하게 된다. 본 실험에서는 주사 속도의 변화가 전기 화학적 거동에 미치는 영향을 살펴본다.

시약 및 기구

(1) 시약: 0.1 M KNO_3, 1 mM $K_3[Fe(CN)_6]$

(2) 기구: 순환 전압-전류 측정기 (Cyclic Voltammetry, BAS 100B), 유리성 탄소 전극 (Glassy Carbon Electrode: GC), 금(Au) 작업 전극.

주의 사항

- 측정이 완료될 때마다 비교를 위해 BAS 100B 메뉴 중 [Graphics] → [Multi-graph]를 적극 활용한다.

• $K_3Fe(CN)_6$은 빛과 공기에 의해 색이 변할 수 있으니 용기의 입구를 막고 직사 광선에 노출시키지 않게 하여 빛과 공기를 최대한 차단하도록 한다.

실험 방법 작업 전극(GC와 Au)과 전해질(0.1 M KNO_3와 H_2SO_4)을 바꿔가며 측정한다.

A. 0.1 M KNO_3 / GC 전극

1. [General Parameter]는 실험 상황에 맞추어서 설정한다(그림 46-1).
2. GC 전극을 사용하며, 별도의 질소 가스 퍼징은 하지 않는다.
3. 주사 속도를 10 mV/s로 설정하고 측정한다.
4. 측정이 끝나면 저장한 후 주사 속도를 50, 100, 200, 300, 400, 500, 700 mV/s로 바꾸면서 측정한다.

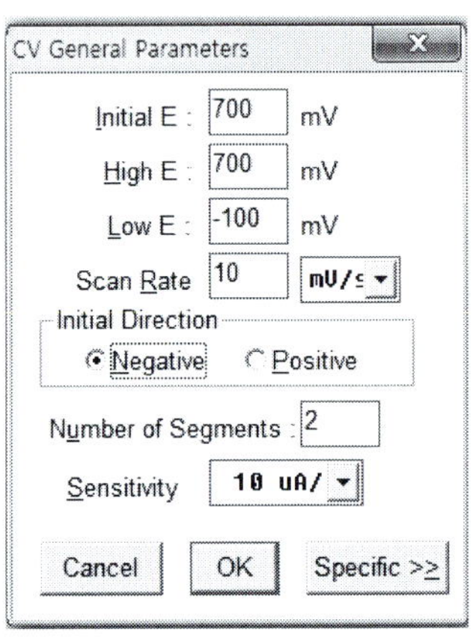

그림 46-1 CV 측정시 [General Parameter]

B. 0.1 M KNO_3 + 1 mM $K_3[Fe(CN)_6]$ / GC 전극

1. 0.1 M KNO_3 + 1 mM $K_3[Fe(CN)_6]$ 용액으로 실험 A의 과정을 따라 측정한다.
2. [General Parameter]는 실험 상황에 맞추어서 설정한다.

실험 결과 (데이터 처리)

1. **Peak Current: Reduction (cathodic) I_{pc}, Oxidation (anodic) I_{pa}**

   BAS 100B software를 실행한다.

   – Auto로 측정이 가능할 경우(그림 46-2)

   ① [Analysis] → [Result Options] [Method] → [Auto]
   [Symmetrical & tailing results include] → [Peak Current]

   ② [Find Peaks]를 누르면 peak current가 계산되어 화면상에 출력된다.

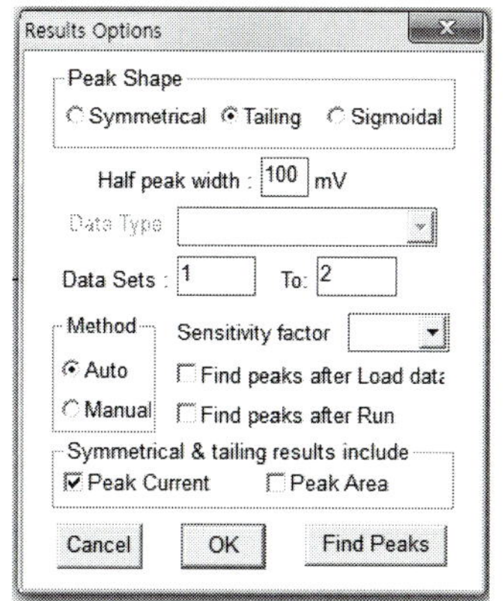

그림 46-2 피크 분석의 [Result Options]

- Auto로 측정이 불가능할 경우

① [Analysis] → [Result Options] [Data sets] : 1 to 2 (I_{pc} 확인), 2 to 1 (I_{pa} 확인) [Method] → [Manual] [Symmetrical & tailing results include] → [Peak current]

② [Find Peaks]를 누르면 peak 부분이 확대되어 보인다. 여기서 blank 용액의 charging current의 그래프를 감안하여 마우스 오른쪽 클릭으로 드래그하여 별도의 연장선을 긋는다.

③ 연장선을 그으면 수직으로 peak current가 표시 및 계산되어 화면상에 출력된다(그림 46-3).

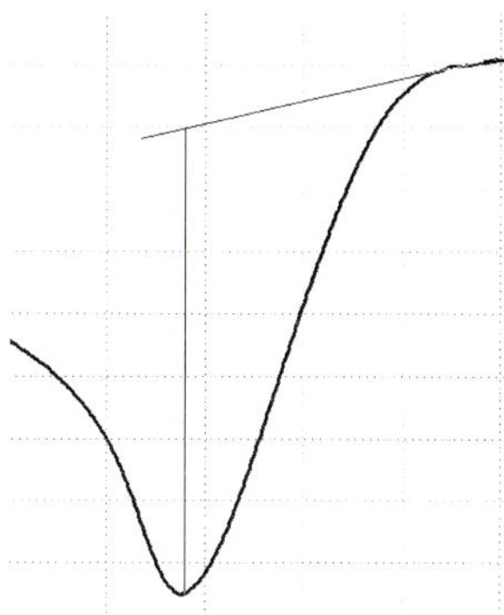

그림 46-3 Peak current의 표시

〈주의사항〉

(1) 매뉴얼로 I_{pc} 또는 I_{pa}를 확인할 경우 3번 이상 확인하고 출력된 값을 평균값으로 데이터 처리한다.

(2) 오른쪽 마우스 클릭으로 연장선을 그어도 peak current가 나오지 않으면 [File] → [Set-up Option]에서 [Oxidation Current] 가 '[+ Plus]'에 선택되어 있는지 확인한다.

(3) 이러한 방법을 통해 peak current와 함께 그에 해당하는 peak potential도 알 수 있다.

2. I_{pa}, I_{pc}와 주사 속도 (그리고 $\sqrt{(주사\ 속도)}$)의 관계를 그래프로 나타낸다.

해당 그래프의 직선의 정도를 알기 위해 추세선을 그려야 한다.

- 엑셀(Excel) 프로그램을 사용할 경우
  ① 그래프 오른클릭 → [Add Trendline]
  ② [Trend/Regression Type] → [Linear]
  ③ [Display R-squared value on chart] → check
- 오리진(Origin) 프로그램을 사용할 경우
  ① [Analysis] → [Fitting] → [Linear Fit] → [Open Dialog]
  ② [Input data]: 원하는 범위 선택
  ③ [OK] 및 [Adj. R-Square] 값 확인

3. peak potential(E) 측정

ΔE_p와 주사 속도의 관계를 그래프로 나타낸다.

① 환원 (cathodic): E_{pc}

② 산화 (anodic): E_{pa}

③ $E_{pc} - E_{pa} = \Delta E_p$

문제

(1) I_{pc}, I_{pa}와 주사 속도의 관계로 미루어 보아 $K_3[Fe(CN)_6]$의 환원 반응은 전극 표면에 흡착되어 일어나는가, 그렇지 않은가?

(2) Scan rate에 따라 ΔE_p가 어떻게 변화하고, 언제 가장 이상적인 가역 반응에 가까운가?

실험 47

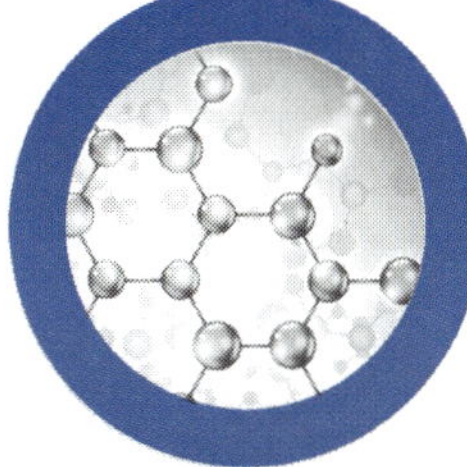

농도에 따른 전기 화학 거동의 변화

목적

용액의 농도와 제조 방법에 따른 전기 화학적 거동(봉우리 전류와 전압의 위치)의 변화에 대해 알아본다.

서론

산화−환원 봉우리 전류는 산화−환원 종의 농도에 비례한다(식 42−3). 실제로 분석물질을 포함하고 있는 용액을 다양한 농도로 제조하여 산화−환원 봉우리 전류 대비 농도에 대한 검량선을 얻을 수 있다. 정량 분석 시 농도를 모르는 분석물질에 대한 산화−환원 봉우리 전류를 앞에서 얻은 검량선을 이용하여 분석물질의 농도를 알아낼 수 있다. 농도에 따른 전기 화학적 거동의 변화를 통해서 전기 화학적 정량 분석에 대한 가능성을 탐구해 본다.

시약 및 기구

(1) 시약: 0.1 M KNO_3, 8 mM $K_3[Fe(CN)_6]$

(2) 기구: 순환 전압−전류 측정기(Cyclic Voltammetry, BAS 100B), 유리성 탄소 전극(Glassy Carbon Electrode: GC), 50 mL 둥근 바닥 플라스크

주의 사항

$K_3[Fe(CN)_6]$은 빛과 공기에 의해 색이 변할 수 있으니 용기의 입구를 막고 직사 광선에 노출되지 않게 하여 빛과 공기를 최대한 차단하도록 한다.

실험 방법

A. 용액 준비

1. 8 mM $K_3[Fe(CN)_6]$ 50 mL를 제조한 뒤 50 mL 둥근 바닥 플라스크에 25 mL를 옮겨 담는다.
2. 과정 1의 50 mL 둥근 바닥 플라스크의 눈금선까지 0.1 M KNO_3를 채워 4 mM $K_3[Fe(CN)_6]$를 만든다.
3. 과정 2에서 만든 용액 25 mL를 다른 50 mL 둥근 바닥 플라스크에 옮겨 담고 눈금선까지 0.1 M KNO_3를 채워 2 mM $K_3[Fe(CN)_6]$를 만든다.
4. 위와 같은 방법을 사용하여 1, 0.5 mM $K_3[Fe(CN)_6]$를 만든다.
5. 위와 같이 희석시켜 용액을 만드는 방법과는 별개로, $K_3[Fe(CN)_6]$의 질량을 직접 측정하여 0.5, 1, 2, 4, 8 mM 용액을 각각 제조한다.

B. 희석시켜 만든 $K_3[Fe(CN)_6]$ / GC 전극

1. [General Parameter]는 실험 상황에 맞추어서 설정한다.
2. GC 전극을 사용하며, 별도의 질소 가스 퍼징은 하지 않는다.
3. 주사 속도를 100 mV/s로 설정하고 측정한다.
4. 희석하여 만든 $K_3[Fe(CN)_6]$ 용액중 농도가 가장 낮은 0.5 mM 용액부터 시작하여, 1, 2, 4, 8 mM 순으로 측정한 뒤 자료를 저장한다.

C. 직접 제조한 $K_3[Fe(CN)_6]$ / GC 전극

1. 직접 제조한 $K_3[Fe(CN)_6]$ 용액을 사용하여 실험 B의 과정을 따라 측정한다.

실험 결과

(데이터 처리)

1. I_{pa}, I_{pc}와 농도의 관계를 그래프로 나타낸다.: 해당 그래프의 직선의 정도를 알기 위해 추세선을 그린다.
   - 엑셀(Excel) 프로그램을 사용할 경우
     ① 그래프 오른클릭 → [Add Trendline]
     ② [Trend/Regression Type] : Linear
     ③ [Display R-squared value on chart] : check

- 오리진(Origin) 프로그램을 사용할 경우
  ① [Analysis] → [Fitting] → [Linear Fit] → [Open Dialog]
  ② [Input data] : 원하는 범위를 선택.
  ③ [OK] 및 [Adj. R-Square] 값 확인.

문제

(1) 각 제조 방법에 따른 농도-I_{pc}, 농도-I_{pa} 그래프를 비교하고, 그 차이가 나타내는 의미는 무엇인가?

(2) 농도가 매우 크거나 매우 작을 때도 이러한 결과를 얻을 수 있는가?

| 저자 소개 |

노동윤 서울여자대학교 화학과, 배위화학 전공
이홍인 경북대학교 화학과, 생무기화학 전공
이익모 인하대학교 화학과, 유기금속화학 전공
이동헌 전북대학교 화학과, 생무기화학 전공
김자헌 숭실대학교 화학과, 배위고분자화학 전공
김승주 아주대학교 화학과, 고체화학 전공
윤호섭 아주대학교 화학과, 고체화학 전공
김영일 영남대학교 화학과, 고체화학 전공
유효종 한림대학교 화학과, 나노재료화학 전공
김종원 충북대학교 화학과, 전기화학 전공
명노승 건국대학교 응용화학과, 전기화학 전공

무기화학실험

| 저 자 노동윤 · 이홍인 · 이익모 · 이동헌 · 김자헌 · 김승주
윤호섭 · 김영일 · 유효종 · 김종원 · 명노승
| 발 행 인 김지영
| 발 행 처 자유아카데미
| 주 소 경기도 파주시 회동길 37-42
파주출판도시
| 전 화 031-955-1321
| 팩 스 031-955-1322
| 홈페이지 www.freeaca.com
| 전자우편 main@freeaca.com(대표)
editor@freeaca.com(편집)
crm@freeaca.com(영업)
| 등 록 제406-2003-017호, 1980. 7. 12
| 제1판1쇄 2014년 2월 20일 발행
| 제1판4쇄 2024년 7월 5일 발행
| 정 가 22,000원

저자와의
협의하에
인지생략

ISBN 978-89-7338-243-9 93430